● 筆記体

A アー	B ベー	C ツェー	D デー	E エー
F エフ	G ゲー	H ハー	I イー	J ヨット
K カー	L エル	M エム	N エン	O オー
P ペー	Q クー	R エル	S エス	T テー
U ウー	V ファオ	W ヴェー	X イクス	Y ユプスィロン
Z ツェット				

ドイツ文字の筆記体は年代によってさまざまな書体がある．今回は数学記号として使われる書体に近いと思われる1900年以前の書体を掲載した．下記の文献 p.13 の表3〔Tafel 3: Schreibschrift des 19./20. Jahrhunderts（Kurrent um 1900）〕に準拠している．

Harald Süß, *Deutsche Schreibschrift*：*Lesen und Schreiben lernen*, Augsburg, Augustus Verlag, 1991, 80p., ISBN 3-8043-0153-3

具体例から学ぶ
多様体

藤岡 敦 著

裳 華 房

MANIFOLDS THROUGH EXAMPLES

by

ATSUSHI FUJIOKA

SHOKABO

TOKYO

JCOPY 〈出版者著作権管理機構 委託出版物〉

はじめに

　オンラインゲームではインターネット回線を通じて，多くのプレーヤーが1つの仮想空間の中でゲームを楽しむことができる．しかし，そのゲームは元々はサーバーのコンピュータに組み込まれたプログラムであり，プログラム自身を見たところでゲームの楽しさがわかる訳でもない．一人一人のプレーヤーが自分のパソコンなどの画面上に映し出された仮想空間の一部を見ながらキャラクターを操作し，それが他のプレーヤーの見ている仮想空間の一部に即時に反映されることにより，あたかも自分自身がその仮想空間の中に生きているかのような感覚を覚えながらゲームは進んで行く．このことは多様体の形や性質を研究する現代の幾何学者を思わせる．

　数学の一分野である幾何学は，現代では多様体の形や性質を主な研究対象とする．幾何学といえば，三角形や立方体といった図形が真っ先に思い浮かぶかもしれないが，現代数学の立場からすれば多様体も図形のようなものである．多様体は幾何学的に興味深い多くの具体例のもつ性質をうまく抽象化した概念であるが，初めて多様体の定義を目にしたときは，それが何を意味しているのかわからないかもしれない．通常，多様体論で扱われる多様体とは微分可能多様体のことを指すが，微分可能多様体を定義するにはまず位相多様体の定義から始めなければならない．本書の本文（p.132，定義8.3）から引用すると，位相多様体は次のように定義される．

> **定義** M をハウスドルフ空間とする．M の任意の点が $\mathbf{R}^n$ の開集合と同相な近傍をもつとき，すなわち，任意の $p \in M$ に対して，p を含む開集合 U，開集合 $U' \subset \mathbf{R}^n$，同相写像 $\varphi : U \longrightarrow U'$ が存在するとき，M を位相多様体という（以下略）．

iv——はじめに

そして，座標近傍 (U, φ)，座標近傍系 $\mathcal{S}$，座標変換 $\psi|_{U \cap V} \circ \varphi|_{U \cap V}{}^{-1}$ といった言葉や記号を定義し，座標変換がいつでも C^r 級になるという条件によって，組 $(M, \mathcal{S})$ が C^r 級微分可能多様体であると定めるのである（p.134，定義8.6）.

筆者は大学1，2年次に少し背伸びをして，多様体の本[1]を学生同士の間で輪読した経験があるが，今にして思えばそれは無謀な挑戦であった．多様体論の学習は抽象的な概念の定義がひたすら続き，語学でいえば文法の学習のみを行うといったような偏ったものになりかねない．実際，筆者自身がそのような状態に陥っていたように思う．大学の数学系の学科では幾何学に関する授業科目のひとつとして，多様体論を3，4年次生向けに開講していることが多い．筆者も3年次に多様体論を数学科の講義で学んだが，そのときに改めてそれまでの自分の理解の浅さを思い知ったものである．その講義はユークリッド空間内の超曲面論も扱い，抽象的な多様体をより具体性をもって感じさせるものであった．このような経験をふまえ，初学者が多様体論を学ぶ上でしばしば障害となる二点を次にまとめておこう.

- 多様体，接ベクトル，写像の微分，微分形式といった多様体論におけるさまざまな基本的概念が抽象的で理解しにくい.

- すでに学んだはずの微分積分や線形代数，集合と位相に関する知識を有機的に結びつけ，上述の概念を理解する際に生かすことができない.

しかしながら，多様体の具体的な例は決して馴染みのないものばかりではなく，高等学校までの数学や大学で学ぶ微分積分や線形代数の中にも現れている．多様体論についての良書は少なくないが，本書では多様体論を学ぶ上での障害を克服すべく，次の工夫を行った.

- 具体的な多様体の例を章ごとに紹介し，具体例を扱った例題や問題を解き

---

[1]　松島与三先生の『数学選書5 多様体入門』（裳華房，1965年初版刊行）である．同書の新装版が本書と同時期に刊行されている．巻末の「読者のためのブックガイド」の文献 [14] に挙げておいたので，是非参照されたい.

ながら，多様体論における基本的概念を理解できるようにした．

- 微分積分や線形代数，集合と位相に関する知識がどのように使われるのかについても丁寧に示した．

- 数学系の学科では多様体論と前後して学ぶことの多い群論，複素関数論に関する必要事項を予備知識として仮定せず，本書の中で改めて述べた．

- 多様体に対するイメージをつかみやすくするため，通常の多様体論ではあまり強調して扱われない**径数付き部分多様体**についても述べた．

- 本文中の例題や章末の問題のすべてに詳細な解答を付けた．

本書は多様体論についての入門書[2]となることを目指して書かれたものであり，全体は2部構成の全12章からなる．第1章から第7章までの第I部では，ユークリッド空間内の多様体となる図形を例に挙げながら，多様体の定義に至るまでの背景を丁寧に述べた．第8章から第12章までの第II部では，多様体論に関する標準的な内容を一通り扱うとともに，やや発展的な内容である複素多様体，リーマン多様体，リー群，シンプレクティック多様体，ケーラー多様体，リー環についても，具体例を中心にあまり難しくならない程度に述べた．

具体例に触れることなく，多様体の定義だけを見て，それを理解しようとするのは，オンラインゲームのプログラムだけを見ることに近いのかもしれない．しかし，オンラインゲームのプレーヤーが画面上に映し出される仮想世界の一部を見ながらゲームを楽しむように，多様体の形や性質は多様体の一部を映し出す座標近傍を用いて調べることができるのである．

最後に（株）裳華房編集部の久米大郎氏には終始お世話になった．この場を借りて心より御礼申し上げたい．

2017年2月

藤岡　敦

---

[2]　最近では，巻末の「読者のためのブックガイド」の文献 [15] が教科書としてよく採用されているかと思う．

目　次

● はじめに …………………………………………………… iii
● 本書に登場する多様体の具体例 ……………………………… x
● 全体の地図 ………………………………………………… xiv

第 I 部　ユークリッド空間内の図形

第 1 章　数直線 R
1.1　実数 ………………………… 2
1.2　連続の公理 ………………… 4
1.3　距離空間 …………………… 6
1.4　位相空間 …………………… 7
1.5　区間 ………………………… 11
1.6　相対位相 …………………… 13
1.7　連結性 ……………………… 14
演習問題 ………………………… 17

第 2 章　複素数平面 C
2.1　複素数 ……………………… 18
2.2　二項関係 …………………… 19
2.3　絶対値 ……………………… 21
2.4　ユークリッド平面 ………… 24
2.5　内積空間 …………………… 27
2.6　ノルム ……………………… 29
2.7　ユークリッド空間 ………… 31
演習問題 ………………………… 33

第 3 章　単位円 S^1
3.1　立体射影（その 1）………… 35
3.2　濃度 ………………………… 38
3.3　連続写像 …………………… 41
3.4　コンパクト性 ……………… 44
3.5　極値問題 …………………… 47
3.6　微分可能性 ………………… 49
演習問題 ………………………… 52

目　次 ── vii

第 4 章　楕円 E

4.1　同相写像 ……………………… *53*

4.2　群 ………………………………… *55*

4.3　アフィン変換 ………………… *58*

4.4　等長写像 ……………………… *62*

4.5　直交群 ………………………… *65*

4.6　陰関数表示 …………………… *68*

演習問題 …………………………… *71*

第 5 章　双曲線 H

5.1　位相的性質 …………………… *72*

5.2　双曲線関数 …………………… *74*

5.3　径数表示（その 1）………… *76*

5.4　正則曲線 ……………………… *78*

5.5　曲線の長さ …………………… *81*

5.6　レムニスケート ……………… *86*

演習問題 …………………………… *89*

第 6 章　単位球面 S^2

6.1　立体射影（その 2）………… *91*

6.2　座標変換 ……………………… *93*

6.3　一般次元の場合 ……………… *96*

6.4　微分同相写像 ………………… *98*

6.5　群の作用 ……………………… *102*

6.6　3 次の直交行列 ……………… *105*

演習問題 …………………………… *108*

第 7 章　固有 2 次曲面

7.1　固有 2 次曲面の分類 ……… *110*

7.2　2 次超曲面 …………………… *113*

7.3　径数表示（その 2）………… *114*

7.4　ベクトル場（その 1）……… *119*

7.5　径数付き部分多様体 ……… *121*

7.6　陰関数定理 …………………… *124*

演習問題 …………………………… *126*

第 II 部　多様体論の基礎

第 8 章　実射影空間 $\mathbf{R}P^n$

8.1　商位相 …………………… 130
8.2　多様体 …………………… 132
8.3　逆写像定理 ……………… 135
8.4　複素内積空間* …………… 137
8.5　正則関数* ………………… 140
8.6　複素多様体* ……………… 145
演習問題 ……………………… 147

第 9 章　実一般線形群 $GL(n, \mathbf{R})$

9.1　開部分多様体 …………… 149
9.2　部分多様体 ……………… 150
9.3　多様体上の関数 ………… 154
9.4　多様体の間の写像 ……… 157
9.5　接ベクトルと接空間 …… 159
9.6　写像の微分 ……………… 163
演習問題 ……………………… 168

第 10 章　トーラス T^2

10.1　積多様体 ………………… 171
10.2　ベクトル場（その 2）……… 175
10.3　接束 ……………………… 179
10.4　ベクトル場の演算 ……… 181
10.5　リーマン多様体* ………… 185
10.6　リー群* ………………… 187
演習問題 ……………………… 190

第 11 章　余接束 T^*M

11.1　微分形式（その 1）………… 193
11.2　多重線形形式 …………… 196
11.3　微分形式（その 2）………… 201
11.4　外微分 …………………… 203
11.5　シンプレクティック形式* …… 205
11.6　シンプレクティック多様体* … 208
演習問題 ……………………… 212

目　次──ix

第12章　複素射影空間 CP^n

12.1　複素化と複素構造* ············ 215

12.2　フビニ-スタディ計量* ········ 218

12.3　ケーラー多様体* ·············· 222

12.4　リー環* ··················· 224

12.5　微分形式の積分 ················ 226

12.6　多様体上の積分 ··············· 228

演習問題 ····························· 233

● おわりに ································· 237

● 読者のためのブックガイド ················· 238

● 演習問題解答 ···························· 241

● 記号一覧 ······························· 259

● 索　引 ································· 261

　　ドイツ文字の一覧 ······················ 表見返し

本書に登場する多様体の具体例

本書は 2 部構成の全 12 章からなる．ここで，本書に登場する多様体の具体例を紹介しつつ全体のあらすじを述べておこう．

第 I 部　ユークリッド空間内の図形

第 I 部では，高等学校までの数学や大学で学ぶ微分積分や線形代数の中にも現れる，ユークリッド空間内の多様体となる "図形" を例に挙げながら，多様体の定義に至るまでの背景を述べる．以下に挙げるような図形について考察するが，これらが多様体となることは第 II 部で示す．

◉ $\mathbf{R}^n$

ユークリッド空間 $\mathbf{R}^n$ は n 次元の多様体となる．第 1 章では $n = 1$ の場合，すなわち，数直線 $\mathbf{R}$ の場合に焦点を当てる．また，ユークリッド平面 $\mathbf{R}^2$ は複素数平面 $\mathbf{C}$ と同一視[†]することもできる．第 2 章では $\mathbf{C}$ および一般次元のユークリッド空間 $\mathbf{R}^n$ について考える．

◉ S^n

単位球面 S^n は $\mathbf{R}^{n+1}$ の部分集合として定義され，n 次元の多様体となる．第 3 章では $n = 1$ の場合，すなわち，単位円 S^1 について考える．第 3 章で S^1 に対して考えた立体射影や座標変換は，第 6 章では 2 次元や一般次元の場合へと一般化される．

◉ 固有 2 次超曲面

n 変数の 2 次方程式の解全体の集合として表される 2 次超曲面は $\mathbf{R}^n$ の部分

[†]　別々のものと考えられていた対象を，ある数学的な観点から同じものとみなすことを「同一視する」という．数学ではこのような考え方がさまざまな場面で現れる．

集合であり，空でない固有なものは $(n-1)$ 次元の多様体となる．特に，S^n は固有 2 次超曲面の例を与える．1 次元の場合の特別な例として，第 4 章，第 5 章ではそれぞれ楕円 E，双曲線 H を扱う．第 7 章では 2 次元，すなわち，2 次曲面の場合の固有なものの分類や一般次元の場合の固有 2 次超曲面について述べる．

◉ 径数付き部分多様体

径数付き部分多様体はユークリッド空間の開集合からユークリッド空間への写像として定義され，第 II 部で扱う一般の多様体とユークリッド空間内の曲線や曲面との中間的な位置付けであるといえる．第 7 章の後半では径数付き部分多様体を定義し，第 II 部の第 8 章では逆写像定理を用いて，径数付き部分多様体の貼り合わせで多様体が得られることを示す．

なお，必ずしも多様体とはならないが，多様体をより良く理解するための図形として，第 5 章では径数付き曲線やレムニスケート，第 7 章では径数付き曲面について紹介する．

第 II 部 多様体論の基礎

第 II 部では，以下のように多様体論に関する標準的な内容を一通り扱う．

第 8 章：多様体の定義（8.2 節）

第 9 章：開部分多様体（9.1 節），部分多様体（9.2 節），多様体上の関数
　　　　（9.3 節），多様体の間の写像（9.4 節），接ベクトル（9.5 節），
　　　　接空間（9.5 節），写像の微分（9.6 節）

第 10 章：積多様体（10.1 節），ベクトル場（10.2 節，10.4 節）

第 11 章：微分形式（11.1 節〜11.4 節）

第 12 章：微分形式の積分（12.5 節，12.6 節）

また，やや発展的な内容として，複素多様体，リーマン多様体，リー群，シンプレクティック多様体，ケーラー多様体，リー環についても扱う．これらに関する節については，目次にも示したようにタイトルの右上に星印（*）を付けているが，最初は細かいことはあまり気にしないで読み進めるのも一法である．

xii —— 本書に登場する多様体の具体例

第 II 部で現れる多様体の具体例を紹介しておこう.

● $\mathbf{R}P^n$

S^n の対蹠点(たいせき)を同一視して得られる実射影空間 $\mathbf{R}P^n$ は n 次元の多様体となる. 第 8 章では, $\mathbf{R}P^n$ に入る位相である商位相について述べた後, 多様体を定義し, $\mathbf{R}P^n$ が実際に多様体となることを示す.

● $\mathbf{C}^n$, Q^n, $\mathbf{C}P^n$

通常, 多様体というときには本書のように実多様体を意味するが, その"複素数版"である複素多様体とよばれるものも考えることができる. 第 8 章の後半では, 複素内積空間や正則関数に関する準備の後に複素多様体を定義し, $\mathbf{R}^n$, S^n, $\mathbf{R}P^n$ の"複素数版"である複素多様体として, それぞれ複素ユークリッド空間 $\mathbf{C}^n$, 複素球面 Q^n, 複素射影空間 $\mathbf{C}P^n$ を例に挙げる. さらに, $\mathbf{C}^n$ や $\mathbf{C}P^n$ はケーラー多様体とよばれる複素多様体の重要なクラスの例となることを第 12 章で述べる.

● $GL(n, \mathbf{R})$, $GL(n, \mathbf{C})$[*]

第 9 章で示すように, 実一般線形群 $GL(n, \mathbf{R})$ は n^2 次元ユークリッド空間 $\mathbf{R}^{n^2}$ の開集合とみなすことができるため, $\mathbf{R}^{n^2}$ の開部分多様体とよばれる n^2 次元の多様体となる. 同様に, 複素一般線形群 $GL(n, \mathbf{C})$ は n^2 次元の複素多様体となる.

● $SL(n, \mathbf{R})$, $SL(n, \mathbf{C})$, $O(n)$, $SO(n)$, $U(n)$[*]

第 9 章では, 実際に多様体を構成する際に重要な役割を果たす正則値定理についても述べる. 正則値定理を用いて得られる多様体の例として, 実特殊線形群 $SL(n, \mathbf{R})$, 複素特殊線形群 $SL(n, \mathbf{C})$, 直交群 $O(n)$, 特殊直交群 $SO(n)$, ユニタリ群 $U(n)$ が現れる.

● $SU(n)$[*]

第 10 章の後半では, 群という代数的構造と多様体という幾何的構造が両立す

---

[*] $GL(n, \mathbf{R})$ や $GL(n, \mathbf{C})$ の「GL」はローマン体にして $\mathrm{GL}(n, \mathbf{R})$, $\mathrm{GL}(n, \mathbf{C})$ と表すこともある. その他, $SL(n, \mathbf{R})$, $SL(n, \mathbf{C})$, $O(n)$, $SO(n)$, $U(n)$, $SU(n)$ なども同様である.

るリー群とよばれるものについて述べる．特に，$GL(n, \mathbf{R})$ や $GL(n, \mathbf{C})$ の閉部分群は線形リー群とよばれるリー群となり，$GL(n, \mathbf{R})$，$GL(n, \mathbf{C})$，$SL(n, \mathbf{R})$，$SL(n, \mathbf{C})$，$O(n)$，$SO(n)$，$U(n)$ はすべて線形リー群の例を与える．第 10 章では，これら以外の線形リー群の例として，特殊ユニタリ群 $SU(n)$ も現れる．

◉ トーラス T^n

多様体と多様体の積は積多様体とよばれる多様体となることから，S^1 の n 個の積である T^n は n 次元の多様体となる．第 10 章では，2 次元の場合の T^2 について特に考え，T^2 が回転トーラス，平坦トーラス，クリフォードトーラスといったさまざまな形で表されることについて述べる．また，リーマン多様体やリー群について扱う後半では，$\mathbf{R}^n$ が自然にリーマン多様体となることや $\mathbf{R}^n$，$\mathbf{C}^n$，T^n がリー群となることを述べる．

◉ 接束 TM

n 次元の多様体 M の各点 $p \in M$ における接ベクトル全体の集合は接空間とよばれる n 次元のベクトル空間 $T_p M$ となり，$T_p M$ をすべて集めたものは接束とよばれる $2n$ 次元の多様体 TM となる．接ベクトルや接空間については第 9 章で定義し，TM が多様体となることについては第 10 章でベクトル場を定義した後に示す．

◉ 余接束 $T^* M$

n 次元の多様体 M に対して，余接空間とよばれる接空間の双対空間をすべて集めたものは余接束とよばれる $2n$ 次元の多様体 $T^* M$ となる．$T^* M$ はシンプレクティック多様体とよばれる多様体の重要なクラスの例でもあり，これらのことについては第 11 章で扱う．

全体の地図

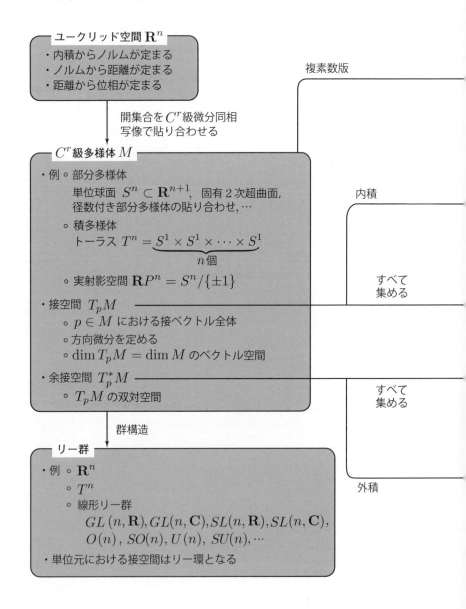

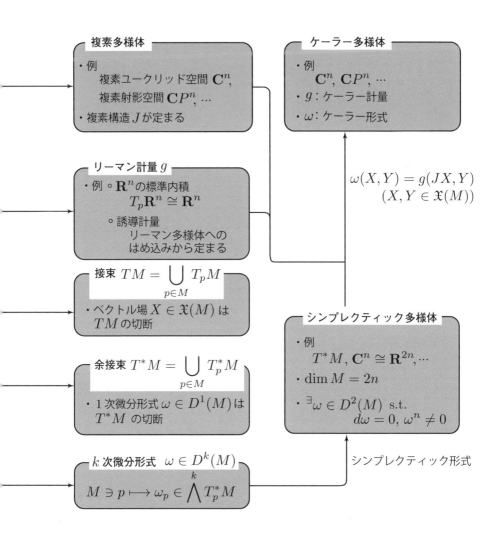

I ユークリッド空間内の図形

多様体論の学習では，微分積分や線形代数，そして，集合と位相に関する知識を有機的に結びつけて，さまざまな抽象的概念を理解していく必要がある．第I部では，まず，これらの予備知識を簡単に再確認し，ユークリッド空間内の多様体となる "図形" を例に挙げながら，多様体の定義に至るまでの背景を述べる．例となる図形は，実は高等学校までの数学や大学で学ぶ微分積分，線形代数の中にすでに登場しており，多くの読者にとって馴染み深いものであろう．

第I部のテーマ

- 数値線 $\mathbf{R}$
- 複素数平面 $\mathbf{C}$
- 単位円 S^1
- 楕円 E
- 双曲線 H
- 単位球面 S^2
- 固有2次曲面

1 数直線 R

数直線 R は 1 次元の多様体となり，多様体の最も簡単な例である[1]．第 1 章では，微分積分でも学ぶ R の基本的な性質について復習するとともに，距離空間，相対位相，連結性といった，多様体論を学ぶ上で必要となる位相に関する基本的用語についても扱う[2]．

1.1 実数

実数全体の集合を R と表す．R を幾何学的なイメージで捉えて，図 1.1 のように直線で表すことが多い．このとき，この直線のことを**数直線**という．また，R の元を R の**点**ともいう．

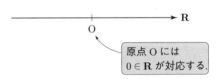

図 1.1　数直線 R

R にはさまざまな数学的構造を考えることができる．まず，任意の $a, b \in \mathbf{R}$ に対して，和 $a + b \in \mathbf{R}$ および積 $ab \in \mathbf{R}$ が定められる．このとき，次の定理 1.1 が成り立つことについては，よく慣れ親しんでいることであろう．

定理 1.1　$a, b, c \in \mathbf{R}$ とする．R の和および積について，次の (1)〜(10) が成り立つ．

(1) $a + b = b + a$．(**和の交換律**)

(2) $(a + b) + c = a + (b + c)$．(**和の結合律**)

(3) $a + 0 = a$．

---

[1] 多様体の次元の定義については定義 8.3 で，また，R が多様体となることについては例 8.8 で述べる．なお，本書では単に多様体というときは C^r 級多様体，特に，C^∞ 級多様体を意味する．

[2] 集合論や位相空間論については，例えば，巻末の「読者のためのブックガイド」の文献 [5] を見よ．

(4) $a + (-a) = 0$.

(5) $ab = ba$. (**積の交換律**)

(6) $(ab)c = a(bc)$. (**積の結合律**)

(7) $a(b + c) = ab + ac$, $(a + b)c = ac + bc$. (**分配律**)

(8) $a1 = a$.

(9) $a \neq 0$ のとき, $aa^{-1} = 1$.

(10) $1 \neq 0$.　　　　　　　　　　　　　　　　　　　　　　□

定理 1.1 のような $\mathbf{R}$ の代数的構造は次の定義 1.2 として一般化される.

$\boxed{\textbf{定義 1.2}}$ 　$\mathbf{K}$ を集合とし, 任意の $a, b \in \mathbf{K}$ に対して, 和 $a + b \in \mathbf{K}$ および積 $ab \in \mathbf{K}$ が定められているとする. $\mathbf{K}$ が次の (K1)〜(K10) を満たすとき, $\mathbf{K}$ を**体**という. ただし, $a, b, c \in \mathbf{K}$ である.

(K1) $a + b = b + a$. (**和の交換律**)

(K2) $(a + b) + c = a + (b + c)$. (**和の結合律**)

(K3) ある $0_{\mathbf{K}} \in \mathbf{K}$ が存在し, 任意の a に対して, $a + 0_{\mathbf{K}} = a$.

(K4) 任意の a に対して, $a + (-a) = 0_{\mathbf{K}}$ となる $-a \in \mathbf{K}$ が存在する.

(K5) $ab = ba$. (**積の交換律**)

(K6) $(ab)c = a(bc)$. (**積の結合律**)

(K7) $a(b + c) = ab + ac$, $(a + b)c = ac + bc$. (**分配律**)

(K8) ある $1_{\mathbf{K}} \in \mathbf{K}$ が存在し, 任意の a に対して, $a1_{\mathbf{K}} = a$.

(K9) $a \neq 0_{\mathbf{K}}$ に対して, $aa^{-1} = 1_{\mathbf{K}}$ となる $a^{-1} \in \mathbf{K}$ が存在する.

(K10) $1_{\mathbf{K}} \neq 0_{\mathbf{K}}$.　　　　　　　　　　　　　　　　　　　□

$\mathbf{R}$ が体であることを強調していうときは, $\mathbf{R}$ を**実数体**という.

次に, 等号付きの不等号 $\leq$, $\geq$ を用いることにより, $\mathbf{R}$ は**大小関係**を考えることもできる. このとき, 次の定理 1.3 が成り立つことについても, よく慣れ親しんでいることであろう.

定理 1.3 $a, b, c \in \mathbf{R}$ とする．$\mathbf{R}$ 上の大小関係について，次の (1)〜(6) が成り立つ．

(1) $a \leq a$. (**反射律**)

(2) $a \leq b$, $b \leq a$ ならば，$a = b$. (**反対称律**)

(3) $a \leq b$, $b \leq c$ ならば，$a \leq c$. (**推移律**)

(4) $a \leq b$ または $b \leq a$ の少なくとも一方が成り立つ．

(5) $a \leq b$ ならば，$a + c \leq b + c$.

(6) $0 \leq a$, $0 \leq b$ ならば，$0 \leq ab$. □

1.2 連続の公理

$\mathbf{R}$ は定理 1.1 および定理 1.3 の 2 つによって完全に特徴付けられる訳ではない．実際，有理数全体の集合を $\mathbf{Q}$ と表すと，定理 1.1 および定理 1.3 は $\mathbf{R}$ を $\mathbf{Q}$ に置き換えても成り立つ．特に，$\mathbf{Q}$ を**有理数体**ともいう．$\mathbf{R}$ が $\mathbf{Q}$ と異なるのは次の公理 1.4 が満たされることを認める点にある．

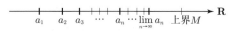

図 1.2 連続の公理のイメージ

公理 1.4 (**連続の公理**) 上に有界な単調増加数列は収束する． □

注意 1.5 連続の公理には同値なものがいくつかある[3]．例えば，数列 $\{a_n\}_{n=1}^{\infty}$ に対して，

$$\{a_n\}_{n=1}^{\infty} \text{ は上に有界で単調増加} \iff \{-a_n\}_{n=1}^{\infty} \text{ は下に有界で単調減少} \tag{1.1}$$

であるから，定理

$$\text{「下に有界な単調減少数列は収束する」} \tag{1.2}$$

---

[3] 例えば，巻末の「読者のためのブックガイド」の文献 [1] p.27, 注意 4 を見よ．

を連続の公理としてもよい. 他には例えば, 定理

$$「空でない, 上に有界な集合は上限をもつ」 \tag{1.3}$$

を連続の公理としてもよいことがわかる. (1.3) を**ワイエルシュトラスの定理**という. □

連続の公理に関する次の例題 1.6 を考えてみよう.

例題 1.6 $a, b > 0$ に対して, 数列 $\{a_n\}_{n=1}^{\infty}$ を

$$a_1 = \frac{1}{2}\left(b + \frac{a}{b}\right), \quad a_n = \frac{1}{2}\left(a_{n-1} + \frac{a}{a_{n-1}}\right) \quad (n \geq 2) \tag{1.4}$$

により定める.

(1) $\{a_n\}_{n=1}^{\infty}$ は下に有界であることを示せ.

(2) $\{a_n\}_{n=1}^{\infty}$ は単調減少であることを示せ.

(3) $\{a_n\}_{n=1}^{\infty}$ の極限を求めよ.

【解】 (1) $\{a_n\}_{n=1}^{\infty}$ の定義より, $a_n > 0$. また, 相加平均と相乗平均の関係[4]より, $a_n \geq \sqrt{a}$. よって, $\{a_n\}_{n=1}^{\infty}$ は下に有界である.

(2) (1) の計算より, $a_n^2 \geq a$ なので,

$$a_{n+1} - a_n = \frac{1}{2}\left(a_n + \frac{a}{a_n}\right) - a_n = \frac{a - a_n^2}{2a_n} \leq 0. \tag{1.5}$$

よって, $a_{n+1} \leq a_n$. すなわち, $\{a_n\}_{n=1}^{\infty}$ は単調減少である.

(3) (1), (2) より, $\{a_n\}_{n=1}^{\infty}$ は下に有界な単調減少数列である. よって, (1.2) より, $\{a_n\}_{n=1}^{\infty}$ の極限 $\alpha \in \mathbf{R}$ が存在する. (1.4) の第 2 式において, $n \longrightarrow \infty$ とすると,

$$\alpha = \frac{1}{2}\left(\alpha + \frac{a}{\alpha}\right). \tag{1.6}$$

これを解くと, $\alpha = \pm\sqrt{a}$. ここで, $a_n \geq \sqrt{a} > 0$ なので, 求める極限は $\sqrt{a}$ となる. ∎

---

[4] 一般に, $x, y \geq 0$ のとき, $\frac{x+y}{2} \geq \sqrt{xy}$.

6———第 1 章　数直線 **R**

■ **1.3　距離空間**

1.2 節で述べた「数列が収束する」という概念が定義できるのは，2 つの実数がどれくらい離れているかを測る "距離" が定められているからである．まず，任意の $a, b \in \mathbf{R}$ に対して，差 $a - b \in \mathbf{R}$ が定められる．また，任意の $a \in \mathbf{R}$ に対して，絶対値 $|a| \geq 0$ が定められる．これらを用いて，任意の $a, b \in \mathbf{R}$ に対して，a と b の**距離** $d(a, b)$ は

$$d(a, b) = |a - b| \tag{1.7}$$

により定義される．このとき，次の定理 1.7 が成り立つことについても，よく慣れ親しんでいることであろう．

定理 1.7　$a, b, c \in \mathbf{R}$ とする．**R** 上の距離 d について，次の (1)〜(3) が成り立つ．

(1) $d(a, b) = d(b, a)$. (**対称性**)

(2) $d(a, c) \leq d(a, b) + d(b, c)$. (**三角不等式**)

(3) $d(a, b) \geq 0$ で，$d(a, b) = 0 \iff a = b$. (**正値性**)　　　　□

以下では，自然数全体の集合を **N** と表す．数列 $\{a_n\}_{n=1}^{\infty}$ が $a \in \mathbf{R}$ に収束するとは，$n \in \mathbf{N}$ を十分大きく選べば，a_n を a に限りなく近づけられることをいうのであるが，もっと正確に定義しておこう．

定義 1.8　$\{a_n\}_{n=1}^{\infty}$ を数列とし，$a \in \mathbf{R}$ とする．任意の $\varepsilon > 0$ に対して，ある $N \in \mathbf{N}$ が存在し，$n \in \mathbf{N}$, $n \geq N$ ならば，$d(a_n, a) < \varepsilon$ となるとき，$\{a_n\}_{n=1}^{\infty}$ は a に**収束する**という．　　　　□

一般の集合の元は実数のような数であるとは限らないので，数列というよりは点列というべきものを考えることになる．そして，定理 1.7 のような条件を満たす距離が定められていれば，**R** の場合と同様に，点列の収束について議論することができる．こうして，距離空間の概念が得られる．

定義 1.9 X を空でない集合，d を積集合 $X \times X$ で定義された実数値関数とし，$a, b, c \in X$ とする．d が次の (D1)〜(D3) を満たすとき，d を X 上の**距離**または**距離関数**，組 (X, d) または X を**距離空間**という．

(D1) $d(a, b) = d(b, a)$. (**対称性**)

(D2) $d(a, c) \leq d(a, b) + d(b, c)$. (**三角不等式**)

(D3) $d(a, b) \geq 0$ で，$d(a, b) = 0 \iff a = b$. (**正値性**) □

距離空間の点列の収束は定義 1.8 と同様に定めればよい．

定義 1.10 (X, d) を距離空間，$\{a_n\}_{n=1}^{\infty}$ を X の点列とし，$a \in X$ とする．任意の $\varepsilon > 0$ に対して，ある $N \in \mathbf{N}$ が存在し，$n \in \mathbf{N}$, $n \geq N$ ならば，$d(a_n, a) < \varepsilon$ となるとき，$\{a_n\}_{n=1}^{\infty}$ は a に**収束する**という． □

1.4 位相空間

距離空間の点列の収束は開集合という概念を用いても定めることができる．(X, d) を距離空間とし，$a \in X$, $\varepsilon > 0$ とする．このとき，X の部分集合 $B(a; \varepsilon)$ を

$$B(a; \varepsilon) = \{x \in X \mid d(x, a) < \varepsilon\} \tag{1.8}$$

により定める．$B(a; \varepsilon)$ を a を中心，ε を半径とする**開球体**または a の **ε-近傍**という．

例 1.11 (1.7) で定めた $\mathbf{R}$ 上の距離 d を考える．$a \in \mathbf{R}$, $\varepsilon > 0$ とすると，

$$B(a; \varepsilon) = \{x \in \mathbf{R} \mid a - \varepsilon < x < a + \varepsilon\} \tag{1.9}$$

である（図 **1.3**）． □

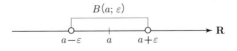

図 **1.3** $\mathbf{R}$ における開球体

8——第 1 章　数直線 **R**

距離空間の開集合は開球体を用いて，次の定義 1.12 のように定められる．

定義 1.12　(X, d) を距離空間とし，$O \subset X$，すなわち，O を X の部分集合とする．任意の $a \in O$ に対して，ある $\varepsilon > 0$ が存在し，$B(a; \varepsilon) \subset O$ となるとき，O を X の**開集合**という．　　　　　　　　　　　　　　　　　□

定義 1.10 で定めた点列の収束と定義 1.12 で定めた開集合に関して，次の定理 1.13 および定理 1.14 が成り立つことがわかる．

定理 1.13　(X, d) を距離空間，$\{a_n\}_{n=1}^{\infty}$ を X の点列とし，$a \in X$ とする．このとき，次の (1) と (2) は同値である．

(1) $\{a_n\}_{n=1}^{\infty}$ は a に収束する．

(2) $a \in O$ となる X の任意の開集合 O に対して，ある $N \in \mathbf{N}$ が存在し，$n \in \mathbf{N}$, $n \geq N$ ならば，$a_n \in O$.　　　　　　　　　　□

定理 1.14　(X, d) を距離空間とし，$O \subset X$ とする．このとき，次の (1) と (2) は同値である．

(1) O は X の開集合である．

(2) 任意の $a \in O$ および a に収束する X の任意の点列 $\{a_n\}_{n=1}^{\infty}$ に対して，ある $N \in \mathbf{N}$ が存在し，$n \in \mathbf{N}$, $n \geq N$ ならば，$a_n \in O$.　　　□

距離空間の開集合の基本的な性質を次の定理 1.15 にまとめておこう．

定理 1.15　(X, d) を距離空間，$\mathfrak{O}$ [5] を X の開集合全体からなる集合系とする．このとき，次の (1)～(3) が成り立つ．

(1) $X, \varnothing \in \mathfrak{O}$.

(2) $O_1, O_2 \in \mathfrak{O}$ ならば，$O_1 \cap O_2 \in \mathfrak{O}$.

(3) $\{O_\lambda\}_{\lambda \in \Lambda}$ [6] を $\mathfrak{O}$ の元からなる集合族とすると，$\displaystyle\bigcup_{\lambda \in \Lambda} O_\lambda \in \mathfrak{O}$.　　□

---

[5]　ドイツ文字については，表見返しを参考にするとよい．

[6]　集合族 $\{O_\lambda\}_{\lambda \in \Lambda}$ を $(O_\lambda)_{\lambda \in \Lambda}$ と表すこともある．

1.4 位相空間——*9*

距離空間では距離を用いて開球体を定義し，さらに開集合を定義したが，定理 1.15 (1)〜(3) のような条件を満たす集合系が定められていれば，距離空間の場合と同様に，それらの元を開集合として扱うことができる．こうして，距離空間の一般化である位相空間の概念が得られる．

定義 1.16 X を空でない集合，$\mathfrak{O}$ を X の部分集合系とする．$\mathfrak{O}$ が次の (O1)〜(O3) を満たすとき，$\mathfrak{O}$ を X の**位相**，組 $(X, \mathfrak{O})$ または X を**位相空間**という．

(O1) $X, \varnothing \in \mathfrak{O}$.

(O2) $O_1, O_2 \in \mathfrak{O}$ ならば，$O_1 \cap O_2 \in \mathfrak{O}$.

(O3) $\{O_\lambda\}_{\lambda \in \Lambda}$ を $\mathfrak{O}$ の元からなる集合族とすると，$\bigcup_{\lambda \in \Lambda} O_\lambda \in \mathfrak{O}$.

位相空間 $(X, \mathfrak{O})$ に対して，$\mathfrak{O}$ の元を X の**開集合**，$\mathfrak{O}$ を X の**開集合系**という． ⬜

位相空間に対して，さらに閉集合を定めることができる．

定義 1.17 $(X, \mathfrak{O})$ を位相空間とし，$A \subset X$ とする．$X \setminus A$[7] $\in \mathfrak{O}$ のとき，A を X の**閉集合**という．X の閉集合全体からなる集合系を X の**閉集合系**という． ⬜

距離空間について，次の定理 1.18 が成り立つ．

定理 1.18 (X, d) を距離空間とし，$A \subset X$ とする．このとき，次の (1) と (2) は同値である．

(1) A は X の閉集合である．

(2) A の点列 $\{a_n\}_{n=1}^{\infty}$ が $a \in X$ に収束するならば，$a \in A$. ⬜

証明 (1)⇒(2)：背理法により示す．$a \notin A$ であると仮定する．このとき，$a \in X \setminus A$. 定義 1.17 より，$X \setminus A$ は X の開集合なので，定理 1.14 より，ある $N \in \mathbf{N}$ が存在し，$n \in \mathbf{N}$, $n \geq N$ ならば，$a_n \in X \setminus A$. これは $\{a_n\}_{n=1}^{\infty}$ が A の点列であることに矛盾する．よって，$a \in A$.

---

[7] 集合 A, B に対して，A の元であるが，B の元ではないもの全体の集合を $A \setminus B$ または $A - B$ と表し，A と B の**差**という．すなわち，$A \setminus B = A - B = \{x \mid x \in A$ かつ $x \notin B\}$ である．

10——第 1 章 数直線 **R**

(2)⇒(1)：対偶

$$\lceil A \text{ は } X \text{ の閉集合でない} \rfloor \tag{1.10}$$
$$\Downarrow$$
$$\lceil A \text{ の点列 } \{a_n\}_{n=1}^{\infty} \text{ で } a \in X \setminus A \text{ に収束するものが存在する} \rfloor \tag{1.11}$$

を示す. 定義 1.17 および (1.10) より, $X \setminus A$ は X の開集合ではない. よって, 定理 1.14 より, ある $a \in X \setminus A$ および a に収束する X の点列 $\{a_n\}_{n=1}^{\infty}$ が存在し, 任意の $k \in \mathbf{N}$ に対して, $n_k \geq k$ となる $n_k \in \mathbf{N}$ で, $a_{n_k} \notin X \setminus A$ となるものが存在する. さらに, n_k を $\{a_{n_k}\}_{k=1}^{\infty}$ が $\{a_n\}_{n=1}^{\infty}$ の部分列となるように選んでおくと, $\{a_{n_k}\}_{k=1}^{\infty}$ は a に収束する A の点列である. したがって, (1.11) が成り立つ. ∎

位相空間の閉集合系について, 次の定理 1.19 が成り立つ.

定理 1.19 $(X, \mathfrak{O})$ を位相空間, $\mathfrak{A}$ を X の閉集合系とする. このとき, 次の (1)〜(3) が成り立つ.

(1) $X, \varnothing \in \mathfrak{A}$.

(2) $A_1, A_2 \in \mathfrak{A}$ ならば, $A_1 \cup A_2 \in \mathfrak{A}$.

(3) $\{A_\lambda\}_{\lambda \in \Lambda}$ を $\mathfrak{A}$ の元からなる集合族とすると, $\bigcap_{\lambda \in \Lambda} A_\lambda \in \mathfrak{A}$. ☐

証明 (1) 定義 1.16 (O1) より, $X \setminus X = \varnothing \in \mathfrak{O}$. よって, 定義 1.17 より, $X \in \mathfrak{A}$. また, 定義 1.16 (O1) より, $X \setminus \varnothing = X \in \mathfrak{O}$. よって, 定義 1.17 より, $\varnothing \in \mathfrak{A}$.

(2) 定義 1.17 より, $X \setminus A_1, X \setminus A_2 \in \mathfrak{O}$. よって, ド・モルガンの法則[8]および 定義 1.16 (O2) より,

$$X \setminus (A_1 \cup A_2) = (X \setminus A_1) \cap (X \setminus A_2) \in \mathfrak{O}. \tag{1.12}$$

したがって, 定義 1.17 より, $A_1 \cup A_2 \in \mathfrak{A}$.

(3) 定義 1.17 より, $X \setminus A_\lambda \in \mathfrak{O}$. よって, ド・モルガンの法則および定義 1.16 (O3) より,

---

[8] 一般に, X を集合とし, $A, B \subset X$ とすると, $X \setminus (A \cup B) = (X \setminus A) \cap (X \setminus B)$, $X \setminus (A \cap B) = (X \setminus A) \cup (X \setminus B)$. さらに, $\{A_\lambda\}_{\lambda \in \Lambda}$ を X の部分集合族とすると, $X \setminus \left(\bigcup_{\lambda \in \Lambda} A_\lambda \right) = \bigcap_{\lambda \in \Lambda} (X \setminus A_\lambda)$, $X \setminus \left(\bigcap_{\lambda \in \Lambda} A_\lambda \right) = \bigcup_{\lambda \in \Lambda} (X \setminus A_\lambda)$.

$$X \setminus \left(\bigcap_{\lambda \in \Lambda} A_\lambda \right) = \bigcup_{\lambda \in \Lambda} (X \setminus A_\lambda) \in \mathfrak{O}. \tag{1.13}$$

したがって，定義 1.17 より，$\bigcap_{\lambda \in \Lambda} A_\lambda \in \mathfrak{A}$. ▌

開集合と閉集合は互いに双対的な概念であり，定理 1.19 (1)〜(3) を満たす部分集合系として，先に閉集合系を定め，開集合は補集合が閉集合となるものとして後から定めることもできる.

▌ 1.5 区間

再び数直線 $\mathbf{R}$ について考えよう. 区間は $\mathbf{R}$ の部分集合の中でもよく現れるものである. 改めて区間の定義をしておこう.

定義 1.20 $a, b \in \mathbf{R}$ とする. $a < b$ のとき，$(a, b) \subset \mathbf{R}$ を

$$(a, b) = \{x \in \mathbf{R} \mid a < x < b\} \tag{1.14}$$

により定め，これを**有界開区間**または**開区間**という（図 **1.4 (a)**）. また，$[a, b)$, $(a, b] \subset \mathbf{R}$ をそれぞれ

$$[a, b) = \{x \in \mathbf{R} \mid a \le x < b\}, \qquad (a, b] = \{x \in \mathbf{R} \mid a < x \le b\} \tag{1.15}$$

により定め，これらをそれぞれ**右半開区間**，**左半開区間**という（図 **1.4 (b)**, **(c)**）. $a \le b$ のとき，$[a, b] \subset \mathbf{R}$ を

$$[a, b] = \{x \in \mathbf{R} \mid a \le x \le b\} \tag{1.16}$$

により定め，これを**有界閉区間**または**閉区間**という（図 **1.4 (d)**）. さらに，$(a, +\infty)$, $(-\infty, b) \subset \mathbf{R}$ をそれぞれ

$$(a, +\infty) = \{x \in \mathbf{R} \mid a < x\}, \qquad (-\infty, b) = \{x \in \mathbf{R} \mid x < b\} \tag{1.17}$$

により定め，これらを**無限開区間**という（図 **1.4 (e)**）. また，$[a, +\infty)$, $(-\infty, b] \subset$

$\mathbf{R}$ をそれぞれ

$$[a, +\infty) = \{x \in \mathbf{R} \mid a \leq x\}, \qquad (-\infty, b] = \{x \in \mathbf{R} \mid x \leq b\} \quad (1.18)$$

により定め，これらを**無限閉区間**という（図 1.4 (f)）．以上の $\mathbf{R}$ の部分集合と $\mathbf{R}$ を単に**区間**ともいう．なお，$\mathbf{R}$ は $\mathbf{R} = (-\infty, +\infty)$ とも表す． ◻

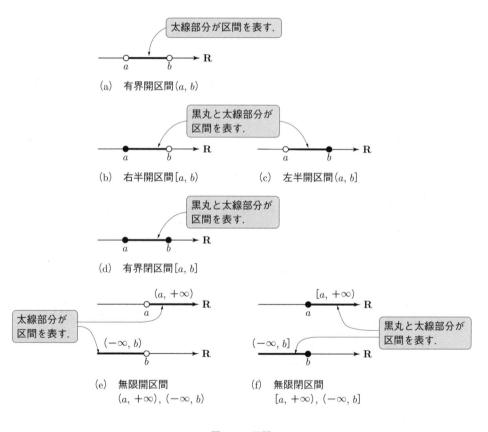

図 1.4 区間

注意 1.21 以下では，特に断らない限り，$\mathbf{R}$ に対しては 1.3 節で述べた $\mathbf{R}$ 上の距離 d から定まる位相を考える．このとき，開区間，閉区間はそれぞれ $\mathbf{R}$ の開集合，

閉集合となる．これが開区間，閉区間という言葉の由来である． □

有界閉区間に関して，次の区間縮小法が成り立つことがわかる．

定理 1.22 （**区間縮小法**） 有界閉区間の列 $\{[a_n, b_n]\}_{n=1}^{\infty}$ が

$$[a_{n+1}, b_{n+1}] \subset [a_n, b_n] \ (n \in \mathbf{N}), \quad \lim_{n \to \infty}(b_n - a_n) = 0 \qquad (1.19)$$

を満たすならば，$\bigcap_{n=1}^{\infty}[a_n, b_n]$ は 1 点のみからなる． □

補足 1.23 定理

「任意の正の実数 a, b に対して，$a < nb$ となる $n \in \mathbf{N}$ が存在する」

を**アルキメデスの原理**という．区間縮小法とアルキメデスの原理の 2 つは連続の公理と同値であることがわかる． □

区間は位相の言葉を用いて，簡単に特徴付けることができる．その前に準備として，1.6 節，1.7 節では相対位相と連結性について述べておこう．

1.6 相対位相

位相空間の部分集合に対しては，相対位相という位相を考えることが多い．

定理 1.24 $(X, \mathfrak{O})$ を位相空間とし，$A \subset X$，$A \neq \varnothing$ とする．A の部分集合系 $\mathfrak{O}_A$ を

$$\mathfrak{O}_A = \{O \cap A \mid O \in \mathfrak{O}\} \qquad (1.20)$$

により定めると，次の (1)〜(3) が成り立つ．

(1) $A, \varnothing \in \mathfrak{O}_A$．

(2) $O_1, O_2 \in \mathfrak{O}_A$ ならば，$O_1 \cap O_2 \in \mathfrak{O}_A$．

(3) $\{O_\lambda\}_{\lambda \in \Lambda}$ を $\mathfrak{O}_A$ の元からなる集合族とすると，$\bigcup_{\lambda \in \Lambda} O_\lambda \in \mathfrak{O}_A$． □

14 ── 第 1 章　数直線 **R**

証明　(1) $A = X \cap A$ で，定義 1.16 (O1) より，$X \in \mathfrak{O}$ なので，(1.20) より，$A \in \mathfrak{O}_A$. また，$\varnothing = \varnothing \cap A$ で，定義 1.16 (O1) より，$\varnothing \in \mathfrak{O}$ なので，(1.20) より，$\varnothing \in \mathfrak{O}_A$.

(2) (1.20) より，$O_1 = O_1' \cap A$, $O_2 = O_2' \cap A$ となる $O_1', O_2' \in \mathfrak{O}$ が存在する．このとき，

$$O_1 \cap O_2 = (O_1' \cap A) \cap (O_2' \cap A) = (O_1' \cap O_2') \cap A. \qquad (1.21)$$

ここで，定義 1.16 (O2) より，$O_1' \cap O_2' \in \mathfrak{O}$. よって，(1.20) より，$O_1 \cap O_2 \in \mathfrak{O}_A$.

(3) (1.20) より，$O_\lambda = O_\lambda' \cap A$ となる $O_\lambda' \in \mathfrak{O}$ が存在する．このとき，

$$\bigcup_{\lambda \in \Lambda} O_\lambda = \bigcup_{\lambda \in \Lambda} (O_\lambda' \cap A) = \left(\bigcup_{\lambda \in \Lambda} O_\lambda' \right) \cap A. \qquad (1.22)$$

ここで，定義 1.16 (O3) より，$\bigcup_{\lambda \in \Lambda} O_\lambda' \in \mathfrak{O}$. よって，(1.20) より，$\bigcup_{\lambda \in \Lambda} O_\lambda \in \mathfrak{O}_A$. ∎

定理 1.24 および定義 1.16 より，$\mathfrak{O}_A$ は A の位相を定める．この位相を A の $\mathfrak{O}$ に関する**相対位相**，組 $(A, \mathfrak{O}_A)$ を X の**部分位相空間**または**部分空間**という．

注意 1.25　以下では，特に断らない限り，位相空間の部分集合の位相については相対位相を考える．　　　　　　　　　　　　　　　　　　　　　　　　　　　　□

■ 1.7　連結性

位相空間が連結であるとは，イメージとしては空間全体が繋がっているということであるが，正確に定義するためには開集合の概念を用いる．

定義 1.26　$(X, \mathfrak{O})$ を位相空間とする．$O_1 \cap O_2 = \varnothing$ となる $O_1, O_2 \in \mathfrak{O}$ に対して，$X = O_1 \cup O_2$ と表されるならば，$O_1 = \varnothing$ または $O_2 = \varnothing$ であるとき，X は**連結**であるという．位相空間の部分集合が連結であるとは，相対位相に関して連結であることと定める．　　　　　　　　　　　　　　　　　　□

定義 1.20 で定めた区間を連結性を用いて特徴付けよう．まず，次の補題 1.27 を示しておく．

1.7 連結性 —— *15*

補題 1.27 I を $\mathbf{R}$ の連結部分集合で，2 点以上を含むものとする．このとき，$x, y \in I$，$x < y$ ならば，$[x, y] \subset I$. □

証明 背理法により示す．$[x, y] \subset I$ でないと仮定する．このとき，$x < z < y$，$z \notin I$ となる $z \in \mathbf{R}$ が存在する．相対位相の定義より，$(-\infty, z) \cap I$ および $(z, +\infty) \cap I$ は I の開集合で，

$$I = ((-\infty, z) \cap I) \cup ((z, +\infty) \cap I), \qquad ((-\infty, z) \cap I) \cap ((z, +\infty) \cap I) = \varnothing.$$
(1.23)

I は連結なので，$(-\infty, z) \cap I = \varnothing$ または $(z, +\infty) \cap I = \varnothing$．$(-\infty, z) \cap I = \varnothing$ のとき，$x \in (-\infty, z) \cap I$ なので，矛盾である．また，$(z, +\infty) \cap I = \varnothing$ のとき，$y \in (z, +\infty) \cap I$ なので，矛盾である．よって，$[x, y] \subset I$. ∎

補題 1.27 を用いることにより，区間は次の定理 1.28 のように特徴付けることができる．

定理 1.28 $\mathbf{R}$ の空でない連結部分集合は区間に限る． □

証明 まず，区間は連結であることを背理法により示す．I を区間とし，I が連結でないと仮定する．このとき，定義 1.26 より，I の開集合 O_1, O_2 で，

$$I = O_1 \cup O_2, \quad O_1 \cap O_2 = \varnothing, \quad O_1, O_2 \neq \varnothing$$
(1.24)

となるものが存在する．ここで，$a \in O_1$，$b \in O_2$ を選んでおく．必要ならば O_1 と O_2 を取り替えることにより，$a < b$ としてよい．このとき，数列 $\{a_n\}_{n=1}^{\infty}$，$\{b_n\}_{n=1}^{\infty}$ を

$$\begin{cases} a_1 = \dfrac{a+b}{2}, \quad b_1 = b \quad \left(\dfrac{a+b}{2} \in O_1 \right), \\[3mm] a_1 = a, \quad b_1 = \dfrac{a+b}{2} \quad \left(\dfrac{a+b}{2} \in O_2 \right), \end{cases}$$
(1.25)

$$\begin{cases} a_n = \dfrac{a_{n-1} + b_{n-1}}{2}, \quad b_n = b_{n-1} \quad \left(n \geq 2, \ \dfrac{a_{n-1} + b_{n-1}}{2} \in O_1 \right), \\[3mm] a_n = a_{n-1}, \quad b_n = \dfrac{a_{n-1} + b_{n-1}}{2} \quad \left(n \geq 2, \ \dfrac{a_{n-1} + b_{n-1}}{2} \in O_2 \right) \end{cases}$$
(1.26)

16———第 1 章　数直線 **R**

により定める. $\{a_n\}_{n=1}^\infty$, $\{b_n\}_{n=1}^\infty$ の定義より, 有界閉区間の列 $\{[a_n, b_n]\}_{n=1}^\infty$ が得られ,

$$[a_{n+1}, b_{n+1}] \subset [a_n, b_n] \qquad (n \in \mathbf{N}) \tag{1.27}$$

が成り立ち, また,

$$\lim_{n \to \infty} (b_n - a_n) = \lim_{n \to \infty} \frac{1}{2^n}(b - a) = 0 \tag{1.28}$$

である. よって, 定理 1.22 (区間縮小法) より, $\bigcap_{n=1}^\infty [a_n, b_n]$ は 1 点のみからなる. この 1 点を c とおくと, $\{a_n\}_{n=1}^\infty$, $\{b_n\}_{n=1}^\infty$ の定義および I が区間であることより,

$$c \in [a, b] \subset I. \tag{1.29}$$

ここで, (1.24) の第 1 式, 第 2 式より, O_1, O_2 は I の閉集合でもあるので, (1.29) および定理 1.18 より,

$$c = \lim_{n \to \infty} a_n = \lim_{n \to \infty} b_n \in O_1 \cap O_2. \tag{1.30}$$

(1.24) の第 2 式より, これは矛盾である. したがって, I は連結である.

　次に, **R** の空でない連結部分集合は区間であることを示す. I を **R** の空でない連結部分集合とする. I が 1 点のみからなる場合, I は閉区間である. 以下, I が 2 点以上を含む場合を考える. I が有界なとき, $a, b \in \mathbf{R}$ を $a = \inf I$, $b = \sup I$ により定める. このとき, 上限, 下限の定義および補題 1.27 より, $(a, b) \subset I \subset [a, b]$. よって, I は (a, b), $[a, b)$, $(a, b]$, $[a, b]$ のいずれかである. 同様に, I が下に有界であるが上に有界でないとき, $a = \inf I$ とおくと, I は $(a, +\infty)$, $[a, +\infty)$ のいずれかである. また, I が上に有界であるが下に有界でないとき, $b = \sup I$ とおくと, I は $(-\infty, b)$, $(-\infty, b]$ のいずれかである. さらに, I が上にも下にも有界でないとき, $I = (-\infty, +\infty) = \mathbf{R}$ である. ∎

演習問題————*17*

=========== **演習問題** ===========

問題 1.1　数列 $\{a_n\}_{n=1}^{\infty}$ を

$$a_n = \left(1 + \frac{1}{n}\right)^n \qquad (n \in \mathbf{N})$$

により定める.

(1) $\{a_n\}_{n=1}^{\infty}$ は単調増加であることを示せ.

(2) 不等式

$$a_n < 2 + \frac{11}{12} \qquad (n \in \mathbf{N})$$

を示せ.

(3) (1), (2) および公理 1.4（連続の公理）より, $\{a_n\}_{n=1}^{\infty}$ の極限が存在する. **ネ
ピアの数**または**自然対数の底**とよばれる実数 e はこの極限として定義される.
e^x に対するマクローリンの定理を用いることにより, e は無理数であることを
示せ.

問題 1.2　(X, d) を距離空間, $\{a_n\}_{n=1}^{\infty}$ を X の点列とする.

(1) $\{a_n\}_{n=1}^{\infty}$ がコーシー列であることの定義を述べよ.

(2) $\{a_n\}_{n=1}^{\infty}$ が収束するならば, $\{a_n\}_{n=1}^{\infty}$ はコーシー列であることを示せ.

補足 1.29　任意のコーシー列が収束する距離空間は**完備**であるという. また, $\mathbf{R}$ に
おける連続の公理は定理

「コーシー列は収束する」

と同値であることがわかる. 特に, $\mathbf{R}$ は完備である.　　　　　　　　　　□

2 複素数平面 C

複素数平面 $\mathbf{C}$ は 2 次元の多様体となり，$\mathbf{R}$ に次いで簡単な多様体の例である[1]．第 2 章では，集合論で学ぶ二項関係について復習し，$\mathbf{C}$ には $\mathbf{R}$ のもつような大小関係は存在しないことを示す．また，$\mathbf{C}$ をユークリッド平面 $\mathbf{R}^2$ と同一視し，線形代数で学ぶベクトル空間や内積空間について簡単に復習する．

2.1 複素数

複素数全体の集合を $\mathbf{C}$ と表す．すなわち，i を虚数単位とすると，

$$\mathbf{C} = \{a + bi \,|\, a, b \in \mathbf{R},\ i^2 = -1\} \tag{2.1}$$

である．$z = a + bi \in \mathbf{C}$ （$a, b \in \mathbf{R}$）に対して，その**実部**および**虚部**はそれぞれ

$$a = \operatorname{Re} z, \qquad b = \operatorname{Im} z \tag{2.2}$$

により定められる．このとき，$\mathbf{C}$ は図 2.1 のように平面で表すことができる．この平面を**複素数平面**または**ガウス平面**という．

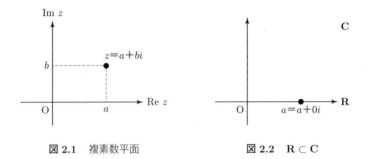

図 2.1　複素数平面　　　図 2.2　$\mathbf{R} \subset \mathbf{C}$

---

[1] $\mathbf{C}$ が多様体となることについては例 8.8 で述べる．

対応

$$\mathbf{R} \ni a \longmapsto a + 0i \in \mathbf{C} \tag{2.3}$$

により，$\mathbf{R}$ は $\mathbf{C}$ の部分集合とみなすことができる（**図 2.2**）．そして，$a \in \mathbf{R}$ に対して，複素数 $a + 0i$ は単に a とも表す．

$\mathbf{R}$ の和および積と等式

$$i^2 = -1 \tag{2.4}$$

を用いることにより，任意の $z, w \in \mathbf{C}$ に対して，和 $z + w \in \mathbf{C}$ および積 $zw \in \mathbf{C}$ が定められる．すなわち，$a, b, c, d \in \mathbf{R}$ とすると，

$$\begin{aligned}
(a + bi) + (c + di) &= (a + c) + (b + d)i, \\
(a + bi)(c + di) &= (ac - bd) + (ad + bc)i
\end{aligned} \tag{2.5}$$

である．このとき，$\mathbf{C}$ は定義 1.2 の条件 (K1)〜(K10) を満たし，**複素数体**となる．例えば，定義 1.2 において，$\mathbf{K} = \mathbf{C}$ として，$0_{\mathbf{C}} = 0$，$1_{\mathbf{C}} = 1$ である．

例 2.1 $a, b \in \mathbf{R}$ に対して，$a \neq 0$ または $b \neq 0$ であるとすると，

$$(a + bi)^{-1} = \frac{1}{a + bi} = \frac{a - bi}{(a + bi)(a - bi)} = \frac{a - bi}{a^2 + b^2} = \frac{a}{a^2 + b^2} - \frac{b}{a^2 + b^2}i \in \mathbf{C}. \tag{2.6}$$

　　　　　　　　　　　　　　　　　　　　　　　　　　　　　　　□

さらに，$\mathbf{R}$ の中で先に和，差，積，商といった演算を考えた体系は，(2.3) を用いて $\mathbf{C}$ の元へ対応させた後から，それぞれ $\mathbf{C}$ の和，差，積，商を考えたものと一致する．すなわち，$\mathbf{R}$ は四則演算も込めて，$\mathbf{C}$ の部分集合とみなすことができる．

▌ 2.2　二項関係

2.1 節では $\mathbf{C}$ が $\mathbf{R}$ と同様に体となることについて述べたが，$\mathbf{C}$ については，定理 1.3 (1)〜(6) を満たすような大小関係は存在しない．このことについて考える前に，$\mathbf{R}$ 上の大小関係の一般化であり，数学のさまざまな場面で現れる二項関係について述べておこう．

20——第 2 章　複素数平面 **C**

定義 2.2　　X を集合とし，積集合 $X \times X$ の任意の元 (a, b) に対して，満たすか満たさないかを判定できる規則 R が与えられているとする．このとき，R を X 上の**二項関係**という．(a, b) が R を満たすとき，aRb と表す．　　🔲

　二項関係の中でも特に重要な同値関係と順序関係を定義しよう．

定義 2.3　　X を集合，R を X 上の二項関係とする．このとき，次のように定める．

　　反射律：任意の $a \in X$ に対して，aRa．

　　対称律：任意の $a, b \in X$ に対して，aRb ならば，bRa．

　　反対称律：任意の $a, b \in X$ に対して，aRb かつ bRa ならば，$a = b$．

　　推移律：任意の $a, b, c \in X$ に対して，aRb かつ bRc ならば，aRc．

R が反射律，対称律および推移律を満たすとき，R を**同値関係**という．R が同値関係のとき，aRb となる $a, b \in X$ に対して，a と b は**同値**であるという．R が反射律，反対称律および推移律を満たすとき，R を**順序関係**という．　　🔲

例 2.4（相等関係）　X を集合とし，$a, b \in X$ に対して，$a = b$ のとき，aRb であると定める．R を**相等関係**という．このとき，明らかに R は X 上の同値関係となる．

🔲

例 2.5（自然数 n を法とする合同）　整数全体の集合を **Z** と表す．また，$n \in \mathbf{N}$ を固定しておく．$a, b \in \mathbf{Z}$ に対して，a, b が n を法として合同なとき，すなわち，$a - b$ が n で割り切れるとき，aRb であると定める．このとき，R は **Z** 上の同値関係となる．なお，この場合は aRb であることを

$$a \equiv b \mod n \tag{2.7}$$

などと表すことが多い．　　🔲

例 2.6（大小関係）　定理 1.3 (1)〜(3) より，**R** 上の通常の大小関係 $\le$ は順序関係となる．同様に，**N**，**Z**，**Q** 上の通常の大小関係 $\le$ はすべて順序関係となる．　　🔲

例 2.7（包含関係）　X を集合とし，X の部分集合全体からなる集合を $\mathfrak{P}(X)$ と表す．

このとき，包含関係 $\subset$ は $\mathfrak{P}(X)$ 上の順序関係となる． $\qquad\qquad$ □

次の例題 2.8 からわかるように，定理 1.3 (1)～(6) を満たすような $\mathbf{C}$ 上の大
小関係を考えることはできない．

例題 2.8　$\mathbf{C}$ 上の順序関係 $\leq$ で，次の (1)～(3) を満たすものは存在しない
ことを示せ．ただし，$z, w, v \in \mathbf{C}$ である．

(1) $z \leq w$ または $w \leq z$ の少なくとも一方が成り立つ．

(2) $z \leq w$ ならば，$z + v \leq w + v$.

(3) $0 \leq z$, $0 \leq w$ ならば，$0 \leq zw$.

【解】　背理法により示す．(1)～(3) を満たす $\mathbf{C}$ 上の順序関係 $\leq$ が存在すると仮定
する．このとき，(1) より，$0 \leq i$ または $i \leq 0$ の少なくとも一方が成り立つ．$0 \leq i$
のとき，(3) より，$0 \leq i^2$. すなわち，(2.4) より，

$$0 \leq -1. \tag{2.8}$$

(2.8) および (3) より，$0 \leq (-1)^2$. すなわち，

$$0 \leq 1. \tag{2.9}$$

一方，(2.8) および (2) より，$0 + 1 \leq -1 + 1$. すなわち，

$$1 \leq 0. \tag{2.10}$$

(2.9), (2.10) および反対称律より，$0 = 1$. これは定義 1.2 (K10) に矛盾する．$i \leq 0$
のときも上と同様の議論により，矛盾を導くことができる．よって，(1)～(3) を満た
す $\mathbf{C}$ 上の順序関係 $\leq$ は存在しない． $\qquad\qquad$ ∎

2.3　絶対値

以下に述べるように，$\mathbf{C}$ は距離を定めることにより，位相空間となる．まず，
$z = a + bi \in \mathbf{C}$（$a, b \in \mathbf{R}$）に対して，$z$ の**共役複素数** $\bar{z} \in \mathbf{C}$ は

$$\bar{z} = a - bi \tag{2.11}$$

22────第 2 章　複素数平面 **C**

により定められる．(2.11) を用いて，直接計算することにより，次の定理 2.9 を示すことができる．

定理 2.9　$z, w \in \mathbf{C}$ とすると，次の (1)〜(5) が成り立つ．

(1) $\bar{\bar{z}} = z$.

(2) $\mathrm{Re}\, z = \dfrac{z + \bar{z}}{2}$, $\mathrm{Im}\, z = \dfrac{z - \bar{z}}{2i}$.

(3) $\overline{z \pm w} = \bar{z} \pm \bar{w}$. （複号同順）

(4) $\overline{zw} = \bar{z}\bar{w}$.

(5) $w \neq 0$ のとき，$\overline{\left(\dfrac{z}{w}\right)} = \dfrac{\bar{z}}{\bar{w}}$. □

$z = a + bi \in \mathbf{C}$ $(a, b \in \mathbf{R})$ に対して，

$$z\bar{z} = (a + bi)(a - bi) = a^2 + b^2 \geq 0 \tag{2.12}$$

であることに注意すると，0 以上の実数 $|z|$ を

$$|z| = \sqrt{z\bar{z}} \tag{2.13}$$

により定めることができる．特に，$|z| = 0$ となるのは $z = 0$ のときに限る．$|z|$ を z の**絶対値**という．(2.11) および (2.13) を用いて，直接計算することにより，次の定理 2.10 を示すことができる．

定理 2.10　$z, w \in \mathbf{C}$ とすると，次の (1), (2) が成り立つ．

(1) $|zw| = |z||w|$.

(2) $w \neq 0$ のとき，$\left|\dfrac{z}{w}\right| = \dfrac{|z|}{|w|}$. □

そして，次の例題 2.11 (2) からわかるように，複素数に対する絶対値は三角不等式を満たす．

例題 2.11 $z, w \in \mathbf{C}$ とすると, 次の (1), (2) が成り立つことを示せ.
(1) $|z+w|^2 = |z|^2 + |w|^2 + 2\mathrm{Re}\, z\bar{w}$.
(2) $|z+w| \leq |z| + |w|$. (**三角不等式**)

【解】 (1) (2.13) および定理 2.9 (1)〜(4) より,

$$(左辺) = (z+w)(\overline{z+w}) = (z+w)(\bar{z}+\bar{w}) = z\bar{z} + z\bar{w} + w\bar{z} + w\bar{w}$$
$$= |z|^2 + z\bar{w} + \overline{z\bar{w}} + |w|^2 = (右辺). \tag{2.14}$$

(2) (2.12) より, $\mathrm{Re}\, z \leq |z|$ であることに注意し, (1) を用いると,

$$|z+w|^2 \leq |z|^2 + |w|^2 + 2|z\bar{w}| = |z|^2 + |w|^2 + 2|z||w| = (|z|+|w|)^2. \tag{2.15}$$

よって, $|z+w|^2 \leq (|z|+|w|)^2$. 絶対値は 0 以上の実数に値をとるので, (2) が成り立つ. ∎

注意 2.12 例題 2.11 (2) の式を "三角" 不等式とよぶ理由は $\mathbf{C}$ を平面として表すとはっきりするであろう (**図 2.3**). □

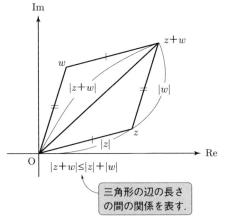

図 2.3 三角不等式

$z, w \in \mathbf{C}$ に対して,
$$d(z, w) = |z - w| \tag{2.16}$$
とおく.このとき,次の定理 2.13 より,$(\mathbf{C}, d)$ は定義 1.9 で定めた距離空間となる.

定理 2.13 d は $\mathbf{C}$ 上の距離を定める. □

証明 $z, w, v \in \mathbf{C}$ とする.定義 1.9 より,d が対称性,三角不等式および正値性を満たすことを示せばよい.

対称性:(2.16) および定理 2.10 (1) より,
$$d(z, w) = |z - w| = |(-1)(w - z)| = |-1||w - z| = |w - z| = d(w, z). \tag{2.17}$$

よって,$d(z, w) = d(w, z)$ となり,d は対称性を満たす.

三角不等式:(2.16) および絶対値に対する三角不等式より,
$$\begin{aligned} d(z, v) = |z - v| = |(z - w) + (w - v)| &\le |z - w| + |w - v| \\ &= d(z, w) + d(w, v). \end{aligned} \tag{2.18}$$

よって,$d(z, v) \le d(z, w) + d(w, v)$ となり,d は三角不等式を満たす.

正値性:(2.16) および絶対値が 0 以上の実数に値をとることより,$d(z, w) = |z - w| \ge 0$.また,$d(z, w) = 0$ となるのは $z - w = 0$ のとき,すなわち,$z = w$ のときに限る.よって,d は正値性を満たす. ∎

2.4 ユークリッド平面

積集合 $\mathbf{R} \times \mathbf{R}$ を $\mathbf{R}^2$ と表す.すなわち,
$$\begin{aligned} \mathbf{R}^2 &= \mathbf{R} \times \mathbf{R} \\ &= \{(a, b) \mid a, b \in \mathbf{R}\} \end{aligned} \tag{2.19}$$

である.$\mathbf{R}^2$ は図 2.4 のように平面で表すことがで

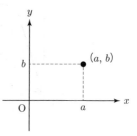

図 2.4 平面 $\mathbf{R}^2$

きる[2]. この平面を**ユークリッド平面**ともいう.

対応
$$\mathbf{C} \ni a + bi \longmapsto (a,b) \in \mathbf{R}^2 \qquad (a,b \in \mathbf{R}) \qquad (2.20)$$

を考えると, $\mathbf{R}^2$ は $\mathbf{C}$ とみなすことができる. このとき, 任意の $(a,b), (c,d) \in \mathbf{R}^2$ に対して, 和 $(a,b)+(c,d) \in \mathbf{R}^2$ および積 $(a,b)(c,d) \in \mathbf{R}^2$ を定めることができる. 実際, (2.5) および (2.20) より,

$$(a,b)+(c,d) = (a+c, b+d), \qquad (a,b)(c,d) = (ac-bd, ad+bc) \qquad (2.21)$$

とすればよい.

$\mathbf{R}^2$ に対しては, 他にもスカラー倍とよばれる演算が定められる. $(a,b) \in \mathbf{R}^2$, $k \in \mathbf{R}$ に対して, (a,b) の k による**スカラー倍** $k(a,b) \in \mathbf{R}^2$ は

$$k(a,b) = (ka, kb) \qquad (2.22)$$

により定められる.

ユークリッド平面 $\mathbf{R}^2$ に対するこれらの演算は幾何学的に理解することができる. まず, O を原点とし, $(a,b) \in \mathbf{R}^2$ を O から点 (a,b) へ向かう平面ベクトルとみなす (**図 2.5**). このとき, 和およびスカラー倍はそれぞれ**図 2.6** および**図 2.7** のように表すことができる.

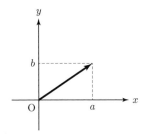

図 2.5 平面ベクトル

---

[2] $\mathbf{C}$ における実軸, 虚軸はそれぞれ x 軸, y 軸とよぶことが多い.

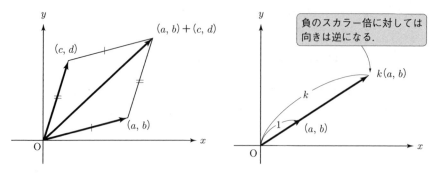

図 2.6　平面ベクトルの和　　　　図 2.7　平面ベクトルのスカラー倍

積については，(2.20) を用いて考えるとよい．$z \in \mathbf{C} \setminus \{0\}$[3])に対して，$z$ の表す複素数平面上の点を P とすると，$|z|$ は線分 OP の長さを表す．よって，$r = \mathrm{OP}$ とおき，実軸とベクトル $\overrightarrow{\mathrm{OP}}$ のなす角を θ とすると，

$$z = r(\cos\theta + i\sin\theta) \tag{2.23}$$

と表すことができる（図 **2.8**）．このような表し方を z の**極形式**という．また，$\theta = \arg z$ と表し，これを z の**偏角**という．偏角は 2π の整数倍の差を除いて一意的に定まる．

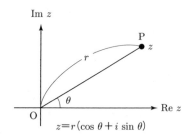

図 2.8　極形式

さらに，$w \in \mathbf{C} \setminus \{0\}$ とし，w の極形式を

$$w = s(\cos\varphi + i\sin\varphi) \tag{2.24}$$

---

3)　すなわち，z は 0 ではない複素数である．

2.5 内積空間 ——— *27*

とする．このとき，(2.23), (2.24) および加法定理より，

$$zw = (rs)(\cos(\theta + \varphi) + i\sin(\theta + \varphi)) \tag{2.25}$$

となる．よって，積は拡大と回転の合成を意味する．

2.5 内積空間

$\mathbf{R}^2$ の和およびスカラー倍の基本的な性質は次の定理 2.14 としてまとめられる．

定理 2.14 $a, b, c, d, e, f, k, l \in \mathbf{R}$ とする．$\mathbf{R}^2$ の和およびスカラー倍について，次の (1)〜(7) が成り立つ．

(1) $(a, b) + (c, d) = (c, d) + (a, b)$. **(和の交換律)**

(2) $((a, b) + (c, d)) + (e, f) = (a, b) + ((c, d) + (e, f))$. **(和の結合律)**

(3) $(a, b) + (0, 0) = (a, b)$.

(4) $k(l(a, b)) = (kl)(a, b)$. **(スカラー倍の結合律)**

(5) $(k + l)(a, b) = k(a, b) + l(a, b), \ k((a, b) + (c, d)) = k(a, b) + k(c, d)$.
   (分配律)

(6) $1(a, b) = (a, b)$.

(7) $0(a, b) = (0, 0)$. □

定理 2.14 のような $\mathbf{R}^2$ の代数的構造は次の定義 2.15 として一般化される．

定義 2.15 V を集合，$\mathbf{K}$ を体とし，$\boldsymbol{a}, \boldsymbol{b}, \boldsymbol{c} \in V$, $k, l \in \mathbf{K}$ とする．V に和とよばれる演算 $\boldsymbol{a} + \boldsymbol{b} \in V$ およびスカラー倍とよばれる演算 $k\boldsymbol{a} \in V$ が定められ，次の (V1)〜(V7) が成り立つとき，V を $\mathbf{K}$ 上のベクトル空間または線形空間という．また，V の元をベクトルともいう．

(V1) $\boldsymbol{a} + \boldsymbol{b} = \boldsymbol{b} + \boldsymbol{a}$. **(和の交換律)**

(V2) $(\boldsymbol{a} + \boldsymbol{b}) + \boldsymbol{c} = \boldsymbol{a} + (\boldsymbol{b} + \boldsymbol{c})$. **(和の結合律)**

(V3) **零ベクトル**とよばれる V の元 $\boldsymbol{0}$ が存在し，任意の $\boldsymbol{a}$ に対して，
   $\boldsymbol{a} + \boldsymbol{0} = \boldsymbol{a}$.

28 —— 第 2 章　複素数平面 **C**

(V4) $k(l\boldsymbol{a}) = (kl)\boldsymbol{a}.$ (**スカラー倍の結合律**)

(V5) $(k+l)\boldsymbol{a} = k\boldsymbol{a} + l\boldsymbol{a},\ k(\boldsymbol{a}+\boldsymbol{b}) = k\boldsymbol{a} + k\boldsymbol{b}.$ (**分配律**)

(V6) $1_{\mathrm{K}}\boldsymbol{a} = \boldsymbol{a}.$

(V7) $0_{\mathrm{K}}\boldsymbol{a} = \boldsymbol{0}.$ □

次の例題 2.16 からわかるように，任意の体は自然にベクトル空間となる．

例題 2.16　**K** を体とし，積をスカラー倍として考える．このとき，定義
1.2 (K1)〜(K3)，(K5)〜(K8) より，**K** は 0_{K} を零ベクトルとすることに
より，定義 2.15 の条件 (V1)〜(V6) を満たすことがただちにわかる．さらに，
K は定義 2.15 の条件 (V7) を満たすことを示せ．

【**解**】　定義 1.2 の条件 (K2)〜(K4) および (K7) を用いて計算すると，

$$0_{\mathrm{K}}a = 0_{\mathrm{K}}a + 0_{\mathrm{K}} = 0_{\mathrm{K}}a + \{0_{\mathrm{K}}a + (-0_{\mathrm{K}}a)\}$$
$$= (0_{\mathrm{K}}a + 0_{\mathrm{K}}a) + (-0_{\mathrm{K}}a) = (0_{\mathrm{K}} + 0_{\mathrm{K}})a + (-0_{\mathrm{K}}a)$$
$$= 0_{\mathrm{K}}a + (-0_{\mathrm{K}}a) = 0_{\mathrm{K}}. \tag{2.26}$$

よって，$0_{\mathrm{K}}a = 0_{\mathrm{K}}$. すなわち，**K** は定義 2.15 の条件 (V7) を満たす．∎

$(a,b),(c,d) \in \mathbf{R}^2$ に対して，(a,b) と (c,d) の**内積** $\langle(a,b),(c,d)\rangle$ は

$$\langle(a,b),(c,d)\rangle = ac + bd \tag{2.27}$$

により定められる．$\mathbf{R}^2$ の内積の基本的な性質は次の定理 2.17 である．

定理 2.17　$a,b,c,d,e,f,k \in \mathbf{R}$ とする．$\mathbf{R}^2$ の内積について，次の (1)〜(3)
が成り立つ．

(1) $\langle(a,b),(c,d)\rangle = \langle(c,d),(a,b)\rangle.$ (**対称性**)

(2) $\langle(a,b)+(c,d),(e,f)\rangle = \langle(a,b),(e,f)\rangle + \langle(c,d),(e,f)\rangle,$
　　$\langle k(a,b),(c,d)\rangle = k\langle(a,b),(c,d)\rangle.$ (**線形性**)

(3) $\langle (a,b),(a,b)\rangle \geq 0$ で，$\langle (a,b),(a,b)\rangle = 0 \iff (a,b) = (0,0)$.
（**正値性**）　　　　　　　　　　　　　　　　　　　　　　　　　　　□

$\mathbf{R}^2$ に対する内積は次の定義 2.18 として一般化される.

定義 2.18　V を $\mathbf{R}$ 上のベクトル空間とし，$a, b, c \in V$，$k \in \mathbf{R}$ とする. 任意の a, b に対して，実数 $\langle a, b\rangle \in \mathbf{R}$ が定まり，次の (I1)〜(I3) が成り立つとき，$\langle a, b\rangle$ を a と b の**内積**，対応 $\langle\ ,\ \rangle$ を V の内積，組 $(V, \langle\ ,\ \rangle)$ または V を**内積空間**または**計量ベクトル空間**という.

(I1) $\langle a, b\rangle = \langle b, a\rangle$. （**対称性**）

(I2) $\langle a + b, c\rangle = \langle a, c\rangle + \langle b, c\rangle$，$\langle ka, b\rangle = k\langle a, b\rangle$. （**線形性**）

(I3) $\langle a, a\rangle \geq 0$ で，$\langle a, a\rangle = 0 \iff a = \mathbf{0}$. （**正値性**）　　□

注意 2.19　$(a,b), (c,d) \in \mathbf{R}^2$ に対して，例えば，

$$\langle\!\langle (a,b),(c,d)\rangle\!\rangle = ac + 2bd \tag{2.28}$$

とおいても，定義 2.18 (I1)〜(I3) の条件が成り立ち，$\langle\!\langle\ ,\ \rangle\!\rangle$ は $\mathbf{R}^2$ の内積を定める. (2.27) により定められる $\mathbf{R}^2$ の内積は (2.28) のようなその他の内積と区別して，**標準内積**ということもある.　　　　　　　　　　　　　　　　　　　□

2.6　ノルム

内積空間のベクトルに対して，ノルムとよばれる量を定めることができる. ノルムを用いることにより，内積空間は距離空間となる. $(V, \langle\ ,\ \rangle)$ を内積空間とする. このとき，定義 2.18 (I3)（内積の正値性）より，$a \in V$ に対して，0 以上の実数 $\|a\|$ を

$$\|a\| = \sqrt{\langle a, a\rangle} \tag{2.29}$$

により定めることができる. また，$\|a\| = 0$ となるのは $a = \mathbf{0}$ のときに限る. $\|a\|$ を a の**ノルム**，**長さ**または**大きさ**，対応 $\|\ \|$ を V の**ノルム**という. ノルム

30——第 2 章　複素数平面 **C**

に関して，次の定理 2.20 が成り立つ．

定理 2.20　$(V, \langle\ ,\ \rangle)$ を内積空間とし，$a, b \in V$，$k \in \mathbf{R}$ とする．このとき，V のノルム $\|\ \|$ に関して，次の (1)〜(3) が成り立つ．

(1) $\|ka\| = |k|\|a\|$.

(2) $|\langle a, b \rangle| \leq \|a\|\|b\|$. （コーシー-シュワルツの不等式）

(3) $\|a + b\| \leq \|a\| + \|b\|$. （三角不等式）. 　　　　　□

証明　(1)　(2.29) および定義 2.18 (I2)（内積の線形性）を用いて，計算すればよい．

(2)　$b = 0$ のときは明らかである．$b \neq 0$ のとき，$\langle b, b \rangle > 0$ であることに注意し，定義 2.18（内積の対称性，線形性，正値性）および (2.29) を用いると，

$$
\begin{aligned}
0 &\leq \left\langle a - \frac{\langle a, b \rangle}{\langle b, b \rangle} b, a - \frac{\langle a, b \rangle}{\langle b, b \rangle} b \right\rangle \langle b, b \rangle \\
&= \left(\langle a, a \rangle - \frac{\langle a, b \rangle}{\langle b, b \rangle} \langle a, b \rangle - \frac{\langle a, b \rangle}{\langle b, b \rangle} \langle b, a \rangle + \frac{\langle a, b \rangle^2}{\langle b, b \rangle^2} \langle b, b \rangle \right) \langle b, b \rangle \\
&= \|a\|^2 \|b\|^2 - |\langle a, b \rangle|^2.
\end{aligned}
\tag{2.30}
$$

よって，$|\langle a, b \rangle|^2 \leq \|a\|^2 \|b\|^2$．ノルムは 0 以上の実数に値をとるので，(2) が成り立つ．

(3)　(2.29)，定義 2.18 (I1)，(I2)（内積の対称性，線形性）および (2) より，

$$
\begin{aligned}
\|a + b\|^2 &= \langle a + b, a + b \rangle = \|a\|^2 + 2\langle a, b \rangle + \|b\|^2 \leq \|a\|^2 + 2\|a\|\|b\| + \|b\|^2 \\
&= (\|a\| + \|b\|)^2.
\end{aligned}
\tag{2.31}
$$

よって，$\|a + b\|^2 \leq (\|a\| + \|b\|)^2$．ノルムは 0 以上の実数に値をとるので，(3) が成り立つ．　　■

$a, b \in V$ に対して，

$$
d(a, b) = \|a - b\|
\tag{2.32}
$$

とおく．このとき，定理 2.13 と同様に，次の定理 2.21 を示すことができる．特に，(V, d) は距離空間となる．

定理 2.21 d は V 上の距離を定める． □

$a, b \in \mathbf{R}$ とすると，$\mathbf{C}$ の絶対値および $\mathbf{R}^2$ のノルムについて，等式

$$|a + bi| = \|(a, b)\| = \sqrt{a^2 + b^2} \tag{2.33}$$

が成り立つ．よって，(2.20) は距離空間あるいは位相空間としての構造も含めた $\mathbf{C}$ から $\mathbf{R}^2$ への対応を与え，$\mathbf{C}$ における点列の収束や開集合および閉集合といった位相的概念は $\mathbf{R}^2$ におけるものとまったく同じになる．

2.7 ユークリッド空間

例題 2.16 より，$\mathbf{R}$ はベクトル空間となるが，さらに，積を内積とすることにより，$\mathbf{R}$ は内積空間となり，その内積から定まるノルムは通常の絶対値に一致する．一方，2.6 節で述べたように，$\mathbf{R}^2$ も内積空間となった．内積空間としての $\mathbf{R}$ および $\mathbf{R}^2$ は次のように一般化することができる．まず，$n \in \mathbf{N}$ を固定しておき，$\mathbf{R}$ の n 個の積を $\mathbf{R}^n$ と表す．すなわち，

$$\mathbf{R}^n = \underbrace{\mathbf{R} \times \mathbf{R} \times \cdots \times \mathbf{R}}_{n \text{ 個}} = \{(a_1, a_2, \cdots, a_n) \mid a_1, a_2, \cdots, a_n \in \mathbf{R}\} \tag{2.34}$$

である．$\mathbf{R}^n$ を **n 次元ユークリッド空間**という．$n = 3$ のとき，$\mathbf{R}^3$ は図 2.9 のように表すことが多い．

$\mathbf{R}^n$ は $\mathbf{R}$ 上の n 次元のベクトル空間となり，さらに，内積空間となる．以下，このことについて述べよう．まず，

$$\bm{a} = (a_1, a_2, \cdots, a_n), \ \bm{b} = (b_1, b_2, \cdots, b_n) \in \mathbf{R}^n \tag{2.35}$$

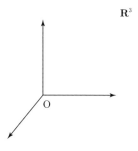

図 2.9 3 次元ユークリッド空間

32──────第 2 章　複素数平面 $\mathbf{C}$

に対して，和 $\boldsymbol{a} + \boldsymbol{b}$ を

$$\boldsymbol{a} + \boldsymbol{b} = (a_1 + b_1, a_2 + b_2, \cdots, a_n + b_n) \tag{2.36}$$

により定める．さらに，$k \in \mathbf{R}$ とし，スカラー倍 $k\boldsymbol{a}$ を

$$k\boldsymbol{a} = (ka_1, ka_2, \cdots, ka_n) \tag{2.37}$$

により定める．このように定めた和およびスカラー倍は定義 2.15 (V1)〜(V7) の条件を満たし，$\mathbf{R}^n$ は $\mathbf{R}$ 上のベクトル空間となる．なお，$\mathbf{R}^n$ の零ベクトル $\mathbf{0}$ は $\mathbf{0} = (0, 0, \cdots, 0) \in \mathbf{R}^n$ である．次に，実数 $\langle \boldsymbol{a}, \boldsymbol{b} \rangle \in \mathbf{R}$ を

$$\langle \boldsymbol{a}, \boldsymbol{b} \rangle = a_1 b_1 + a_2 b_2 + \cdots + a_n b_n \tag{2.38}$$

により定める．このように定めた対応 $\langle\ ,\ \rangle$ は定義 2.18 (I1)〜(I3) の条件を満たし，$(\mathbf{R}^n, \langle\ ,\ \rangle)$ は内積空間となる．この内積を $\mathbf{R}^n$ の**標準内積**という．以上により，$\mathbf{R}^n$ は内積空間となるので，定理 2.21 より，$\mathbf{R}^n$ は内積から定まるノルムを用いることにより，距離空間となる．このときの距離を**ユークリッド距離**という．

　最後に，ベクトル空間の次元について述べよう．簡単のため，有限次元の場合のみを考えることにする．

> **定義 2.22**　V を体 $\mathbf{K}$ 上のベクトル空間とする．$\boldsymbol{a}_1, \boldsymbol{a}_2, \cdots, \boldsymbol{a}_n \in V$ に対して，次の (1), (2) が成り立つとき，組 $\{\boldsymbol{a}_1, \boldsymbol{a}_2, \cdots, \boldsymbol{a}_n\}$ を V の**基底**という．
>
> (1) $\boldsymbol{a}_1, \boldsymbol{a}_2, \cdots, \boldsymbol{a}_n$ は **1 次独立**である．すなわち，$k_1, k_2, \cdots, k_n \in \mathbf{K}$ に対して，
>
> $$k_1 \boldsymbol{a}_1 + k_2 \boldsymbol{a}_2 + \cdots + k_n \boldsymbol{a}_n = \mathbf{0} \implies k_1 = k_2 = \cdots = k_n = 0.$$
>
> (2) V は $\boldsymbol{a}_1, \boldsymbol{a}_2, \cdots, \boldsymbol{a}_n$ で**生成される**．すなわち，
>
> $$V = \{k_1 \boldsymbol{a}_1 + k_2 \boldsymbol{a}_2 + \cdots + k_n \boldsymbol{a}_n \,|\, k_1, k_2, \cdots, k_n \in \mathbf{K}\}.$$
>
> このとき，$\dim V = n$ と表し，これを V の**次元**という． □

注意 2.23 定義 2.22 において，V の次元は基底の選び方に依存しないことがわかる[4])．すなわち，定義 2.22 の次元の定義は well-defined である． □

さて，$e_1, e_2, \cdots, e_n \in \mathbf{R}^n$ を

$$e_1 = (1, 0, \cdots, 0), \ e_2 = (0, 1, \cdots, 0), \ \cdots, \ e_n = (0, 0, \cdots, 1) \quad (2.39)$$

により定める．$e_1, e_2, \cdots, e_n$ を $\mathbf{R}^n$ の**基本ベクトル**という．このとき，$e_1, e_2, \cdots, e_n$ は定義 2.22 の条件 (1), (2) を満たす．よって，$\mathbf{R}^n$ の次元は n，すなわち，$\dim \mathbf{R}^n = n$ である．組 $\{e_1, e_2, \cdots, e_n\}$ を $\mathbf{R}^n$ の**標準基底**という．

=========== 演習問題 ===========

問題 2.1 $X = \mathbf{Z} \times (\mathbf{Z} \setminus \{0\})$ とおき，$(m, n), (m', n') \in X$ に対して，$mn' = nm'$ のとき，$(m, n) \sim (m', n')$ であると定める．$\sim$ は X 上の同値関係であることを示せ．

補足 2.24 同値関係は $\sim$ という記号を用いることが多い．X を集合，$\sim$ を X 上の同値関係とする．このとき，$a \in X$ に対して，$C(a) \subset X$ を

$$C(a) = \{x \in X \mid a \sim x\}$$

により定める．$C(a)$ を $\sim$ による a の**同値類**，$C(a)$ の各元を $C(a)$ の**代表元**または**代表**という（図 2.10）．推移律より，$a, b \in X$ に対して，$C(a) \cap C(b) \neq \varnothing$ ならば，$C(a) = C(b)$ である．さらに，反射律より，$\sim$ による同値類全体は X を互いに交わらない部分集合の和に分解する．$\sim$ による同値類全体の集合を $X/\sim$ と表し，X の $\sim$ による**商集合**という．$X/\sim$ の元はある $a \in X$ を用いて，$C(a)$ と表されるので，対応

$$X \ni a \longmapsto C(a) \in X/\sim$$

は X から $X/\sim$ への全射を定める．この写像を

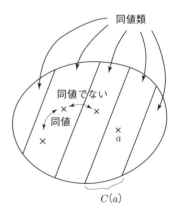

図 2.10　同値類

---
[4])　例えば，巻末の「読者のためのブックガイド」の文献 [3] p.95, 定理 1 を見よ．

自然な射影という．

問題 2.1 において，商集合 $X/\sim$ は有理数全体の集合 $\mathbf{Q}$ とみなすことができる．さらに，和および積，順序関係を定義し，四則演算や大小関係も込みにして，$X/\sim$ を有理数体 $\mathbf{Q}$ とみなせることがわかる． □

問題 2.2 $(V, \langle\,,\,\rangle)$ を内積空間，$\|\ \|$ を V のノルムとし，$\boldsymbol{a}, \boldsymbol{b} \in V$ とする．

(1) 等式
$$\langle \boldsymbol{a}, \boldsymbol{b} \rangle = \frac{1}{2}(\|\boldsymbol{a}+\boldsymbol{b}\|^2 - \|\boldsymbol{a}\|^2 - \|\boldsymbol{b}\|^2)$$

が成り立つことを示せ．

(2) **中線定理**
$$\|\boldsymbol{a}+\boldsymbol{b}\|^2 + \|\boldsymbol{a}-\boldsymbol{b}\|^2 = 2(\|\boldsymbol{a}\|^2 + \|\boldsymbol{b}\|^2)$$

が成り立つことを示せ．

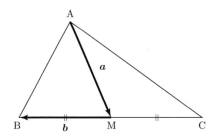

図 2.11 中線定理

問題 2.3 $\mathbf{R}^n$ の元は (2.35) のように行ベクトルで表しているので，n 次の実正方行列を $\mathbf{R}^n$ の元の右から掛けることができる．$\mathbf{R}^n$ の標準内積を考えると，任意の $\boldsymbol{a}, \boldsymbol{b} \in \mathbf{R}^n$ および任意の n 次の実正方行列 A に対して，

$$\langle \boldsymbol{a}A, \boldsymbol{b} \rangle = \langle \boldsymbol{a}, \boldsymbol{b}\,{}^tA \rangle$$

が成り立つことを示せ．ただし，${}^tA$ は A の転置行列を表す．

3 単位円 S^1

数学的対象をより良く理解する1つの方法として，それを別の集合の部分集合として表すことが挙げられる．典型的な例は，高等学校の数学でも学ぶ関数のグラフである．第3章では，平面 $\mathbf{R}^2$ の基本的な部分集合である単位円 S^1 について考え，立体射影を用いて $\mathbf{R}$ と S^1 は濃度が等しいことを示す[1]．また，連続写像，コンパクト性といった位相に関する基本的用語について復習する．さらに，後の多様体の定義にも現れるユークリッド空間の開集合の貼り合わせを用いて，S^1 上の実数値関数に対する極値問題や微分可能性をどのように考えればよいのかについて述べる．

■ 3.1 立体射影（その1）

単位円を S^1 と表す．S^1 は $\mathbf{R}^2$ 上の原点を中心とする半径1の円であり，

$$S^1 = \{(x, y) \in \mathbf{R}^2 \mid x^2 + y^2 = 1\} \tag{3.1}$$

と表すことができる（**図 3.1**）．

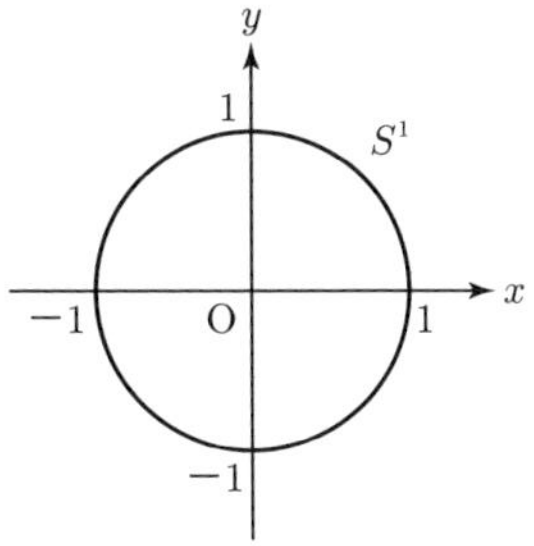

ここで，S^1 上の点 P を固定しておき，P を光源のように見立てよう．さらに，S^1 上の P 以外の場所に点 Q があったとし，P から降り注いだ光によって，**図 3.2** のように原点 O を通り，直線 OP と直交する直線 l 上に Q の影となる点 R が生じると考える．Q が動けば，その動きは R にも反映され，R は l 上を動く．$S^1 \setminus \{P\}$ 上の点 Q から l 上の点 R への対応 $p : S^1 \setminus \{P\} \longrightarrow l$ を P を中心とする**立体射影**という（**図 3.2**）．

図 3.1 単位円 S^1

---

[1] S^1 が多様体となることについては例 8.9 で述べる．

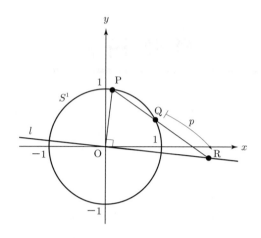

図 3.2　P を中心とする立体射影

立体射影の定義より，p は全単射，すなわち，

$$\text{全射：任意の } (X,Y) \in l \text{ に対して，} p(x,y) = (X,Y) \text{ となる} \\ (x,y) \in S^1 \setminus \{P\} \text{ が存在する．} \tag{3.2}$$

かつ

$$\text{単射：}(x,y), (x',y') \in S^1 \setminus \{P\}, (x,y) \neq (x',y') \text{ ならば，} \\ p(x,y) \neq p(x',y'). \tag{3.3}$$

である．p および p の逆写像 $p^{-1} : l \longrightarrow S^1 \setminus \{P\}$ を具体的に計算してみよう．

例題 3.1　$P = (a,b) \in S^1$ に対して，$p : S^1 \setminus \{P\} \longrightarrow l$ を P を中心とする立体射影とする．
(1) $(x,y) \in S^1 \setminus \{P\}$ に対して，$p(x,y)$ を a，b，x，y の式で表せ．
(2) $(X,Y) \in l$ に対して，$p^{-1}(X,Y)$ を a，b，X，Y の式で表せ．

【解】　$p(x,y) = (X,Y)$ とおく．このとき，$p^{-1}(X,Y) = (x,y)$ である．点 (x,y)

および (X, Y) をそれぞれ Q, R とおく. このとき, 立体射影の定義より, $\overrightarrow{OP}$ と $\overrightarrow{OR}$ は直交するので, $\overrightarrow{OP}$ と $\overrightarrow{OR}$ の内積は 0, すなわち,

$$aX + bY = 0 \tag{3.4}$$

である.

(1) 図 3.2 より, $\overrightarrow{OR} = \overrightarrow{OP} + t\overrightarrow{PQ}$, すなわち,

$$(X, Y) = (a, b) + t(x - a, y - b) \tag{3.5}$$

となる $t \in \mathbf{R}$ が存在する. (3.1), (3.4) および (3.5) より,

$$\begin{aligned} 0 = aX + bY &= a \cdot \{a + t(x - a)\} + b \cdot \{b + t(y - b)\} \\ &= a^2 + b^2 + t(ax + by - a^2 - b^2) = 1 + t(ax + by - 1). \end{aligned} \tag{3.6}$$

よって,

$$t = \frac{1}{1 - (ax + by)}. \tag{3.7}$$

(3.1), (3.5) および (3.7) より,

$$(X, Y) = (a, b) + \frac{1}{1 - (ax + by)}(x - a, y - b) = \frac{bx - ay}{1 - (ax + by)}(b, -a). \tag{3.8}$$

したがって,

$$p(x, y) = (X, Y) = \frac{bx - ay}{1 - (ax + by)}(b, -a). \tag{3.9}$$

(2) 図 3.2 より, $\overrightarrow{OQ} = \overrightarrow{OP} + s\overrightarrow{PR}$, すなわち,

$$(x, y) = (a, b) + s(X - a, Y - b) \tag{3.10}$$

となる $s \in \mathbf{R}$ が存在する. (3.1) より, $|\overrightarrow{OQ}| = 1$ なので, (3.1), (3.4) および (3.10) より,

$$\begin{aligned} 1 = |\overrightarrow{OQ}|^2 &= \{a + s(X - a)\}^2 + \{b + s(Y - b)\}^2 = a^2 + b^2 \\ &\quad + 2s\{aX + bY - (a^2 + b^2)\} + s^2\{X^2 + Y^2 - 2(aX + bY) + a^2 + b^2\} \\ &= 1 - 2s + s^2(X^2 + Y^2 + 1). \end{aligned} \tag{3.11}$$

$(x, y) \neq (a, b)$ より, $s \neq 0$ であることに注意すると, (3.11) より,

$$s = \frac{2}{X^2 + Y^2 + 1}. \tag{3.12}$$

(3.10), (3.12) より,

$$p^{-1}(X,Y) = (x,y) = (a,b) + \frac{2}{X^2 + Y^2 + 1}(X - a, Y - b). \tag{3.13}$$

▌3.2　濃度

　ある集合から別の集合への全単射が存在するとき，2 つの集合は**濃度が等し**いという．$\mathbf{R}$ と S^1 は濃度が等しいことを以下で示そう．

　まず，S^1 上の点 N を N $= (0,1)$ により定め，$p: S^1 \setminus \{\mathrm{N}\} \longrightarrow l$ を N を中心とする立体射影とする．p を北極を中心とする立体射影ともいう．このとき，(3.4) において，$(a,b) = (0,1)$ とおくと，

$$l = \{(X, 0) \,|\, X \in \mathbf{R}\} \tag{3.14}$$

なので，$X \in \mathbf{R}$ から $p^{-1}(X,0) \in S^1 \setminus \{\mathrm{N}\}$ への対応は $\mathbf{R}$ から $S^1 \setminus \{\mathrm{N}\}$ への全単射を定める．この全単射を f_{N} とおく．すなわち，(3.13) において，$(a,b) = (0,1)$ とおくと，

$$f_{\mathrm{N}}(t) = p^{-1}(t, 0) = \left(\frac{2t}{t^2 + 1}, \frac{t^2 - 1}{t^2 + 1} \right) \qquad (t \in \mathbf{R}) \tag{3.15}$$

である（**図 3.3**）．

　次に，任意の $(x,y) \in S^1 \setminus \{\mathrm{N}\}$ を $\theta \in (0,1)$ を用いて，$(x,y) = (\sin 2\pi\theta, \cos 2\pi\theta)$ と一意的に表しておき，

$$g(x,y) = \begin{cases} (\sin 4\pi\theta, \cos 4\pi\theta) & (\text{ある } n \in \mathbf{N} \text{ に対して, } \theta = \frac{1}{2^n}), \\ (\sin 2\pi\theta, \cos 2\pi\theta) & (\text{任意の } n \in \mathbf{N} \text{ に対して, } \theta \neq \frac{1}{2^n}) \end{cases}$$

$$\tag{3.16}$$

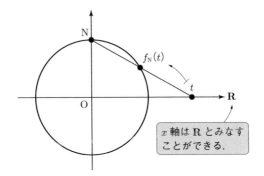

図 3.3 北極を中心とする立体射影の逆写像

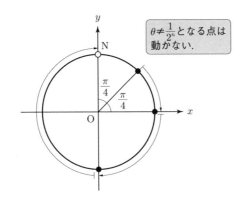

図 3.4 $S^1 \setminus \{N\}$ から S^1 への全単射

とおく（**図 3.4**）．このとき，g は $S^1 \setminus \{N\}$ から S^1 への全単射を定める．

最後に，f_N と g の合成写像 $g \circ f_N : \mathbf{R} \longrightarrow S^1$ を考える．全単射と全単射の合成写像は全単射なので，$g \circ f_N$ も全単射である．よって，次の定理 3.2 が示された．

定理 3.2 $\mathbf{R}$ と S^1 は濃度が等しい． □

例 3.3 (3.15) の f_N のように，立体射影の逆写像を用いて表される $\mathbf{R}$ から $S^1 \setminus \{P\}$ へ

の全単射で，よく用いられるものをもう1つ挙げておこう．S^1 上の点 S を S $= (0, -1)$ により定め，$p: S^1 \setminus \{S\} \longrightarrow l$ を S を中心とする立体射影とする．p を南極を中心とする立体射影ともいう．このとき，p の逆写像を用いて，全単射 $f_S: \mathbf{R} \longrightarrow S^1 \setminus \{S\}$ が

$$f_S(t) = \left(\frac{2t}{t^2+1}, \frac{1-t^2}{t^2+1} \right) \qquad (t \in \mathbf{R}) \qquad (3.17)$$

により定められる（図 3.5）．

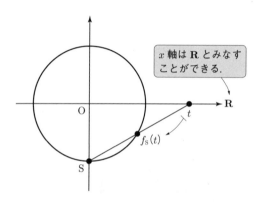

図 3.5　南極を中心とする立体射影の逆写像

例題 3.4　(3.15) の f_N および (3.17) の f_S について，次の問に答えよ．
(1)　$(x, y) \in S^1 \setminus \{N\}$ に対して，$f_N^{-1}(x, y)$ を x, y の式で表せ．
(2)　$(x, y) \in S^1 \setminus \{S\}$ に対して，$f_S^{-1}(x, y)$ を x, y の式で表せ．

【解】　(1)　(3.9) において，$(a, b) = (0, 1)$ とおくと，

$$p(x, y) = \left(\frac{x}{1-y}, 0 \right) \qquad ((x, y) \in S^1 \setminus \{N\}). \qquad (3.18)$$

よって，

$$f_N^{-1}(x, y) = \frac{x}{1-y} \qquad ((x, y) \in S^1 \setminus \{N\}). \qquad (3.19)$$

(2)　(3.9) において，$(a, b) = (0, -1)$ とおくと，

$$p(x, y) = \left(\frac{x}{1+y}, 0 \right) \qquad ((x, y) \in S^1 \setminus \{S\}). \tag{3.20}$$

よって,

$$f_S^{-1}(x, y) = \frac{x}{1+y} \qquad ((x, y) \in S^1 \setminus \{S\}). \tag{3.21}$$

3.3 連続写像

3.2 節で確かめたように $\mathbf{R}$ と S^1 は濃度は等しいものの, 直観的には互いに異なっているように思える. ここでは, これらをきちんと区別するための基本的概念である連続写像について述べよう.

(X_1, d_1), (X_2, d_2) を距離空間, $f : X_1 \longrightarrow X_2$ を X_1 から X_2 への写像とし, $a \in X_1$ とする. f が a で連続であるとは, X_1 の点 x が a に限りなく近づくとき, $f(x)$ が $f(a)$ に限りなく近づくことをいうのであるが, 定義 1.8 で数列の収束を定義したときのように, もっと正確に定義しておこう.

定義 3.5 (X_1, d_1), (X_2, d_2) を距離空間, $f : X_1 \longrightarrow X_2$ を X_1 から X_2 への写像とし, $a \in X_1$ とする. 任意の $\varepsilon > 0$ に対して, ある $\delta > 0$ が存在し,

$$x \in X_1, \ d_1(x, a) < \delta \text{ ならば, } d_2(f(x), f(a)) < \varepsilon \tag{3.22}$$

となるとき, f は a で**連続**であるという. f が任意の $a \in X_1$ で連続なとき, f を X_1 から X_2 への**連続写像**という. $\mathbf{R}$ や $\mathbf{C}$ への連続写像は**連続関数**ともいう. ⬚

(3.22) は (1.8) で定義した開球体を用いると, $f(B(a; \delta)) \subset B(f(a); \varepsilon)$ または $B(a; \delta) \subset f^{-1}(B(f(a); \varepsilon))$ と表すことができる. さらに, 連続写像について, 次の定理 3.6 が成り立つ.

定理 3.6 (X_1, d_1), (X_2, d_2) を距離空間, $f : X_1 \longrightarrow X_2$ を X_1 から X_2 への写像とする. このとき, 次の (1)〜(3) は同値である.

42——第 3 章　単位円 S^1

(1) f は連続写像である.

(2) X_2 の任意の開集合 O に対して, $f^{-1}(O)$ は X_1 の開集合である.

(3) X_2 の任意の閉集合 A に対して, $f^{-1}(A)$ は X_1 の閉集合である.　　　□

定義 3.5 では, 距離空間の間の写像の連続性を距離を用いて定義したが, 定理 3.6 に注目すると, 位相空間の間の連続写像について, 次の定義 3.7 のように定めることができる.

定義 3.7　$(X_1, \mathfrak{O}_1)$, $(X_2, \mathfrak{O}_2)$ を位相空間, $f : X_1 \longrightarrow X_2$ を X_1 から X_2 への写像とする. X_2 の任意の開集合 O に対して, $f^{-1}(O)$ が X_1 の開集合となるとき, すなわち, 任意の $O \in \mathfrak{O}_2$ に対して, $f^{-1}(O) \in \mathfrak{O}_1$ となるとき, f を X_1 から X_2 への**連続写像**という.　　　□

例 3.8　$\mathbf{R}^2$ に対して, 標準内積 (2.38) から定まる位相を考える. また, 注意 1.25 でも述べたように, $\mathbf{R}^2$ の部分集合に対しては相対位相を考える. 有理関数の組として表される $\mathbf{R}^2$ から $\mathbf{R}^2$ への写像は有理関数の分母が 0 とならない点で連続であり, (3.9), (3.13), 連続写像および相対位相の定義より, 立体射影 $p : S^1 \setminus \{\mathrm{P}\} \longrightarrow l$ およびその逆写像 $p^{-1} : l \longrightarrow S^1 \setminus \{\mathrm{P}\}$ は連続写像である.　　　□

例 3.8 と同様に考えると, 次の例 3.9 および例 3.10 のような連続写像も考えることができる.

例 3.9　(3.15) の f_{N}, (3.17) の f_{S} およびそれらの逆写像 f_{N}^{-1}, f_{S}^{-1} はすべて連続写像である.　　　□

例 3.10　$\theta \in [0, 2\pi)$ を固定しておき, 写像 $R_\theta : S^1 \longrightarrow S^1$ を

$$R_\theta(x, y) = (x \cos\theta - y \sin\theta, x \sin\theta + y \cos\theta) \qquad ((x, y) \in S^1) \qquad (3.23)$$

により定める. すなわち, R_θ は原点を中心とする角 θ の回転を意味する (**図 3.6**). このとき, R_θ は S^1 から S^1 への全単射な連続写像である.　　　□

それでは, $\mathbf{R}$ から S^1 への全単射に対して, 連続性という位相的条件を課してみよう. まず, 微分積分で, 指数関数や三角関数から対数関数や逆三角関数

3.3 連続写像 —— 43

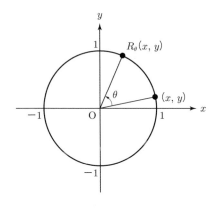

図 3.6　回転

を定義する際に用いられる次の定理 3.11 を思い出そう.

定理 3.11　I を区間, $f: I \longrightarrow \mathbf{R}$ を単射な連続関数とする. このとき, 次の (1), (2) が成り立つ.

(1) $f(I)$ は区間である.

(2) f を I から $f(I)$ への写像とみなすと, 連続な逆関数 $f^{-1}: f(I) \longrightarrow I$ が存在する. □

定理 3.11 を用いることにより, $\mathbf{R}$ から S^1 への全単射な連続写像は存在しないことが示される.

例題 3.12　$\mathbf{R}$ から S^1 への全単射な連続写像は存在しないことを示せ.

【解】　背理法により示す. 全単射な連続写像 $f: \mathbf{R} \longrightarrow S^1$ が存在すると仮定する. $\mathrm{N} = (0, 1)$ とおくと, f が全射であることより, $f(a) = \mathrm{N}$ となる $a \in \mathbf{R}$ が存在する. f は全単射な連続写像なので, f の $\mathbf{R} \setminus \{a\}$ への制限 $f|_{\mathbf{R} \setminus \{a\}} : \mathbf{R} \setminus \{a\} \longrightarrow S^1 \setminus \{\mathrm{N}\}$ は全単射な連続写像である. 一方, f_N を (3.15) の全単射とすると, 例 3.9 より, f_N の逆写像 f_N^{-1} は $S^1 \setminus \{\mathrm{N}\}$ から $\mathbf{R}$ への全単射な連続関数である. よって, 合成写像 $f_\mathrm{N}^{-1} \circ f|_{\mathbf{R} \setminus \{a\}} : \mathbf{R} \setminus \{a\} \longrightarrow \mathbf{R}$ は全単射な連続関数である. このとき, 定理

44—— 第3章　単位円 S^1

3.11 (2) より，$f_{\mathrm{N}}^{-1} \circ f|_{\mathbf{R} \setminus \{a\}}$ の逆関数 $(f_{\mathrm{N}}^{-1} \circ f|_{\mathbf{R} \setminus \{a\}})^{-1} : \mathbf{R} \longrightarrow \mathbf{R} \setminus \{a\}$ は全単射な連続関数である．したがって，定理 3.11 (1) より，$(f_{\mathrm{N}}^{-1} \circ f|_{\mathbf{R} \setminus \{a\}})^{-1}(\mathbf{R})$ は区間である．ところが，$(f_{\mathrm{N}}^{-1} \circ f|_{\mathbf{R} \setminus \{a\}})^{-1}(\mathbf{R}) = \mathbf{R} \setminus \{a\}$ であり，$\mathbf{R} \setminus \{a\}$ は区間ではないので，矛盾である．以上より，$\mathbf{R}$ から S^1 への全単射な連続写像は存在しない．

▌ 3.4　コンパクト性

例題 3.12 では $\mathbf{R}$ から S^1 への写像を考えたが，次は写像の定義域と値域を入れ替えてみよう．この場合は S^1 のコンパクト性，すなわち，S^1 が $\mathbf{R}^2$ の有界閉集合であることに注目することとなる．まず，微分積分でも学ぶ次の定理 3.13 を思い出そう．

> **定理 3.13**　$\mathbf{R}^n$ の有界閉集合で定義された実数値連続関数は最大値および最小値をもつ．　　　　　　　　　　　　　　　　　　　　　　　　　　　$\square$

定理 3.13 より，S^1 から $\mathbf{R}$ への全射または単射な連続関数は存在しないことが示される．特に，S^1 から $\mathbf{R}$ への全単射な連続関数は存在しない．次の例題 3.14 で確認してみよう．

例題 3.14　$f : S^1 \longrightarrow \mathbf{R}$ を連続関数とする．
(1) f は全射ではないことを示せ．
(2) f は単射ではないことを示せ．

【解】　(1)　定理 3.13 より，f の最大値 $M \in \mathbf{R}$ が存在する．よって，$f(\mathrm{P}) = M+1$ となる $\mathrm{P} \in S^1$ は存在しない．したがって，f は全射ではない．

(2)　背理法により示す．f が単射であると仮定する．定理 3.13 より，f はある $\mathrm{P} \in S^1$ で最大値 $M \in \mathbf{R}$ をとり，ある $\mathrm{Q} \in S^1$ で最小値 $m \in \mathbf{R}$ をとる．このとき，f は単射なので，$M \neq m$，$\mathrm{P} \neq \mathrm{Q}$ である．よって，S^1 は P，Q を端点とする 2 つの弧 C_1，C_2 に分けられる（**図 3.7**）．

3.4 コンパクト性 —— 45

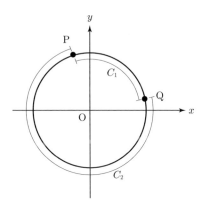

図 3.7 P, Q, C_1, C_2 のイメージ

ここで，適当な $\theta \in [0, 2\pi)$ を用いて，例 3.10 の全単射な連続写像 $R_\theta : S^1 \longrightarrow S^1$ を (3.15) の全単射な連続写像 $f_N : \mathbf{R} \longrightarrow S^1 \setminus \{N\}$ と合成することにより，$R_\theta \circ f_N$ の像は C_1 を含むようにすることができる．このとき，$(R_\theta \circ f_N)^{-1}(C_1)$ は有界閉区間となる．この有界閉区間を $[a, b]$ とおくと，$(R_\theta \circ f_N)(a) = P$, $(R_\theta \circ f_N)(b) = Q$ または $(R_\theta \circ f_N)(a) = Q$, $(R_\theta \circ f_N)(b) = P$ である（**図 3.8**）．

よって，f_N の $[a, b]$ への制限 $f_N|_{[a,b]}$ を考えると，合成写像 $f \circ R_\theta \circ f_N|_{[a,b]} : [a, b] \longrightarrow \mathbf{R}$ は連続関数となり，定理 3.13 より最大値 M および最小値 m をもつ．ここで，$M \neq m$

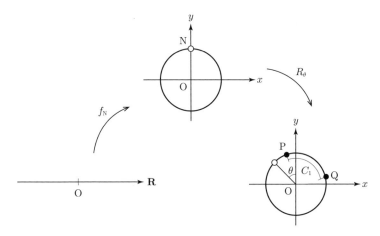

図 3.8 f_N, R_θ のイメージ

46——— 第 3 章　単位円 S^1

なので，中間値の定理より，

$$(f \circ R_\theta \circ f_\mathrm{N}|_{[a,b]})(c) = \frac{M+m}{2} \tag{3.24}$$

となる $c \in (a,b)$ が存在する．したがって，C_1 の内部の点で f の値が $\frac{M+m}{2}$ となるものが存在する．一方，C_2 についても同様に考えると，C_2 の内部の点で f の値が $\frac{M+m}{2}$ となるものが存在する．これは f が単射であることに矛盾する．以上より，f は単射ではない． ∎

$\mathbf{R}^n$ の有界閉集合に関して，次の定理 3.15 が成り立つ．

定理 3.15　 $A \subset \mathbf{R}^n$ とすると，次の (1)〜(3) は同値である．

(1) A は有界閉集合である．

(2) A の任意の点列は A の点に収束する部分列をもつ．

(3) $A \subset \bigcup_{\lambda \in \Lambda} U_\lambda$ となる任意の開集合の族 $\{U_\lambda\}_{\lambda \in \Lambda}$ に対して，ある $\lambda_1, \lambda_2,$ $\cdots, \lambda_l \in \Lambda$ が存在し，$A \subset \bigcup_{k=1}^{l} U_{\lambda_k}$ となる． ∎

定理 3.15 において，(2) の条件を満たす A は**点列コンパクト**，(3) の条件を満たす A は**コンパクト**であるという．また，$A \subset \bigcup_{\lambda \in \Lambda} U_\lambda$ となる開集合の族 $\{U_\lambda\}_{\lambda \in \Lambda}$ を A の**開被覆**という（**図3.9**）．さらに，$A \subset \bigcup_{k=1}^{l} U_{\lambda_k}$ となる $\{U_{\lambda_k}\}_{k=1}^{l}$ を A の**有限部分被覆**という．

定理 3.15 に注目すると，位相空間のコンパクト性について，次の定義 3.16 のように定めることができる．

定義 3.16　 $(X, \mathfrak{O})$ を位相空間とする．X の任意の開被覆が有限部分被覆をもつとき，X は**コンパクト**であるという． ∎

そして，定理 3.13 は次の定理 3.17 として一般化することができる．

定理 3.17　 コンパクト位相空間で定義された実数値連続関数は最大値および最小値をもつ． ∎

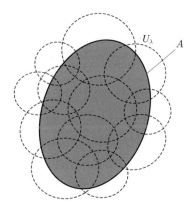

図 3.9　開被覆のイメージ

3.5　極値問題

定理 3.17 は関数の最大値や最小値を与える点の存在については保証してくれるが，関数が具体的にどの点で最大値や最小値をとるのかについては何もわからない．そこで，今度は微分積分で学ぶ次の定理 3.18 を思い出そう．

定理 3.18　D を $\mathbf{R}^n$ の開集合，$f: D \longrightarrow \mathbf{R}$ を微分可能な関数とし，$a \in D$ とする．f が a で極値をとるならば，

$$\frac{\partial f}{\partial x_1}(a) = \frac{\partial f}{\partial x_2}(a) = \cdots = \frac{\partial f}{\partial x_n}(a) = 0 \tag{3.25}$$

が成り立つ．ただし，$x \in D$ を $x = (x_1, x_2, \cdots, x_n)$ と表しておき，$i = 1, 2, \cdots, n$ に対して，$\dfrac{\partial f}{\partial x_i}$ は f の x_i に関する偏導関数を表す．　□

(3.25) は x_1, x_2, $\cdots$, x_n についての方程式なので，これを解くことによって，関数が極値をとる点の候補を見つけることができる．それでは，S^1 のように $\mathbf{R}^n$ の開集合ではない集合の上で定義された関数については，定理 3.18 のような方法を用いることはできないのであろうか．そこで，ここでも立体射影を用いて考えることにしよう．まず，3.2 節で定めた S^1 上の点 $\mathrm{N} = (0, 1)$, $\mathrm{S} = (0, -1)$ について，

$$S^1 = (S^1 \setminus \{N\}) \cup (S^1 \setminus \{S\}) \tag{3.26}$$

であることを注意しておこう．すなわち，S^1 の開集合の族 $\{S^1 \setminus \{N\}, S^1 \setminus \{S\}\}$ は S^1 の開被覆である．そこで，関数 $f : S^1 \longrightarrow \mathbf{R}$ が P $\in S^1$ で極値をとると仮定する．このとき，(3.26) より，P $\in S^1 \setminus \{N\}$ または P $\in S^1 \setminus \{S\}$ である．P $\in S^1 \setminus \{N\}$ のとき，(3.15) の f_N を用いて，合成写像 $f \circ f_N : \mathbf{R} \longrightarrow \mathbf{R}$ を定義することができる．仮定および f_N が連続写像であることより，$f \circ f_N$ は $f_N^{-1}(P)$ で極値をとる．よって，$f \circ f_N$ が微分可能ならば，定理 3.18 より，$(f \circ f_N)'(f_N^{-1}(P)) = 0$ となる（図 3.10）．P $\in S^1 \setminus \{S\}$ のときも同様に，$(f \circ f_S)'(f_S^{-1}(P)) = 0$ である．

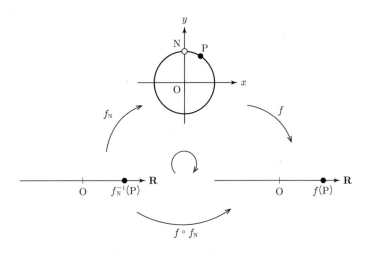

図 3.10　f と f_N

上で述べたことを具体的な例で計算してみよう．

例 3.19 関数 $f : S^1 \longrightarrow \mathbf{R}$ を

$$f(x, y) = x \qquad ((x, y) \in S^1) \tag{3.27}$$

により定める．このとき，f は $(x, y) = (1, 0)$ のとき，最大値 1 をとる．3.2 節の記号

3.6 微分可能性 —— *49*

を用いると，$N \neq (1,0)$ で，(3.19) より，$f_N{}^{-1}(1,0) = 1$．また，(3.15), (3.27) より，

$$(f \circ f_N)(t) = \frac{2t}{t^2 + 1} \qquad (t \in \mathbf{R}). \tag{3.28}$$

(3.28) より，

$$(f \circ f_N)'(t) = \frac{2(t^2 + 1) - 2t \cdot 2t}{(t^2 + 1)^2} = \frac{2(1 - t^2)}{(t^2 + 1)^2}. \tag{3.29}$$

よって，$(f \circ f_N)'(1) = 0$ である． □

例題 3.20 関数 $f : S^1 \longrightarrow \mathbf{R}$ を

$$f(x, y) = y \qquad ((x, y) \in S^1) \tag{3.30}$$

により定めると，f は $(x, y) = (0, 1)$ のとき，最大値 1 をとる．(3.17) の f_S を用いて，$(f \circ f_S)'(f_S^{-1}(0, 1)) = 0$ であることを確かめよ．

【解】 (3.21) より，$f_S{}^{-1}(0, 1) = 0$．また，(3.17), (3.30) より，

$$(f \circ f_S)(t) = \frac{1 - t^2}{t^2 + 1} \qquad (t \in \mathbf{R}). \tag{3.31}$$

(3.31) より，

$$(f \circ f_S)'(t) = \frac{-2t(t^2 + 1) - (1 - t^2) \cdot 2t}{(t^2 + 1)^2} = \frac{-4t}{(t^2 + 1)^2}. \tag{3.32}$$

よって，$(f \circ f_S)'(0) = 0$ である． ∎

3.6 微分可能性

3.5 節では，S^1 を (3.26) のように開被覆を用いて表し，S^1 上の実数値関数を立体射影を通して局所的に $\mathbf{R}$ 上の実数値関数とみなすことによって，その極値をとる点を見つける方法を述べた．この考え方を用いると，S^1 上の実数値関数に対して微分可能性を定義することができる．まず，$P \in S^1$ とし，関数 $f : S^1 \longrightarrow \mathbf{R}$ の P における微分可能性について考えよう．再び，3.2 節で定め

50——第 3 章　単位円 S^1

た S^1 上の点 N $= (0,1)$, S $= (0,-1)$ について，(3.26) より，P $\in S^1 \setminus \{\mathrm{N}\}$ または P $\in S^1 \setminus \{\mathrm{S}\}$ である．例えば，P $\in S^1 \setminus \{\mathrm{N}\}$ であるとすると，(3.15) の f_{N} を用いて，合成写像 $f \circ f_{\mathrm{N}} : \mathbf{R} \longrightarrow \mathbf{R}$ を考えることができる．実数を変数とする実数値関数の微分可能性の定義については，すでに微分積分で学んでいるので，$f \circ f_{\mathrm{N}}$ が $f_{\mathrm{N}}^{-1}(\mathrm{P})$ で微分可能であるときに，f は P で微分可能であると定義するのが良さそうである．

しかし，上で用いた f_{N} のもととなる北極を中心とする立体射影は S^1 の一部を $\mathbf{R}$ と同一視する数ある写像の中の 1 つに過ぎない．よって，例えば，P $\in S^1 \setminus \{\mathrm{S}\}$ でもある場合は，$f \circ f_{\mathrm{S}}$ も $f_{\mathrm{S}}^{-1}(\mathrm{P})$ で微分可能となっていなければ，f の P における微分可能性の定義としてはきちんとしたもの，すなわち，well-defined なものとはいえない．このことを次の例題 3.21 で確かめてみよう．

例題 3.21　3.2 節と同じ記号を用いる．

(1) $f_{\mathrm{N}}(\mathbf{R}) \cap f_{\mathrm{S}}(\mathbf{R})$ を求めよ．

(2) $U = f_{\mathrm{N}}(\mathbf{R}) \cap f_{\mathrm{S}}(\mathbf{R})$ とおく．$f_{\mathrm{S}}^{-1}(U)$ を求めよ．

(3) $t \in f_{\mathrm{S}}^{-1}(U)$ に対して，$(f_{\mathrm{N}}^{-1} \circ f_{\mathrm{S}}|_{f_{\mathrm{S}}^{-1}(U)})(t)$ を t の式で表せ．

【解】　(1)　$f_{\mathrm{N}}(\mathbf{R}) = S^1 \setminus \{\mathrm{N}\}$, $f_{\mathrm{S}}(\mathbf{R}) = S^1 \setminus \{\mathrm{S}\}$ なので，

$$f_{\mathrm{N}}(\mathbf{R}) \cap f_{\mathrm{S}}(\mathbf{R}) = S^1 \setminus \{\mathrm{N}, \mathrm{S}\}. \tag{3.33}$$

(2)　まず，S は f_{S}^{-1} の定義域の点ではない．また，(3.21) より，$f_{\mathrm{S}}^{-1}(\mathrm{N}) = f_{\mathrm{S}}^{-1}(0,1) = 0$. さらに，$f_{\mathrm{S}}^{-1}(S^1 \setminus \{\mathrm{S}\}) = \mathbf{R}$ なので，$f_{\mathrm{S}}^{-1}(U) = \mathbf{R} \setminus \{0\}$.

(3)　(3.17), (3.19) より，

$$(f_{\mathrm{N}}^{-1} \circ f_{\mathrm{S}}|_{f_{\mathrm{S}}^{-1}(U)})(t) = \frac{\frac{2t}{t^2+1}}{1 - \frac{1-t^2}{t^2+1}} = \frac{1}{t}. \tag{3.34}$$

∎

例題 3.21 において，(2) より，(3.34) は定義域の点である任意の $t \neq 0$ で微分

可能である．このことより，$P \in U$ および関数 $f: S^1 \longrightarrow \mathbf{R}$ に対して，$f \circ f_N$ が $f_N^{-1}(P)$ で微分可能ならば，$f \circ f_S$ も $f_S^{-1}(P)$ で微分可能となる．実際，

$$f \circ f_S|_{f_S^{-1}(U)} = (f \circ f_N) \circ (f_N^{-1} \circ f_S|_{f_S^{-1}(U)}) \tag{3.35}$$

で，微分可能な関数 $f_N^{-1} \circ f_S|_{f_S^{-1}(U)}$ と微分可能な関数 $f \circ f_N$ の合成関数である $f \circ f_S|_{f_S^{-1}(U)}$ は微分可能となるからである．一方，NとSを入れ替えると，(3.15)，(3.21) より，

$$(f_S^{-1} \circ f_N|_{f_N^{-1}(U)})(t) = \frac{\frac{2t}{t^2+1}}{1 + \frac{t^2-1}{t^2+1}} = \frac{1}{t} \tag{3.36}$$

となり，

$$f \circ f_N|_{f_N^{-1}(U)} = (f \circ f_S) \circ (f_S^{-1} \circ f_N|_{f_N^{-1}(U)}) \tag{3.37}$$

なので，逆に，$f \circ f_S$ が $f_S^{-1}(P)$ で微分可能ならば，$f \circ f_N$ も $f_N^{-1}(P)$ で微分可能となる．

また，写像 $f_N^{-1} \circ f_S|_{f_S^{-1}(U)} : f_S^{-1}(U) \longrightarrow f_N^{-1}(U)$ を $f_S^{-1}(U)$ から $f_N^{-1}(U)$ への**座標変換**という（図 **3.11**）．

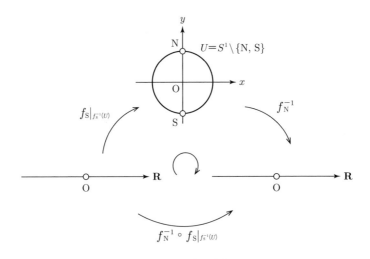

図 **3.11** 座標変換

52———第 3 章　単位円 S^1

=== **演習問題** ===

問題 3.1　単位円 S^1 の部分集合 U_1^+, U_1^-, U_2^+, U_2^- をそれぞれ

$$U_1^+ = \{(x,y) \in S^1 \,|\, x > 0\}, \qquad U_1^- = \{(x,y) \in S^1 \,|\, x < 0\},$$
$$U_2^+ = \{(x,y) \in S^1 \,|\, y > 0\}, \qquad U_2^- = \{(x,y) \in S^1 \,|\, y < 0\}$$

により定める. また, 開区間 $(-1,1)$ から U_1^+, U_1^-, U_2^+, U_2^- への全単射 f_1^+, f_1^-, f_2^+, f_2^- をそれぞれ

$$f_1^+(t) = (\sqrt{1-t^2}, t), \qquad f_1^-(t) = (-\sqrt{1-t^2}, t),$$
$$f_2^+(t) = (t, \sqrt{1-t^2}), \qquad f_2^-(t) = (t, -\sqrt{1-t^2})$$

により定める. ただし, $t \in (-1,1)$ である.

(1) $S^1 \setminus (U_1^+ \cup U_1^- \cup U_2^+)$ を求めよ.

(2) 集合族 $\{U_1^+, U_1^-, U_2^+, U_2^-\}$ は S^1 の開被覆であることを示せ.

(3) $V = f_1^+((-1,1)) \cap f_2^+((-1,1))$ とおく. $(f_1^+)^{-1}(V)$ を求めよ.

(4) $t \in (f_1^+)^{-1}(V)$ とする. $((f_2^+)^{-1} \circ f_1^+)(t)$ を t の式で表せ.

(5) 関数 $f : S^1 \longrightarrow \mathbf{R}$ を

$$f(x,y) = x \qquad ((x,y) \in S^1)$$

により定めると, f は $(x,y) = (1,0)$ のとき, 最大値 1 をとる. このとき, $(f \circ f_1^+)'((f_1^+)^{-1}(1,0)) = 0$ であることを示せ.

問題 3.2　C を中心 O, 半径 r の円とする. O とは異なる点 $\mathrm{P} \in \mathbf{R}^2 \setminus \{\mathrm{O}\}$ に対して, 半直線 OP 上の点 Q を $\mathrm{OP} \cdot \mathrm{OQ} = r^2$ となるように定める. P から Q への対応を C に関する**反転**という. C が単位円 S^1 のとき, $\mathrm{P}(x,y)$ に対応する点 Q の座標を x, y の式で表せ.

補足 3.22　直接計算することにより, O を通らない円の C に関する反転による像は円であることがわかる.　　　　　　　　　　　　　　　　　　　　　□

4 楕円 E

第 4 章では，まず，同相写像という概念を通して，単位円 S^1 と楕円 E は位相的観点からは同じものであることを示し，一方，等長写像という概念を通して，これらは一般に等長的ではないことを述べる[1]．また，数学のさまざまな場面で現れる基本的な代数的概念の 1 つである群について簡単に述べ，特に，ユークリッド空間 $\mathbf{R}^n$ のアファイン変換群，等長変換群について詳しく調べる[2]．さらに，楕円の定義式を一般化し，陰関数表示された曲線についても説明する．

4.1 同相写像

$a, b > 0$ を固定しておき，単位円 S^1 から平面 $\mathbf{R}^2$ への連続写像 $f : S^1 \longrightarrow \mathbf{R}^2$ を

$$f(x,y) = (ax, by) \qquad ((x,y) \in S^1) \qquad (4.1)$$

により定める．$E = f(S^1)$ とおくと，

$$E = \left\{ (x,y) \in \mathbf{R}^2 \;\middle|\; \frac{x^2}{a^2} + \frac{y^2}{b^2} = 1 \right\} \qquad (4.2)$$

であり，E は **楕円** を表す（**図 4.1**）．

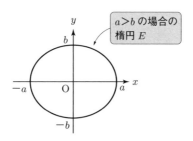

図 4.1　楕円

---

[1] E が多様体となることについては問題 9.2 で述べる．
[2] 群論については，例えば，巻末の「読者のためのブックガイド」の文献 [8] を見よ．

54——第 4 章　楕円 E

f は S^1 から E への全単射を定め，この全単射を同じ記号 f で表すと，逆写像 $f^{-1} : E \longrightarrow S^1$ は

$$f^{-1}(x,y) = \left(\frac{x}{a}, \frac{y}{b} \right) \qquad ((x,y) \in E) \qquad (4.3)$$

により与えられる連続写像である．

　次の定義 4.1 より，(4.1) の f は S^1 から E への同相写像を定める．よって，位相的観点からは，単位円と楕円は同じものであるとみなすことができる．

定義 4.1　位相空間 $(X_1, \mathfrak{O}_1)$, $(X_2, \mathfrak{O}_2)$ に対して，全単射な連続写像 $f : X_1 \longrightarrow X_2$ が存在し，逆写像 f^{-1} も連続なとき，f を**同相写像**という．同相写像 $f : X_1 \longrightarrow X_2$ が存在するとき，X_1 と X_2 は**同相である**，または**位相同型**であるという．　　　　　　　　　　　　　　　　　　　　□

例題 4.2　$\mathbf{R}$ と $\mathbf{R}^2$ は同相ではないことを示せ．

【解】　背理法により示す．$\mathbf{R}$ と $\mathbf{R}^2$ が同相であると仮定する．このとき，同相写像 $f : \mathbf{R}^2 \longrightarrow \mathbf{R}$ が存在する．同相写像の定義より，f は全射なので，$a < f(0,0) < b$ となる $a, b \in \mathbf{R}$ を選んでおくと，$f(x_1, y_1) = a$, $f(x_2, y_2) = b$ となる $(x_1, y_1), (x_2, y_2) \in \mathbf{R}^2 \setminus \{(0,0)\}$ が存在し，$(x_1, y_1) \neq (x_2, y_2)$ である．ここで，連続写像 $g : [0,1] \longrightarrow \mathbf{R}^2$ を $g(0) = (x_1, y_1)$, $g(1) = (x_2, y_2)$ かつ任意の $t \in [0,1]$ に対して，$g(t) \neq (0,0)$ となるように選んでおく（**図 4.2**）．このとき，合成写像 $f \circ g : [0,1] \longrightarrow \mathbf{R}$ は $(f \circ g)(0) = a$, $(f \circ g)(1) = b$ となる連続関数である．よって，中間値の定理より，$(f \circ g)(t) = f(0,0)$, すなわち，$f(g(t)) = f(0,0)$ となる $t \in [0,1]$ が存在する．f は単射なので，$g(t) = (0,0)$ となり，これは g の選び方に矛盾する．したがって，$\mathbf{R}$ と $\mathbf{R}^2$ は同相ではない．　　　　　　　　　　　　　　　　　　■

補足 4.3　実は，位相幾何に関する知識を用いることにより，$m, n \in \mathbf{N}$ に対して，

$$\mathbf{R}^m \text{ と } \mathbf{R}^n \text{ は同相である} \iff m = n \qquad (4.4)$$

を示すことができる[3]．　　　　　　　　　　　　　　　　　　　　　　　　□

---

3)　例えば，巻末の「読者のためのブックガイド」の文献 [17] p.60，問題 2.2.3 を見よ．

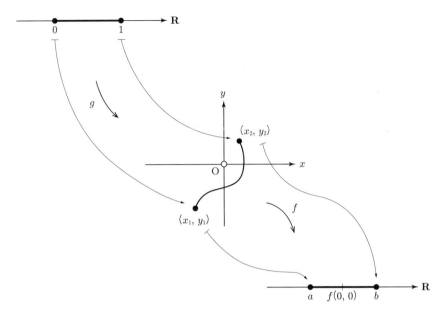

図 4.2 f, g のイメージ

4.2 群

位相空間 X から X 自身への同相写像全体の集合を $\mathrm{Hom}(X)$ と表す.このとき,同相写像の定義より,次の定理 4.4 が成り立つ.

定理 4.4 X を位相空間とすると,次の (1)〜(3) が成り立つ.
(1) $f, g \in \mathrm{Hom}(X)$ ならば,$g \circ f \in \mathrm{Hom}(X)$.
(2) $1_X \in \mathrm{Hom}(X)$. ただし,1_X は X 上の恒等写像である[4].
(3) $f \in \mathrm{Hom}(X)$ ならば,$f^{-1} \in \mathrm{Hom}(X)$. □

定理 4.4 より,$\mathrm{Hom}(X)$ は写像の合成を演算としての積とすることにより,群という代数的構造をもつ.このとき,$\mathrm{Hom}(X)$ を X の**同相群**という.ここ

---

[4] X 上の恒等写像を id_X と表すこともあるが,ここでは恒等写像が群 $\mathrm{Hom}(X)$ の単位元となることを意識し,1_X を用いることにする.

56──第 4 章 楕円 E

で，改めて群の定義をしておこう．

定義 4.5 G を集合とし，$a, b, c \in G$ とする．任意の a, b に対して，G の元 $a * b \in G$ が定まるとき，$a * b$ を a と b の**積**，対応 $*$ を G 上の**二項演算**という．$a * b$ は ab とも表す．$*$ が G 上の二項演算で，次の (G1)〜(G3) が成り立つとき，組 $(G, *)$ または G を**群**という．

(G1) $(ab)c = a(bc)$．（**結合律**）

(G2) ある $e \in G$ が存在し，任意の a に対して，$ae = ea = a$．

(G3) 任意の a に対して，ある $a' \in G$ が存在し，$aa' = a'a = e$．

(G2) の e を G の**単位元**という．また，(G3) の a' を a の**逆元**という． 　　　□

例 4.6（ベクトル空間） ベクトル空間は和を積の演算として用いることにより群となる．単位元は零ベクトル $\mathbf{0}$ であり，ベクトル $\boldsymbol{a}$ に対して，その逆元は $\boldsymbol{a}$ の逆ベクトル $-\boldsymbol{a}$ である． 　　　□

例 4.7（実一般線形群） n 次の実正則行列全体の集合を $GL(n, \mathbf{R})$ と表す．すなわち，n 次の実正方行列全体の集合を $M_n(\mathbf{R})$ と表すと，

$$GL(n, \mathbf{R}) = \{A \in M_n(\mathbf{R}) \mid \det A \neq 0\} \tag{4.5}$$

である．このとき，$GL(n, \mathbf{R})$ は行列の積に関して群となる．単位元は n 次の単位行列 E_n であり，$A \in GL(n, \mathbf{R})$ に対して，その逆元は A の逆行列 A^{-1} である．$GL(n, \mathbf{R})$ を n 次の**実一般線形群**という． 　　　□

G を群とする．G が交換律を満たすとき，すなわち，任意の $a, b \in G$ に対して，$ab = ba$ が成り立つとき，G を**可換群**または**アーベル群**という．積の記号として ＋ を用いる可換群を**加法群**という．加法群に対しては，単位元は 0 と表し，元 a の逆元は $-a$ と表すことが多い．また，積の記号をそのまま用いる可換群を**乗法群**という．例えば，例 4.6 より，ベクトル空間は加法群となる．一方，$n \geq 2$ のとき，例 4.7 で述べた $GL(n, \mathbf{R})$ は可換群ではない．

例 4.8 $\mathbf{Z}$，$\mathbf{Q}$，$\mathbf{R}$，$\mathbf{C}$ はいずれも通常の和に関して加法群となる．また，$\mathbf{Q} \setminus \{0\}$，$\mathbf{R} \setminus \{0\}$，$\mathbf{C} \setminus \{0\}$ はいずれも通常の積に関して乗法群となる．これらの乗法群の単位

元は 1 であり，元 a の逆元は a の逆数 a^{-1} である．なお，$GL(1, \mathbf{R}) = \mathbf{R} \setminus \{0\}$ である． □

群 G の部分集合 H に対して，H が G の積により群となるとき，H を G の**部分群**という．

注意 4.9 定義 4.5 および部分群の定義より，群 G の部分集合 H が G の部分群であるための必要十分条件は次の 3 つの条件が成り立つことである．

- $H \neq \varnothing$. (4.6)
- $a, b \in H$ ならば，$ab \in H$. (4.7)
- $a \in H$ ならば，$a^{-1} \in H$. (4.8)

なお，(4.6) に関して，定義 4.5 (G2) より，群は単位元 e を含むので，空集合にはなりえないことに注意しよう．問題 4.1 も参照するとよい． □

例 4.10（ベクトル空間の部分空間） V をベクトル空間，W を V の部分空間とする．V を加法群とみなすと，W は V の部分群である． □

群の間の写像に対しては，準同型写像というものを考えることが多い．

$\boxed{\textbf{定義 4.11}}$ G, G' を群，$f : G \longrightarrow G'$ を G から G' への写像とする．任意の $a, b \in G$ に対して，

$$f(ab) = f(a)f(b) \tag{4.9}$$

が成り立つとき，f を**準同型写像**という．全単射な準同型写像 f が存在するとき，G と G' は**同型**であるという．このとき，f を**同型写像**という． □

例 4.12（指数関数） 指数法則

$$e^{x+y} = e^x e^y \quad (x, y \in \mathbf{R}) \tag{4.10}$$

より[5]，指数関数は加法群 $\mathbf{R}$ から乗法群 $\mathbf{R} \setminus \{0\}$ への準同型写像とみなすことができる．また，$\mathbf{R} \setminus \{0\}$ の部分集合 $\mathbf{R}_{>0}$ を

$$\mathbf{R}_{>0} = \{x \in \mathbf{R} \mid x > 0\} \tag{4.11}$$

―――――――――

[5] (4.10) の e はネピアの数を表す．

58 —— 第 4 章 楕円 E

により定めると，$\mathbf{R}_{>0}$ も乗法群となる．このとき，指数関数は $\mathbf{R}$ から $\mathbf{R}_{>0}$ への同型写像ともみなすことができる． $\square$

例 4.13（行列式） $n \in \mathbf{N}$ を固定しておく．正則行列の行列式は 0 とはならないことに注意すると，行列式は写像

$$\det : GL(n, \mathbf{R}) \longrightarrow \mathbf{R} \setminus \{0\} \tag{4.12}$$

を定める．ここで，任意の $A, B \in GL(n, \mathbf{R})$ に対して，

$$\det(AB) = (\det A)(\det B) \tag{4.13}$$

が成り立つので，(4.12) は実一般線形群 $GL(n, \mathbf{R})$ から乗法群 $\mathbf{R} \setminus \{0\}$ への準同型写像となる． $\square$

■ 4.3 アフィン変換

S^1 から E への同相写像は (4.1)，すなわち，

$$f(x, y) = (ax, by) \qquad ((x, y) \in S^1) \tag{4.14}$$

により定められる $f : S^1 \longrightarrow E$ 以外にも存在する．例えば，$p, q > 0$ とし，

$$f_{p,q}(x, y) = \left(\frac{apx}{\sqrt{p^2 x^2 + q^2 y^2}}, \frac{bqy}{\sqrt{p^2 x^2 + q^2 y^2}} \right) \qquad ((x, y) \in S^1) \tag{4.15}$$

とおくと，4.1 節と同様の議論により，同相写像 $f_{p,q} : S^1 \longrightarrow E$ が定められる．特に，$p = q$ のときは，$f_{p,q} = f$ である．f は $p \neq q$ の場合の $f_{p,q}$ とは異なり，(4.14) の定義式をそのまま用いて，$\mathbf{R}^2$ から $\mathbf{R}^2$ への写像を定めることができる．この写像を改めて f とおくと，$f : \mathbf{R}^2 \longrightarrow \mathbf{R}^2$ は次の 2 つの条件を満たす．

- f は任意の直線を直線へ写す． $\tag{4.16}$
- f は任意の線分の内分比を保つ． $\tag{4.17}$

4.3 アファイン変換 ―――― 59

(4.16), (4.17) のような条件は $\mathbf{R}^n$ から $\mathbf{R}^n$ への全単射に対しても考えることができる.

定義 4.14 全単射 $f : \mathbf{R}^n \longrightarrow \mathbf{R}^n$ が (4.16), (4.17) を満たすとき, f を $\mathbf{R}^n$ のアファイン変換という.　　　　　　　　　　　　　　　　　　　　 ▯

$\mathbf{R}^n$ のアファイン変換全体の集合を $\mathrm{Aff}(\mathbf{R}^n)$ と表す. 定義 4.14 より, $\mathrm{Aff}(\mathbf{R}^n)$ は写像の合成を積とすることにより群となる. $\mathrm{Aff}(\mathbf{R}^n)$ を $\mathbf{R}^n$ のアファイン変換群という. 次の例題 4.15 からわかるように, アファイン変換は正則行列を用いて表すことができる.

例題 4.15 $f \in \mathrm{Aff}(\mathbf{R}^n)$ とする. このとき,

$$g(\boldsymbol{x}) = f(\boldsymbol{x}) - f(\mathbf{0}) \qquad (\boldsymbol{x} \in \mathbf{R}^n) \tag{4.18}$$

とおくと, $g \in \mathrm{Aff}(\mathbf{R}^n)$ となる.

(1) 任意の $k \in \mathbf{R}$ および任意の $\boldsymbol{x} \in \mathbf{R}^n$ に対して,

$$g(k\boldsymbol{x}) = kg(\boldsymbol{x}) \tag{4.19}$$

となることを示せ.

(2) 任意の $\boldsymbol{x}, \boldsymbol{y} \in \mathbf{R}^n$ に対して,

$$g(\boldsymbol{x} + \boldsymbol{y}) = g(\boldsymbol{x}) + g(\boldsymbol{y}) \tag{4.20}$$

となることを示せ.

(3) ある $A \in GL(n, \mathbf{R})$ およびある $\boldsymbol{b} \in \mathbf{R}^n$ が一意的に存在し, 任意の $\boldsymbol{x} \in \mathbf{R}^n$ に対して,

$$f(\boldsymbol{x}) = \boldsymbol{x}A + \boldsymbol{b} \tag{4.21}$$

となることを示せ.

(4) (4.21) により定められる f は (4.16) を満たすことを示せ.

(5) (4.21) により定められる f は (4.17) を満たすことを示せ.

【解】 (1) $k = 0, 1$ または $\boldsymbol{x} = \boldsymbol{0}$ のとき，ベクトル空間の定義より，(4.19) が成り立つ．

$k > 1$, $\boldsymbol{x} \neq \boldsymbol{0}$ のとき，$\boldsymbol{0}$, $\boldsymbol{x}$, $k\boldsymbol{x}$ は同一直線上の互いに異なる 3 点となる．$g \in \mathrm{Aff}(\mathbf{R}^n)$ より，g は (4.16) の条件を満たすので，$g(\boldsymbol{0})$, $g(\boldsymbol{x})$, $g(k\boldsymbol{x})$ は同一直線上の 3 点となる．さらに，g は (4.17) の条件を満たすので，(4.19) が成り立つ（図 4.3）．その他の場合についても，同様に考えると，(4.19) が成り立つ．

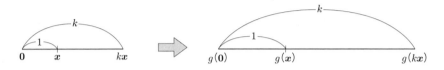

図 4.3　線分の内分比を保つ．

(2) $\boldsymbol{x} = \boldsymbol{y}$ のとき，(4.20) は (4.19) において $k = 2$ とした式となる．よって，(1) より，(4.20) が成り立つ．

$\boldsymbol{x} \neq \boldsymbol{y}$ のとき，$\boldsymbol{x}$, $\frac{\boldsymbol{x}+\boldsymbol{y}}{2}$, $\boldsymbol{y}$ は同一直線上の互いに異なる 3 点となる．g は (4.16), (4.17) の条件を満たすので，

$$g\left(\frac{\boldsymbol{x}+\boldsymbol{y}}{2}\right) = \frac{g(\boldsymbol{x}) + g(\boldsymbol{y})}{2} \tag{4.22}$$

が成り立つ．(4.22) の左辺に (4.19) を用いると，(4.20) が得られる．

(3) (4.19), (4.20) より，g は $\mathbf{R}^n$ の線形変換である．よって，ある n 次の実正方行列 A が一意的に存在し，任意の $\boldsymbol{x} \in \mathbf{R}^n$ に対して，

$$g(\boldsymbol{x}) = \boldsymbol{x}A \tag{4.23}$$

となる．ここで，$\mathrm{Aff}(\mathbf{R}^n)$ は群なので，$g \in \mathrm{Aff}(\mathbf{R}^n)$ より，$g^{-1} \in \mathrm{Aff}(\mathbf{R}^n)$ となる．g^{-1} に対しても上と同様に考えると，ある n 次の実正方行列 B が一意的に存在し，任意の $\boldsymbol{x} \in \mathbf{R}^n$ に対して，

$$g^{-1}(\boldsymbol{x}) = \boldsymbol{x}B \tag{4.24}$$

となる．(4.23), (4.24) より，

$$\boldsymbol{x} = (g^{-1} \circ g)(\boldsymbol{x}) = g^{-1}(g(\boldsymbol{x})) = g^{-1}(\boldsymbol{x}A) = (\boldsymbol{x}A)B = \boldsymbol{x}(AB). \tag{4.25}$$

すなわち，任意の $x \in \mathbf{R}^n$ に対して，$x = x(AB)$ なので，AB は単位行列 E_n である．したがって，A は正則，すなわち，$A \in GL(n, \mathbf{R})$ である．さらに，$b = f(\mathbf{0})$ とおくと，(4.18) より，(4.21) が得られる．

(4) l を $\mathbf{R}^n$ の直線とし，l の方程式を $\mathbf{R}^n$ の標準内積を用いて，

$$\langle a, x \rangle = k \tag{4.26}$$

と表しておく．ただし，$a \in \mathbf{R}^n \setminus \{\mathbf{0}\}$，$k \in \mathbf{R}$ である．(4.21) より，

$$x = f(x)A^{-1} - bA^{-1}. \tag{4.27}$$

(4.27) を (4.26) に代入すると，

$$\langle a, f(x)A^{-1} - bA^{-1} \rangle = k. \tag{4.28}$$

問題 2.3 および内積の性質より，

$$\langle a\,{}^t\!A^{-1}, f(x) \rangle = k + \langle a, bA^{-1} \rangle. \tag{4.29}$$

よって，$f(l)$ は方程式

$$\langle a\,{}^t\!A^{-1}, x \rangle = k + \langle a, bA^{-1} \rangle \tag{4.30}$$

で表される直線となる．したがって，f は (4.16) を満たす．

(5) $x, y \in \mathbf{R}^n$ を異なる 2 点とし，$0 < k < 1$ に対して，x, y を $k : (1-k)$ に内分する点を z とおくと，

$$z = (1-k)x + ky. \tag{4.31}$$

(4.31) の両辺に f を施すと，(4.21) より，

$$zA + b = \{(1-k)x + ky\} A + b. \tag{4.32}$$

よって，

$$zA + b = (1-k)(xA + b) + k(yA + b). \tag{4.33}$$

すなわち，

$$f(z) = (1-k)f(x) + kf(y). \tag{4.34}$$

$x \neq y$ より，$f(x) \neq f(y)$ となり，(4.34) より，f は (4.17) を満たす． ∎

$\mathbf{R}^n$ を位相空間として考えると，(4.21) より，アフィン変換は連続写像となるので，$\mathbf{R}^n$ から $\mathbf{R}^n$ 自身への同相写像を定める．よって，$\mathrm{Aff}(\mathbf{R}^n)$ は $\mathrm{Hom}(\mathbf{R}^n)$ の部分群となる．

4.4 等長写像

4.1 節では S^1 と E が同相であることを述べたが，S^1 と E は (2.16) および対応 (2.20)，あるいは，$\mathbf{R}^2$ の標準内積 (2.27) により定められる $\mathbf{R}^2$ のユークリッド距離 d を用いて区別することができる．まず，全単射 $f : \mathbf{R}^2 \longrightarrow \mathbf{R}^2$ で，距離を保つ，すなわち，任意の $\boldsymbol{x}, \boldsymbol{y} \in \mathbf{R}^2$ に対して，

$$d(f(\boldsymbol{x}), f(\boldsymbol{y})) = d(\boldsymbol{x}, \boldsymbol{y}) \tag{4.35}$$

となる写像によって，$E = f(S^1)$ となると仮定しよう．単位円の定義より，S^1 の中心である原点と S^1 上の任意の点の距離は 1 に等しい．よって，このような f が存在するならば，$E = S^1$ でなければならない．そして，例えば，f が恒等写像 $1_{\mathbf{R}^2}$ ならば，実際に f は上の仮定を満たす．

(4.35) のような条件は距離空間の間の写像に対しても考えることができる．

定義 4.16 (X_1, d_1)，(X_2, d_2) を距離空間，$f : X_1 \longrightarrow X_2$ を X_1 から X_2 への写像とする．任意の $x, y \in X_1$ に対して，

$$d_2(f(x), f(y)) = d_1(x, y) \tag{4.36}$$

となるとき，f を**等長写像**という．全単射な等長写像 f が存在するとき，X_1 と X_2 は**等長的**であるという．X_1 から X_1 自身への全単射な等長写像を X_1 の**等長変換**という． $\square$

定義 4.16 で定めた言葉を用いると，単位円と楕円は一般に等長的ではないということになる．

定義 4.16 より，次の定理 4.17 が成り立つ．

定理 4.17　等長写像は単射な連続写像である．　　　　　　　　□

距離空間 X の等長変換全体の集合を $\mathrm{Iso}(X)$ と表す．定理 4.17 より，$\mathrm{Iso}(X)$ は写像の合成を積とすることにより，$\mathrm{Hom}(X)$ の部分群となる．$\mathrm{Iso}(X)$ を X の**等長変換群**という．

$\mathbf{R}^n$ の等長変換は直交行列を用いて表すことができる．ただし，$\mathbf{R}^n$ の距離はユークリッド距離を考えている．まず，直交行列の基本的な性質について，次の定理 4.18 を思い出そう．

定理 4.18　A を n 次の実正方行列とすると，次の (1)～(4) は同値である．
(1) A は直交行列である，すなわち，${}^tAA = A{}^tA = E_n$．
(2) 任意の $\boldsymbol{x}, \boldsymbol{y} \in \mathbf{R}^n$ に対して，$\langle \boldsymbol{x}A, \boldsymbol{y}A \rangle = \langle \boldsymbol{x}, \boldsymbol{y} \rangle$．
(3) 任意の $\boldsymbol{x} \in \mathbf{R}^n$ に対して，$\|\boldsymbol{x}A\| = \|\boldsymbol{x}\|$．
(4) A の n 個の行ベクトルは $\mathbf{R}^n$ の正規直交基底である．　　　□

それでは，$\mathbf{R}^n$ の等長変換を詳しく調べていこう．

例題 4.19　$f \in \mathrm{Iso}(\mathbf{R}^n)$ とする．このとき，

$$g(\boldsymbol{x}) = f(\boldsymbol{x}) - f(\boldsymbol{0}) \qquad (\boldsymbol{x} \in \mathbf{R}^n) \qquad (4.37)$$

とおくと，g は $\mathbf{R}^n$ から $\mathbf{R}^n$ への全単射を定める．$\boldsymbol{e}_1, \boldsymbol{e}_2, \cdots, \boldsymbol{e}_n$ を $\mathbf{R}^n$ の基本ベクトルとし，$i = 1, 2, \cdots, n$ に対して，$\boldsymbol{a}_i = g(\boldsymbol{e}_i)$ とおく．
(1) $\{\boldsymbol{a}_1, \boldsymbol{a}_2, \cdots, \boldsymbol{a}_n\}$ は $\mathbf{R}^n$ の正規直交基底であることを示せ．

(2) (1) および定理 4.18 より，n 次の直交行列 A を $A = \begin{pmatrix} \boldsymbol{a}_1 \\ \boldsymbol{a}_2 \\ \vdots \\ \boldsymbol{a}_n \end{pmatrix}$ により

64──第 4 章　楕円 E

定めることができる. このとき,

$$h(\boldsymbol{x}) = \boldsymbol{x}A + f(\boldsymbol{0}) \qquad (\boldsymbol{x} \in \mathbf{R}^n) \qquad (4.38)$$

とおくと, h は $\mathbf{R}^n$ から $\mathbf{R}^n$ への全単射を定める. $h \in \mathrm{Iso}(\mathbf{R}^n)$ であ
ることを示せ.

(3) $\boldsymbol{x} \in \mathbf{R}^n$ を

$$\boldsymbol{x} = \sum_{i=1}^n x_i \boldsymbol{e}_i \qquad (x_i \in \mathbf{R}) \qquad (4.39)$$

と表しておき,

$$\boldsymbol{y} = (h^{-1} \circ f)(\boldsymbol{x}) = \sum_{i=1}^n y_i \boldsymbol{e}_i \qquad (y_i \in \mathbf{R}) \qquad (4.40)$$

とおく. $\|\boldsymbol{x}\| = \|\boldsymbol{y}\|$ であることを示せ.

(4) $f = h$ であることを示せ.

【解】　(1) 問題 2.2 (1) において, $\boldsymbol{a}$, $\boldsymbol{b}$ をそれぞれ $\boldsymbol{a}_i$, $-\boldsymbol{a}_j$ に置き換え, (4.37) と
等長変換の定義を用いると,

$$
\begin{aligned}
-2\langle \boldsymbol{a}_i, \boldsymbol{a}_j \rangle &= \|\boldsymbol{a}_i - \boldsymbol{a}_j\|^2 - \|\boldsymbol{a}_i\|^2 - \|\boldsymbol{a}_j\|^2 \\
&= \|g(\boldsymbol{e}_i) - g(\boldsymbol{e}_j)\|^2 - \|g(\boldsymbol{e}_i)\|^2 - \|g(\boldsymbol{e}_j)\|^2 \\
&= \|(f(\boldsymbol{e}_i) - f(\boldsymbol{0})) - (f(\boldsymbol{e}_j) - f(\boldsymbol{0}))\|^2 - \|f(\boldsymbol{e}_i) - f(\boldsymbol{0})\|^2 - \|f(\boldsymbol{e}_j) - f(\boldsymbol{0})\|^2 \\
&= \|f(\boldsymbol{e}_i) - f(\boldsymbol{e}_j)\|^2 - \|f(\boldsymbol{e}_i) - f(\boldsymbol{0})\|^2 - \|f(\boldsymbol{e}_j) - f(\boldsymbol{0})\|^2 \\
&= d(f(\boldsymbol{e}_i), f(\boldsymbol{e}_j))^2 - d(f(\boldsymbol{e}_i), f(\boldsymbol{0}))^2 - d(f(\boldsymbol{e}_j), f(\boldsymbol{0}))^2 \\
&= d(\boldsymbol{e}_i, \boldsymbol{e}_j)^2 - d(\boldsymbol{e}_i, \boldsymbol{0})^2 - d(\boldsymbol{e}_j, \boldsymbol{0})^2 \\
&= \|\boldsymbol{e}_i - \boldsymbol{e}_j\|^2 - \|\boldsymbol{e}_i - \boldsymbol{0}\|^2 - \|\boldsymbol{e}_j - \boldsymbol{0}\|^2 = \|\boldsymbol{e}_i - \boldsymbol{e}_j\|^2 - 1 - 1. \quad (4.41)
\end{aligned}
$$

ここで,

$$\|\boldsymbol{e}_i - \boldsymbol{e}_j\|^2 = \begin{cases} 0 & (i = j), \\ 2 & (i \neq j) \end{cases} \qquad (4.42)$$

なので, $\langle \boldsymbol{a}_i, \boldsymbol{a}_j \rangle = \delta_{ij}$ となる. ただし, δ_{ij} はクロネッカーのデルタである. よって,
$\{\boldsymbol{a}_1, \boldsymbol{a}_2, \cdots, \boldsymbol{a}_n\}$ は $\mathbf{R}^n$ の正規直交基底である.

4.5 直交群 —— 65

(2) $\boldsymbol{x}, \boldsymbol{y} \in \mathbf{R}^n$ とすると，定理 4.18 (3) より，

$$d(h(\boldsymbol{x}), h(\boldsymbol{y})) = \|h(\boldsymbol{x}) - h(\boldsymbol{y})\| = \|(\boldsymbol{x}A + f(\boldsymbol{0})) - (\boldsymbol{y}A + f(\boldsymbol{0}))\|$$
$$= \|(\boldsymbol{x} - \boldsymbol{y})A\| = \|\boldsymbol{x} - \boldsymbol{y}\| = d(\boldsymbol{x}, \boldsymbol{y}). \tag{4.43}$$

よって，$d(h(\boldsymbol{x}), h(\boldsymbol{y})) = d(\boldsymbol{x}, \boldsymbol{y})$ となるので，h は $\mathbf{R}^n$ の等長変換である．

(3) (2) より，$h^{-1} \circ f \in \mathrm{Iso}(\mathbf{R}^n)$ なので，

$$\|\boldsymbol{x}\| = \|\boldsymbol{x} - \boldsymbol{0}\| = d(\boldsymbol{x}, \boldsymbol{0}) = d((h^{-1} \circ f)(\boldsymbol{x}), (h^{-1} \circ f)(\boldsymbol{0})) = d(\boldsymbol{y}, \boldsymbol{0}) = \|\boldsymbol{y}\|. \tag{4.44}$$

(4) (3) と同じ記号を用いると，ノルムの定義，内積の性質および (4.39) より，

$$d(\boldsymbol{x}, \boldsymbol{e}_i)^2 = \|\boldsymbol{x} - \boldsymbol{e}_i\|^2 = \|\boldsymbol{x}\|^2 - 2\langle \boldsymbol{x}, \boldsymbol{e}_i \rangle + \|\boldsymbol{e}_i\|^2 = \|\boldsymbol{x}\|^2 - 2x_i + 1. \tag{4.45}$$

同様に，

$$d(\boldsymbol{y}, \boldsymbol{e}_i)^2 = \|\boldsymbol{y}\|^2 - 2y_i + 1. \tag{4.46}$$

$h^{-1} \circ f \in \mathrm{Iso}(\mathbf{R}^n)$ なので，

$$d(\boldsymbol{x}, \boldsymbol{e}_i) = d((h^{-1} \circ f)(\boldsymbol{x}), (h^{-1} \circ f)(\boldsymbol{e}_i)) = d(\boldsymbol{y}, \boldsymbol{e}_i). \tag{4.47}$$

(4.44)〜(4.47) より，$x_i = y_i$．よって，$h^{-1} \circ f = 1_{\mathbf{R}^n}$ となる．したがって，$f = h$ である．∎

4.5 直交群

n 次の直交行列全体の集合を $O(n)$ と表す．すなわち，

$$O(n) = \{ A \in M_n(\mathbf{R}) \,|\, {}^t\!AA = A\,{}^t\!A = E_n \} \tag{4.48}$$

である．$A \in O(n)$ とすると，直交行列に対する条件 ${}^t\!AA = E_n$ の両辺の行列式をとることにより，$\det A = \pm 1$ となる．特に，$A \in GL(n, \mathbf{R})$ である．また，$E_n, A^{-1} \in O(n)$ であり，さらに，$B \in O(n)$ とすると，$AB \in O(n)$ である．よって，$O(n)$ は $GL(n, \mathbf{R})$ の部分群となる．$O(n)$ を n 次の**直交群**という．

例 4.20 x についての方程式 $x^2 = 1$ を解くと，$x = \pm 1$ なので，$O(1) = \{\pm 1\}$ である． □

例 4.21 2 次の直交行列について考え，

$$A = \begin{pmatrix} a & b \\ c & d \end{pmatrix} \in O(2) \tag{4.49}$$

とする．このとき，定理 4.18 (4) より，$\{(a,b),(c,d)\}$ は $\mathbf{R}^2$ の正規直交基底である．よって，ある $\theta \in [0, 2\pi)$ を用いて，

$$(a,b) = (\cos\theta, \sin\theta), \qquad (c,d) = \left(\cos\left(\theta \pm \frac{\pi}{2}\right), \sin\left(\theta \pm \frac{\pi}{2}\right)\right) \tag{4.50}$$

と表すことができる（図 4.4）．したがって，

$$A = \begin{pmatrix} \cos\theta & \sin\theta \\ \mp\sin\theta & \pm\cos\theta \end{pmatrix} \quad (\text{複号同順}) \tag{4.51}$$

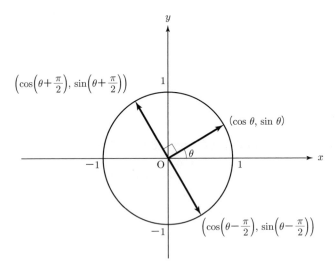

図 4.4　$\mathbf{R}^2$ の正規直交基底の表し方

となり，

$$O(2) = \left\{ \begin{pmatrix} \cos\theta & \sin\theta \\ -\sin\theta & \cos\theta \end{pmatrix}, \begin{pmatrix} \cos\theta & \sin\theta \\ \sin\theta & -\cos\theta \end{pmatrix} \middle| \theta \in [0, 2\pi) \right\} \tag{4.52}$$

である．$A = \begin{pmatrix} \cos\theta & \sin\theta \\ -\sin\theta & \cos\theta \end{pmatrix}$ のときは $\det A = 1$ であり，$\boldsymbol{x} \in \mathbf{R}^2$ から $\boldsymbol{x}A \in \mathbf{R}^2$ への対応は例 3.10 で定めた原点を中心とする角 θ の回転を表す写像 R_θ に他ならない．また，$A = \begin{pmatrix} \cos\theta & \sin\theta \\ \sin\theta & -\cos\theta \end{pmatrix}$ のときは $\det A = -1$ であり，$\boldsymbol{x} \in \mathbf{R}^2$ から $\boldsymbol{x}A \in \mathbf{R}^2$ への対応は xy 平面において，直線 $y\cos\dfrac{\theta}{2} = x\sin\dfrac{\theta}{2}$ に関する対称移動を表す（図 4.5）．　□

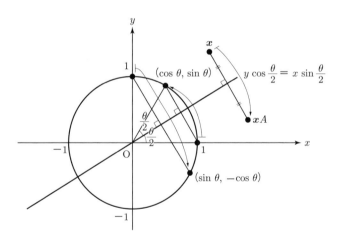

図 4.5　直線 $y\cos\dfrac{\theta}{2} = x\sin\dfrac{\theta}{2}$ に関する対称移動

さらに，行列式が 1 の n 次の直交行列全体の集合を $SO(n)$ と表す．すなわち，

$$SO(n) = \{A \in O(n) \mid \det A = 1\} \tag{4.53}$$

である．(4.13) に注意し，$O(n)$ の場合と同様に考えると，$SO(n)$ は $O(n)$ あ

68 —— 第 4 章 楕円 E

るいは $GL(n, \mathbf{R})$ の部分群となる. $SO(n)$ を n 次の**特殊直交群**という. 例 4.21 より, $SO(n)$ を**回転群**ということもある. $SO(n)$ の元を**特殊直交行列**または**回転行列**ともいう.

▌ 4.6 陰関数表示

関数 $g : \mathbf{R}^2 \longrightarrow \mathbf{R}$ を

$$g(x, y) = \frac{x^2}{a^2} + \frac{y^2}{b^2} - 1 \tag{4.54}$$

により定めると, 楕円 E は x, y についての方程式 $g(x, y) = 0$ の解全体の集合として表されている. 一般に, $U \subset \mathbf{R}^2$ とし, 関数 $g : U \longrightarrow \mathbf{R}$ を用いて, x, y についての方程式 $g(x, y) = 0$ の解全体の集合として表される U の部分集合

$$\{(x, y) \in U \mid g(x, y) = 0\} \tag{4.55}$$

を**陰関数表示**された U 上の**曲線**という. 陰関数表示された曲線の基本的な例をいくつか挙げておこう.

例 4.22（関数のグラフ） I を区間, $f : I \longrightarrow \mathbf{R}$ を I で定義された関数とし, 関数 $g : I \times \mathbf{R} \longrightarrow \mathbf{R}$ を

$$g(x, y) = y - f(x) \qquad (x \in I, \ y \in \mathbf{R}) \tag{4.56}$$

により定める. このとき, 陰関数表示された曲線

$$\{(x, y) \in I \times \mathbf{R} \mid g(x, y) = 0\} \tag{4.57}$$

は関数 f のグラフ

$$\{(x, f(x)) \mid x \in I\} \tag{4.58}$$

に他ならない. □

例 4.23（直線） $a, b, c \in \mathbf{R}$, $(a, b) \neq (0, 0)$ とし, 関数 $g : \mathbf{R}^2 \longrightarrow \mathbf{R}$ を

$$g(x, y) = ax + by + c \qquad ((x, y) \in \mathbf{R}^2) \tag{4.59}$$

により定める. このとき, 陰関数表示された曲線

$$\{(x,y) \in \mathbf{R}^2 \mid g(x,y) = 0\} \tag{4.60}$$

は平面上の直線を表す. □

例 4.24（2 次曲線） $a, b, c, d, e, f \in \mathbf{R}$ とし, 関数 $g : \mathbf{R}^2 \longrightarrow \mathbf{R}$ を

$$g(x,y) = ax^2 + 2bxy + cy^2 + 2dx + 2ey + f \qquad ((x,y) \in \mathbf{R}^2) \tag{4.61}$$

により定める. このとき, 陰関数表示された曲線

$$\{(x,y) \in \mathbf{R}^2 \mid g(x,y) = 0\} \tag{4.62}$$

を **2 次曲線**という. ここで,

$$A = \begin{pmatrix} a & b \\ b & c \end{pmatrix}, \qquad \tilde{A} = \begin{pmatrix} a & b & d \\ b & c & e \\ d & e & f \end{pmatrix} \tag{4.63}$$

とおく. まず, 方程式 $g(x,y) = 0$ は

$$(x,y)A\begin{pmatrix} x \\ y \end{pmatrix} + 2(d,e)\begin{pmatrix} x \\ y \end{pmatrix} + f = 0 \tag{4.64}$$

と書き換えられ, A は対称行列であることに注意しよう. このとき, $PA{}^tP$ が対角行列となるように直交行列 P を選ぶことができる. さらに, $\boldsymbol{q} \in \mathbf{R}^2$ を選び,

$$(x,y) = (X,Y)P + \boldsymbol{q} \tag{4.65}$$

とおくことにより, (4.64) は標準形とよばれる簡単な形で表すことができる. P の行列式は 1 とすることができるが, このときは例 4.21 より, (X,Y) から (x,y) への対応は P による回転と $\boldsymbol{q}$ による平行移動を表す. $\mathrm{rank}\,\tilde{A} = 3$ のとき, 2 次曲線 (4.62) は**固有**であるという. 固有 2 次曲線は次のように場合分けされる.

- $\operatorname{rank}\tilde{A}=3$, $\operatorname{rank}A=2$：このとき，(4.62) は空集合となることもあるが，そうでない場合は，(4.62) の変数および定数を改めて置き換えると，楕円 E または双曲線

$$\left\{(x,y)\in\mathbf{R}^2 \,\middle|\, \frac{x^2}{a^2}-\frac{y^2}{b^2}=1\right\} \tag{4.66}$$

が得られる（図 4.6）．ただし，$a,b>0$ である．

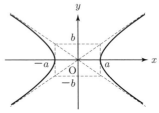

図 4.6　双曲線

- $\operatorname{rank}\tilde{A}=3$, $\operatorname{rank}A=1$：このとき，(4.62) の変数および定数を改めて置き換えると，放物線

$$\left\{(x,y)\in\mathbf{R}^2 \,\middle|\, y^2=4px\right\} \tag{4.67}$$

が得られる（図 4.7）．ただし，$p>0$ である．

すなわち，固有 2 次曲線は空でないならば，回転と平行移動の合成により，(4.2), (4.66), (4.67) の標準形で表される楕円，双曲線，放物線のいずれかとなる．　□

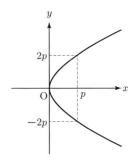

図 4.7　放物線

演習問題

問題 4.1 G を群,H を G の空でない部分集合とする.このとき,

$$H \text{ は } G \text{ の部分群である} \iff \text{任意の } a, b \in H \text{ に対して,} ab^{-1} \in H$$

を示せ.

問題 4.2 G,G' を群,e,e' をそれぞれ G,G' の単位元,$f : G \longrightarrow G'$ を準同型写像とする.
(1) $f(e) = e'$ であることを示せ.
(2) 任意の $a \in G$ に対して,$f(a^{-1}) = f(a)^{-1}$ であることを示せ.
(3) $f^{-1}(e')$ を $\mathrm{Ker}\, f$ と表し,f の**核**という.$\mathrm{Ker}\, f$ は G の部分群であることを示せ.
(4) f が単射であるための必要十分条件は $\mathrm{Ker}\, f$ が単位群,すなわち,単位元のみからなる群であることを示せ.
(5) $f(G)$ を $\mathrm{Im}\, f$ と表す.$\mathrm{Im}\, f$ は G' の部分群であることを示せ.

補足 4.25 行列式は $O(n)$ から乗法群 $\{\pm 1\}$ への準同型写像を定める.このことと問題 4.2 (3) からも $SO(n)$ が $O(n)$ の部分群であることがわかる. ◻

問題 4.3 $p > 0$ とする.P を放物線

$$\left\{ (x, y) \in \mathbf{R}^2 \mid y^2 = 4px \right\}$$

上の任意の点とする.P と点 $(p, 0)$ の距離は P と直線

$$\left\{ (x, y) \in \mathbf{R}^2 \mid x = -p \right\}$$

の距離に等しいことを示せ(図 4.8).

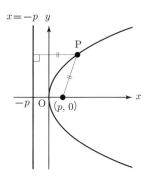

図 4.8 放物線の性質

5 双曲線 H

　第 5 章では，楕円 E と同じく 2 次曲線の一種である双曲線 H について考える[1]．まず，コンパクト性や連結性といった位相的性質に注目し，H と E が同相ではないことを示す．次に，H の連結成分が双曲線関数を用いて写像の像として表されることを一般化し，$\mathbf{R}^n$ 内の径数付き曲線を定義し，その正則性や長さといった基本的概念について述べる．さらに，双曲線を反転して得られるレムニスケートについて考え，後に多様体の概念を理解する際に必要となる基本的性質を紹介する．

■ 5.1　位相的性質

　双曲線を標準形で表しておき，

$$H = \left\{ (x,y) \in \mathbf{R}^2 \ \middle| \ \frac{x^2}{a^2} - \frac{y^2}{b^2} = 1 \right\} \tag{5.1}$$

とおく．H はどのような回転や平行移動を施しても，決して (4.2) の楕円 E と一致することはなく，H と E は等長的ではない．それでは，H と E は同相であろうか．このことを判定するには，H と E の位相的性質に注目する必要がある．位相空間に対して，同相写像で不変な性質を**位相的性質**という．次の定理 5.1 は連続写像，連結性，コンパクト性の定義を直接用いることにより，示すことができる．

| **定理 5.1** | $(X_1, \mathfrak{O}_1)$, $(X_2, \mathfrak{O}_2)$ を位相空間，$f : X_1 \longrightarrow X_2$ を連続写像とすると，次の (1), (2) が成り立つ．

　(1) X_1 が連結ならば，$f(X_1)$ も連結である．

　(2) X_1 がコンパクトならば，$f(X_1)$ もコンパクトである．　　　　　□

　定理 5.1 より，連結性やコンパクト性は位相的性質である．すなわち，次の

---

[1]　H が多様体となることについては問題 9.2 で述べる．

5.1 位相的性質 ——— 73

系 5.2 が成り立つ.

系 5.2 $(X_1, \mathfrak{O}_1)$, $(X_2, \mathfrak{O}_2)$ を同相な位相空間とすると，次の (1), (2) が成り立つ.

(1) X_1 は連結である $\iff$ X_2 は連結である

(2) X_1 はコンパクトである $\iff$ X_2 はコンパクトである ▯

さて，H と E が同相ではないことは 2 通りの方法で示すことができる．1 つの方法はコンパクト性に注目することである．まず，E は $\mathbf{R}^2$ の有界閉集合なので，コンパクトである．一方，H は $\mathbf{R}^2$ の有界ではない部分集合なので，コンパクトではない．よって，系 5.2 (2) より，H と E は同相ではない．もう 1 つの方法は次の例題 5.3 のように，連結性に注目することである．

例題 5.3 次の (1), (2) の問に答えよ.

(1) E は連結であることを示せ.

(2) H は連結ではないことを示せ.

【解】 (1) $t \in [0, 2\pi]$ に対して，

$$f(t) = (a \cos t, b \sin t) \tag{5.2}$$

とおく．このとき，f は区間 $[0, 2\pi]$ から E への全射な連続写像を定める．定理 1.28 より，区間は連結なので，定理 5.1 (1) より，$f([0, 2\pi]) = E$ は連結である.

(2) $H_+, H_- \subset H$ を

$$H_+ = \left\{ (x, y) \in \mathbf{R}^2 \,\middle|\, \frac{x^2}{a^2} - \frac{y^2}{b^2} = 1, \ x > 0 \right\}, \tag{5.3}$$

$$H_- = \left\{ (x, y) \in \mathbf{R}^2 \,\middle|\, \frac{x^2}{a^2} - \frac{y^2}{b^2} = 1, \ x < 0 \right\} \tag{5.4}$$

により定める（**図 5.1**）．このとき，$H_+, H_- \neq \varnothing$，$H_+ \cap H_- = \varnothing$ で，相対位相の定義 (1.20) より，H_+, H_- は H の開集合である．よって，H は定義 1.26 の条件を満たさないので，連結ではない． ▮

74 ── 第 5 章 双曲線 H

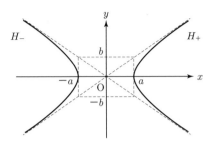

図 5.1　H_+ と H_-

5.2　双曲線関数

双曲線関数 $\cosh t$, $\sinh t$ は指数関数を用いて，

$$\cosh t = \frac{e^t + e^{-t}}{2}, \quad \sinh t = \frac{e^t - e^{-t}}{2} \quad (t \in \mathbf{R}) \tag{5.5}$$

により定められ，ともに $\mathbf{R}$ で定義された実数値連続関数となる（図 5.2）．

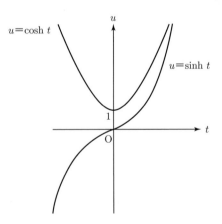

図 5.2　双曲線関数 $\cosh t$, $\sinh t$ のグラフ

このとき，

$$\cosh^2 t - \sinh^2 t = (\cosh t + \sinh t)(\cosh t - \sinh t) = e^t \cdot e^{-t} = 1, \tag{5.6}$$

すなわち，
$$\cosh^2 t - \sinh^2 t = 1 \tag{5.7}$$
となり，
$$f(t) = (\cosh t, \sinh t) \tag{5.8}$$
とおくと，$f(\mathbf{R})$ は直角双曲線[2]]
$$\{(x,y) \in \mathbf{R}^2 \,|\, x^2 - y^2 = 1\} \tag{5.9}$$
の $x > 0$ の部分
$$\{(x,y) \in \mathbf{R}^2 \,|\, x^2 - y^2 = 1, \ x > 0\} \tag{5.10}$$
を表す．これが双曲線関数という言葉の由来である．

一方，三角関数を用いて，$t \in [0, 2\pi]$ に対して，
$$g(t) = (\cos t, \sin t) \tag{5.11}$$
とおくと，$g([0, 2\pi])$ は単位円 S^1 となる（**図5.3**）．このことより，三角関数を**円関数**ということもある．

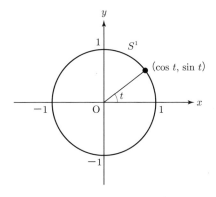

図5.3 単位円 S^1 と三角関数 $\cos t$, $\sin t$

---

[2]] 双曲線は2つの漸近線をもつ．2つの漸近線が直交する双曲線を**直角双曲線**という．

76——— 第 5 章　双曲線 H

例題 5.3 において，$t \in \mathbf{R}$ に対して，

$$f_{\pm}(t) = (\pm a \cosh t, \pm b \sinh t) \quad (\text{複号同順}) \tag{5.12}$$

とおくと，f_+，f_- はそれぞれ $\mathbf{R}$ から H_+，H_- への全射な連続写像を定める．よって，例題 5.3 (1) と同様に，H_+，H_- は連結である．

位相空間 $(X, \mathfrak{O})$ に対して，$x \in X$ を含む最大の連結部分集合を x の**連結成分**という．連結成分は閉集合となり，すべての連結成分からなる集合族 $\{A_\lambda\}_{\lambda \in \Lambda}$ は

$$A_\lambda \cap A_\mu = \varnothing \quad (\lambda, \mu \in \Lambda, \ \lambda \neq \mu), \qquad X = \bigcup_{\lambda \in \Lambda} A_\lambda \tag{5.13}$$

を満たす．例えば，H は 2 個の連結成分 H_+，H_- からなる．

■ 5.3　径数表示（その 1）

(4.2) の楕円 E，(5.3)，(5.4) の双曲線の一部 H_+，H_- は (5.2) や (5.12) により定められる写像 f，f_+，f_- の像として表されている．一般に，I を区間とし，写像 $\gamma : I \longrightarrow \mathbf{R}^n$ の像 $\gamma(I)$ として表される $\mathbf{R}^n$ の部分集合あるいは γ 自身のことを**径数表示**された $\mathbf{R}^n$ 内の**曲線**または $\mathbf{R}^n$ 内の**径数付き曲線**という．$\mathbf{R}^2$，$\mathbf{R}^3$ 内の径数付き曲線をそれぞれ**平面曲線**，**空間曲線**ともいう（図 5.4）．

H は連結成分を 2 つもち，2 つの平面曲線 f_+，f_- を用いて表す必要がある．一方，例 4.22 の関数のグラフや例 4.23 の直線は 1 つの径数付き曲線を用いて表すことができる．

例 5.4（関数のグラフ） I を区間，$f : I \longrightarrow \mathbf{R}$ を I で定義された関数とし，平面曲線 $\gamma : I \longrightarrow \mathbf{R}^2$ を

$$\gamma(t) = (t, f(t)) \qquad (t \in I) \tag{5.14}$$

により定める．このとき，像 $\gamma(I)$ は関数 f のグラフ (4.58) となる．また，γ 自身のことも関数 f のグラフという．　　　　　　　　　　　　　　　　□

例 5.5（$\mathbf{R}^n$ 内の直線） $a, b \in \mathbf{R}^n$ とし，径数付き曲線 $\gamma : \mathbf{R} \longrightarrow \mathbf{R}^n$ を

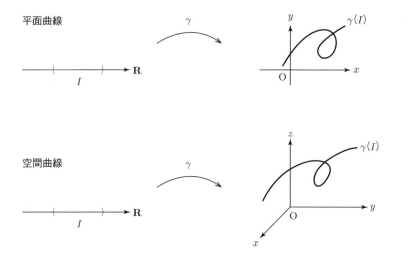

図 5.4 平面曲線, 空間曲線

$$\gamma(t) = \boldsymbol{a}t + \boldsymbol{b} \qquad (t \in \mathbf{R}) \tag{5.15}$$

により定める. $\boldsymbol{a} = \boldsymbol{0}$ のとき, 像 $\gamma(\mathbf{R})$ は定点 $\boldsymbol{b}$ を表す. 一方, $\boldsymbol{a} \neq \boldsymbol{0}$ のとき, $\gamma(\mathbf{R})$ は $\mathbf{R}^n$ 内の直線を表す (**図 5.5**). このとき, γ を**径数付き直線**という. また, γ 自身のことを直線ともいう. □

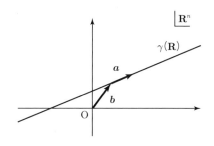

図 5.5 径数付き直線

区間 I の元を時刻を表すパラメータとみなし, 径数付き曲線 $\gamma : I \longrightarrow \mathbf{R}^n$ を時刻とともに $\mathbf{R}^n$ 内の点が動いて得られる軌跡とみなそう. そこで, $t_0 \in I$ とし, $\Delta t \in \mathbf{R}$ を $t_0 + \Delta t \in I$ となるような微小な時間とする. このとき, ベク

トル
$$\frac{\gamma(t_0+\Delta t)-\gamma(t_0)}{\Delta t}\in \mathbf{R}^n \tag{5.16}$$
は曲線上の点が時刻 t_0 から時刻 $t_0+\Delta t$ までの間に進む平均の速度を表す（図 **5.6**）．そして，極限
$$\lim_{\Delta t\to 0}\frac{\gamma(t_0+\Delta t)-\gamma(t_0)}{\Delta t}\in \mathbf{R}^n \tag{5.17}$$
が存在するならば，それは曲線上の点の時刻 t_0 における瞬間の速度を表す．

γ を関数 $f_1,f_2,\cdots,f_n:I\longrightarrow \mathbf{R}$ を用いて，
$$\gamma(t)=(f_1(t),f_2(t),\cdots,f_n(t)) \qquad (t\in I) \tag{5.18}$$
と表しておくと，(5.17) の極限が存在するとき，γ は $t=t_0$ において微分可能，すなわち，$f_1,f_2,\cdots,f_n$ は $t=t_0$ において微分可能である．このとき，(5.17) の極限は γ の $t=t_0$ における微分係数に一致する．すなわち，
$$\gamma'(t_0)=(f_1'(t_0),f_2'(t_0),\cdots,f_n'(t_0))=\lim_{\Delta t\to 0}\frac{\gamma(t_0+\Delta t)-\gamma(t_0)}{\Delta t} \tag{5.19}$$
が成り立つ．$\gamma'(t_0)$ を γ の $t=t_0$ における**接ベクトル**ともいう（図 **5.7**）．

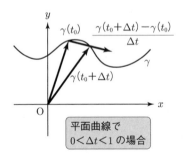
図 **5.6** 平均の速度

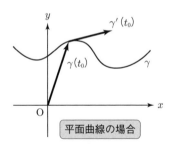
図 **5.7** 曲線の接ベクトル

5.4 正則曲線

径数付き曲線を直線で近似することを考えよう．$\gamma:I\longrightarrow \mathbf{R}^n$ を $\mathbf{R}^n$ 内の径数付き曲線とする．ただし，γ は I で 2 回微分可能であるとする．$t_0\in I$ とす

ると，テイラーの定理より，γ は $t = t_0$ の近くにおいて，

$$\gamma(t) = \gamma(t_0) + \gamma'(t_0)(t - t_0) + R \qquad (5.20)$$

と表すことができる．ただし，R は $\mathbf{R}^n$ に値をとる剰余項である．(5.20) の剰余項 R を取り除き，$\mathbf{R}^n$ 内の径数付き曲線 $l : \mathbf{R} \longrightarrow \mathbf{R}^n$ を

$$l(t) = \gamma(t_0) + \gamma'(t_0)(t - t_0) \qquad (t \in \mathbf{R}) \qquad (5.21)$$

により定める．ここで，例 5.5 のように，$\gamma'(t_0) = \mathbf{0}$ ならば，l は定点 $\gamma(t_0)$ を表すが，$\gamma'(t_0) \neq \mathbf{0}$ ならば，l は $\gamma(t_0)$ を通る直線となる．そこで，次の定義 5.6 のように定める．

定義 5.6 $\gamma : I \longrightarrow \mathbf{R}^n$ を I で微分可能な径数付き曲線とする．任意の $t \in I$ に対して，$\gamma'(t) \neq \mathbf{0}$ となるとき，γ は**正則**であるという．このとき，$t_0 \in I$ に対して，(5.21) により定められる径数付き曲線 $l : \mathbf{R} \longrightarrow \mathbf{R}^n$ を γ の $t = t_0$ における**接線**という（図 5.8）．

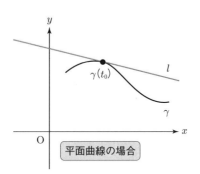

図 5.8　曲線の接線

曲線を時刻とともに $\mathbf{R}^n$ 内の点が動いて得られる軌跡とみなすと，曲線が正則であるとは，曲線上の点が立ち止まったり，逆戻りしないことを意味する．

例 5.7 I を区間とし，$f : I \longrightarrow \mathbf{R}$ を微分可能な関数とする．平面曲線 $\gamma : I \longrightarrow \mathbf{R}^2$

80 ——— 第 5 章　双曲線 H

を

$$\gamma(t) = (t, f(t)) \qquad (t \in I) \tag{5.22}$$

により定めると，γ は関数 f のグラフである．このとき，任意の $t \in I$ に対して，

$$\gamma'(t) = (1, f'(t)) \neq \mathbf{0} \tag{5.23}$$

なので，γ は正則である．

$t_0 \in I$ とすると，γ の $t = t_0$ における接線 $l : \mathbf{R} \longrightarrow \mathbf{R}^2$ は

$$l(t) = (t_0, f(t_0)) + (1, f'(t_0))(t - t_0) \qquad (t \in \mathbf{R}) \tag{5.24}$$

により定められる．ここで，$l(t) = (x(t), y(t))$ とおくと，

$$(x(t), y(t)) = (t_0 + t - t_0, f(t_0) + f'(t_0)(t - t_0)) \tag{5.25}$$

となる．(5.25) より，t を消去すると，γ の $t = t_0$ における接線の陰関数表示

$$\{(x, y) \in \mathbf{R}^2 \mid y = f(t_0) + f'(t_0)(x - t_0)\} \tag{5.26}$$

を得る． ▢

例 5.8　$a, b \in \mathbf{R}^n$, $a \neq 0$ とする．径数付き曲線 $\gamma : \mathbf{R} \longrightarrow \mathbf{R}^n$ を

$$\gamma(t) = \boldsymbol{a} t + \boldsymbol{b} \qquad (t \in \mathbf{R}) \tag{5.27}$$

により定めると，γ は直線である．このとき，任意の $t \in I$ に対して，

$$\gamma'(t) = \boldsymbol{a} \neq \mathbf{0} \tag{5.28}$$

なので，γ は正則である．さらに，γ の任意の点における接線は γ 自身に他ならない．もっとも，接線は曲線を直線で近似するためのものであるので，このことは自明である． ▢

例題 5.9　(5.3) の双曲線の一部 H_+ の径数表示 $\gamma : \mathbf{R} \longrightarrow \mathbf{R}^2$ を

$$\gamma(t) = (a \cosh t, b \sinh t) \qquad (t \in \mathbf{R}) \tag{5.29}$$

により定める.

(1) γ は正則であることを示せ.

(2) $t_0 \in \mathbf{R}$ とする. γ の $t = t_0$ における接線の陰関数表示を求めよ.

【解】 (1) $t \in \mathbf{R}$ とすると,

$$\gamma'(t) = (a \sinh t, b \cosh t) \tag{5.30}$$

ここで, $\cosh t > 0$ だから, $\gamma'(t) \neq \mathbf{0}$. よって, γ は正則である.

(2) γ の $t = t_0$ における接線の径数表示 $l : \mathbf{R} \longrightarrow \mathbf{R}^2$ は (5.21), (5.29) および (5.30) より,

$$l(t) = (a \cosh t_0, b \sinh t_0) + (a \sinh t_0, b \cosh t_0)(t - t_0) \qquad (t \in \mathbf{R}) \tag{5.31}$$

により定められる. ここで, $l(t) = (x(t), y(t))$ とおくと,

$$(x(t), y(t)) = (a \cosh t_0 + (a \sinh t_0)(t - t_0), b \sinh t_0 + (b \cosh t_0)(t - t_0)) \tag{5.32}$$

となる. (5.32) より, (5.7) を用いて, t を消去すると, 求める陰関数表示は

$$\left\{ (x, y) \in \mathbf{R}^2 \ \middle| \ \frac{\cosh t_0}{a} x - \frac{\sinh t_0}{b} y = 1 \right\} \tag{5.33}$$

となる.

5.5 曲線の長さ

微分積分でも学ぶように, $\mathbf{R}^n$ 内の径数付き曲線に対して, その長さを考えることができる. 線分の長さは三平方の定理を用いて計算することができるが,

曲線の長さの場合は曲線を折れ線で近似すればよい（**図 5.9**）．ただし，曲線は C^1 級である必要がある．

有界閉区間 $[a, b]$ から $\mathbf{R}^n$ への写像として表される $\mathbf{R}^n$ 内の径数付き曲線 $\gamma : [a, b] \longrightarrow \mathbf{R}^n$ を考えよう．γ が C^1 級ならば，γ の長さは定積分

図 5.9　曲線の折れ線による近似

$$\int_a^b \|\gamma'(t)\| \, dt \tag{5.34}$$

により定められる．

例 5.10　C^1 級関数 $f : [a, b] \longrightarrow \mathbf{R}$ のグラフ

$$\gamma(t) = (t, f(t)) \qquad (t \in [a, b]) \tag{5.35}$$

を考える．(5.23) より，γ の長さは

$$\int_a^b \sqrt{1 + (f'(t))^2} \, dt \tag{5.36}$$

である． □

例 5.11　楕円 E の径数表示 $\gamma : [0, 2\pi] \longrightarrow \mathbf{R}^2$ を

$$\gamma(t) = (a \cos t, b \sin t) \qquad (t \in [0, 2\pi]) \tag{5.37}$$

により定める．$t \in [0, 2\pi]$ とすると，

$$\gamma'(t) = (-a \sin t, b \cos t) \tag{5.38}$$

なので，

$$\|\gamma'(t)\|^2 = a^2 \sin^2 t + b^2 \cos^2 t > 0. \tag{5.39}$$

よって，$\gamma'(t) \neq \mathbf{0}$ となるので，γ は正則である．ここで，γ の長さを L とおくと，

$$L = \int_0^{2\pi} \sqrt{(-a \sin t)^2 + (b \cos t)^2} \, dt = \int_0^{2\pi} \sqrt{a^2 \sin^2 t + b^2 \cos^2 t} \, dt. \tag{5.40}$$

(5.40) の最後の式は**楕円積分**という積分の一種で，一般には L の値を具体的に求めることはできない．しかし，$a = b$ のときは γ は半径 a の円であり，よく知られている等式 $L = 2\pi a$ が得られる． □

曲線の長さは径数表示に依存しない概念であることについて述べておこう．まず，$\gamma : [a, b] \longrightarrow \mathbf{R}^n$ を C^1 級の $\mathbf{R}^n$ 内の径数付き曲線とする．次に，$\varphi : [\alpha, \beta] \longrightarrow [a, b]$ を任意の $u \in [\alpha, \beta]$ に対して，$\varphi'(u) > 0$ となるような C^1 級の全単射な単調増加関数とする．このとき，合成写像 $\gamma \circ \varphi : [\alpha, \beta] \longrightarrow \mathbf{R}^n$ は C^1 級で，$\gamma([a, b]) = (\gamma \circ \varphi)([\alpha, \beta])$ である（**図 5.10**）．

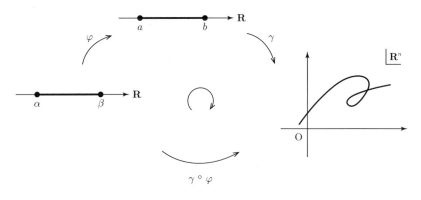

図 5.10 γ と $\gamma \circ \varphi$

このとき，合成関数の微分法および置換積分法より，

$$\int_\alpha^\beta \|(\gamma \circ \varphi)'(u)\| \, du = \int_\alpha^\beta \|\gamma'(\varphi(u))\varphi'(u)\| \, du = \int_\alpha^\beta \|\gamma'(\varphi(u))\|\varphi'(u) \, du$$
$$= \int_a^b \|\gamma'(t)\| \, dt \qquad (5.41)$$

となり，$\gamma \circ \varphi$ の長さと γ の長さは一致する．すなわち，曲線の長さは径数表示に依存しない．

例題 5.12 $a > 0$ とし，平面曲線 $\gamma : [0, 2\pi] \longrightarrow \mathbf{R}^2$ を

$$\gamma(t) = (a\cos^3 t, a\sin^3 t) \qquad (t \in [0, 2\pi]) \qquad (5.42)$$

により定める．γ を**アステロイド**または**星芒形**という（図 5.11）．

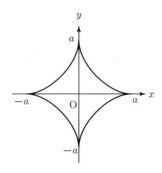

図 5.11 アステロイド

(1) $\gamma'(t) = \mathbf{0}$ となる $t \in [0, 2\pi]$ を求めよ．
(2) γ の長さを求めよ．
(3) $t_0 \in [0, 2\pi]$ を (1) で求めた以外の値とする．γ の $t = t_0$ における接線の陰関数表示を求めよ．
(4) (3) の接線が x 軸および y 軸と交わる点をそれぞれ A，B とする．線分 AB の長さを求めよ．

【解】 (1) まず，

$$\gamma'(t) = (-3a\cos^2 t \sin t, 3a\sin^2 t \cos t). \qquad (5.43)$$

よって，$\gamma'(t) = \mathbf{0}$ とすると，

$$\cos^2 t \sin t = \sin^2 t \cos t = 0. \qquad (5.44)$$

これを解くと，

$$t = 0, \ \frac{\pi}{2}, \ \pi, \ \frac{3}{2}\pi, \ 2\pi. \tag{5.45}$$

(2) γ の長さは $0 \le t \le \frac{\pi}{2}$ の部分の長さを 4 倍して,

$$4 \int_0^{\frac{\pi}{2}} \|\gamma'(t)\| dt = 4 \int_0^{\frac{\pi}{2}} \sqrt{(-3a\cos^2 t \sin t)^2 + (3a\sin^2 t \cos t)^2} \, dt$$

$$= 12a \int_0^{\frac{\pi}{2}} \sqrt{\cos^4 t \sin^2 t + \sin^4 t \cos^2 t} \, dt = 12a \int_0^{\frac{\pi}{2}} \sin t \cos t \, dt$$

$$= 12a \left[\frac{1}{2} \sin^2 t \right]_0^{\frac{\pi}{2}} = 6a. \tag{5.46}$$

(3) γ の $t = t_0$ における接線の径数表示 $l : \mathbf{R} \longrightarrow \mathbf{R}^2$ は (5.21), (5.42) および (5.43) より, $t \in \mathbf{R}$ として

$$l(t) = (a\cos^3 t_0, a\sin^3 t_0) + (-3a\cos^2 t_0 \sin t_0, 3a\sin^2 t_0 \cos t_0)(t - t_0) \tag{5.47}$$

により定められる. ここで, $l(t) = (x(t), y(t))$ とおくと,

$$\begin{cases} x(t) = a\cos^3 t_0 + (-3a\cos^2 t_0 \sin t_0)(t - t_0), \\ y(t) = a\sin^3 t_0 + (3a\sin^2 t_0 \cos t_0)(t - t_0) \end{cases} \tag{5.48}$$

となる. (5.48) より, t を消去すると, 求める陰関数表示は

$$\{(x, y) \in \mathbf{R}^2 \,|\, (\sin t_0)x + (\cos t_0)y = a\cos t_0 \sin t_0\} \tag{5.49}$$

となる.

(4) (5.49) の条件式に $y = 0$ を代入すると, $x = a\cos t_0$ となるので, A の座標は $(a\cos t_0, 0)$. また, (5.49) の条件式に $x = 0$ を代入すると, $y = a\sin t_0$ となるので, B の座標は $(0, a\sin t_0)$. よって, 線分 AB の長さは

$$\sqrt{(a\cos t_0)^2 + (a\sin t_0)^2} = a \tag{5.50}$$

となる.

5.6 レムニスケート

$a > 0$ とし，直角双曲線

$$\left\{ (x,y) \in \mathbf{R}^2 \;\middle|\; x^2 - y^2 = \frac{1}{2a^2} \right\} \tag{5.51}$$

を問題 3.2 で扱った単位円 S^1 に関する反転で写してみよう．(x,y) を (5.51) の直角双曲線上の点とし，その反転による像を (X, Y) とする．反転の定義より，反転の逆写像は同じ反転であることに注意すると，問題 3.2 より，

$$(x,y) = \left(\frac{X}{X^2 + Y^2}, \frac{Y}{X^2 + Y^2} \right) \tag{5.52}$$

である．(5.52) を (5.51) の条件式に代入すると，

$$(X^2 + Y^2)^2 = 2a^2(X^2 - Y^2) \tag{5.53}$$

が得られる．(5.53) の (X, Y) を (x,y) に置き換えると，陰関数表示された曲線

$$\left\{ (x,y) \in \mathbf{R}^2 \;\middle|\; (x^2 + y^2)^2 = 2a^2(x^2 - y^2) \right\} \tag{5.54}$$

を得る．これを**レムニスケート**または**連珠形**という（図 5.12）．

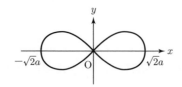

図 5.12 レムニスケート

(5.51) の 2 つの連結成分の 1 つ

$$\left\{ (x,y) \in \mathbf{R}^2 \;\middle|\; x^2 - y^2 = \frac{1}{2a^2},\; x > 0 \right\} \tag{5.55}$$

の径数表示 $\gamma_+ : \mathbf{R} \longrightarrow \mathbf{R}^2$ を

$$\gamma_+(t) = \left(\frac{1}{\sqrt{2}a} \cosh t, \frac{1}{\sqrt{2}a} \sinh t \right) \qquad (t \in \mathbf{R}) \qquad (5.56)$$

により定める. このとき, $e^t = \frac{1}{s}$ とおくと, $\gamma_+(t)$ の S^1 に関する反転による像は

$$\left(\frac{\frac{1}{\sqrt{2}a} \cdot \frac{\frac{1}{s}+s}{2}}{\left(\frac{1}{\sqrt{2}a} \cdot \frac{\frac{1}{s}+s}{2} \right)^2 + \left(\frac{1}{\sqrt{2}a} \cdot \frac{\frac{1}{s}-s}{2} \right)^2}, \frac{\frac{1}{\sqrt{2}a} \cdot \frac{\frac{1}{s}-s}{2}}{\left(\frac{1}{\sqrt{2}a} \cdot \frac{\frac{1}{s}+s}{2} \right)^2 + \left(\frac{1}{\sqrt{2}a} \cdot \frac{\frac{1}{s}-s}{2} \right)^2} \right)$$
$$= \left(\frac{\sqrt{2}as(1+s^2)}{1+s^4}, \frac{\sqrt{2}as(1-s^2)}{1+s^4} \right) \qquad (5.57)$$

となる. また, (5.51) のもう 1 つの連結成分

$$\left\{ (x,y) \in \mathbf{R}^2 \,\middle|\, x^2 - y^2 = \frac{1}{2a^2}, \ x < 0 \right\} \qquad (5.58)$$

の径数表示 $\gamma_- : \mathbf{R} \longrightarrow \mathbf{R}^2$ を

$$\gamma_-(t) = \left(-\frac{1}{\sqrt{2}a} \cosh t, -\frac{1}{\sqrt{2}a} \sinh t \right) \qquad (t \in \mathbf{R}) \qquad (5.59)$$

により定め, $e^t = -\frac{1}{s}$ とおくと, 同様の計算により, $\gamma_-(t)$ の S^1 に関する反転による像は (5.57) と同じ式により与えられる. よって,

$$\gamma(t) = \left(\frac{\sqrt{2}at(1+t^2)}{1+t^4}, \frac{\sqrt{2}at(1-t^2)}{1+t^4} \right) \qquad (t \in \mathbf{R}) \qquad (5.60)$$

とおくと, γ はレムニスケートの径数表示 $\gamma : \mathbf{R} \longrightarrow \mathbf{R}^2$ を定める.

(5.60) により定められるレムニスケートの径数表示について, もう少し調べてみよう. まず, 直接計算することにより,

$$\frac{1}{\sqrt{2}a}\gamma'(t) = \left(\frac{1 + 3t^2 - 3t^4 - t^6}{(1+t^4)^2}, \frac{1 - 3t^2 - 3t^4 + t^6}{(1+t^4)^2} \right) \qquad (5.61)$$

である. ここで,

$$p(t) = 1 + 3t^2 - 3t^4 - t^6, \qquad q(t) = 1 - 3t^2 - 3t^4 + t^6 \qquad (5.62)$$

88————第 5 章　双曲線 H

とおくと，

$$p(t) + q(t) = 2(1 - 3t^4), \qquad p(t) - q(t) = 2t^2(3 - t^4) \quad (5.63)$$

となる．(5.63) の 2 式は同時に 0 となることはないので，$p(t)$，$q(t)$ も同時に 0 となることはない．よって，任意の $t \in \mathbf{R}$ に対して，$\gamma'(t) \neq \mathbf{0}$ なので，γ は正則である．

　γ が像への全単射であることは定義の仕方よりほとんど明らかであるが，単射であることを計算によっても確かめてみよう．まず，(5.60) より，$\gamma(t) = \mathbf{0}$ となるのは $t = 0$ のときのみである．次に，$t \neq 0$ のとき，$\gamma(t) = (f(t), g(t))$ と表しておくと，

$$\frac{1}{\sqrt{2}a}(f(t) + g(t)) = \frac{2t}{1 + t^4} \neq 0 \quad (5.64)$$

で，

$$\frac{f(t) - g(t)}{f(t) + g(t)} = \frac{\frac{2t^3}{1+t^4}}{\frac{2t}{1+t^4}} = t^2 \quad (5.65)$$

となる．よって，$s, t \in \mathbf{R} \setminus \{0\}$ に対して，$\gamma(s) = \gamma(t)$ と仮定すると，$s = \pm t$ となる．さらに，$f(s) = f(t)$ なので，(5.60) より，$s = t$ である．したがって，γ は単射である．

　レムニスケートは $\mathbf{R}^2$ の部分集合なので，相対位相を考えるのが自然である．このとき，γ は $\mathbf{R}$ からレムニスケートへの同相写像ではないことを最後に注意しておこう．まず，

$$\lim_{t \to \pm\infty} \gamma(t) = \gamma(0) = \mathbf{0} \quad (5.66)$$

なので，レムニスケート上の点 $\mathbf{0}$ を含む十分小さい連結部分集合の γ による逆像は連結成分を 3 つもつ（**図 5.13**）．よって，定理 5.1 (1) より，γ^{-1} は連続ではない．したがって，γ は同相写像ではない．

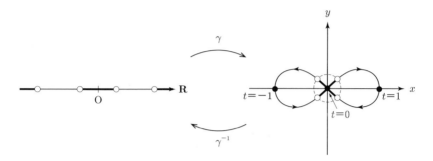

図 5.13　0 の近傍における γ の逆像

演習問題

問題 5.1　双曲線関数について，次の (1)〜(3) の問に答えよ．
(1) $s, t \in \mathbf{R}$ とする．加法定理
$$\cosh(s+t) = \cosh s \cosh t + \sinh s \sinh t,$$
$$\sinh(s+t) = \cosh s \sinh t + \sinh s \cosh t$$

が成り立つことを示せ．
(2) $t \in \mathbf{R}$ に対して，$x = \sinh t$ とおく．t を x の式で表せ．
(3) $x = \sinh t$ とおくことにより，不定積分 $\int \sqrt{x^2 + 1}\, dx$ を求めよ．

問題 5.2　楕円 E の径数表示 $\gamma : [0, 2\pi] \longrightarrow \mathbf{R}^2$ を
$$\gamma(t) = (a\cos t, b\sin t) \qquad (t \in [0, 2\pi])$$

により定めると，例 5.11 より，γ は正則である．$t_0 \in [0, 2\pi]$ に対して，γ の $t = t_0$ における接線の陰関数表示を求めよ．

問題 5.3　$a > 0$ とし，平面曲線 $\gamma : [0, 2\pi] \longrightarrow \mathbf{R}^2$ を
$$\gamma(t) = (a(t - \sin t), a(1 - \cos t)) \qquad (t \in [0, 2\pi])$$

により定める．γ を**サイクロイド**または**擺線**という（図 5.14）．

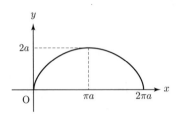

図 5.14 サイクロイド

(1) $\gamma'(t) = \mathbf{0}$ となる $t \in [0, 2\pi]$ を求めよ．
(2) γ の長さを求めよ．

6 単位球面 S^2

単位円 S^1 の定義式 (3.1) の変数を 1 つ増やし，$\mathbf{R}^3$ 内において同様のことを考えると，単位球面 S^2 が得られる[1]．S^2 に対しても立体射影や座標変換が考えられ，これらの概念はさらに一般化することができる．第 6 章では，これらのことについて述べた後，微分同相写像や群の作用に関する基本事項を扱う．最後に，3 次直交群の S^2 あるいは $\mathbf{R}^3$ への作用の幾何学的意味について述べる．

■ 6.1 立体射影（その 2）

$\mathbf{R}^3$ 内の原点を中心とする半径 1 の球面を S^2 と表し，**単位球面**という．すなわち，
$$S^2 = \{(x, y, z) \in \mathbf{R}^3 \,|\, x^2 + y^2 + z^2 = 1\} \tag{6.1}$$
である（図 6.1）．

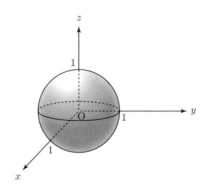

図 6.1 単位球面 S^2

S^1 について考えた 3.1 節と同様に，S^2 についても立体射影を考えることが

---
[1] S^2 が多様体となることについては例 8.9 で述べる．

できる．まず，$p \in S^2$ を固定しておく．さらに，p とは異なる $x \in S^2$ に対して，$\mathbf{0}$ を通り，p と直交する平面 Π と p および x を通る直線の交点を y とする．x から y への対応 $p : S^2 \setminus \{p\} \longrightarrow \Pi$ が p を中心とする**立体射影**である（図 6.2）．

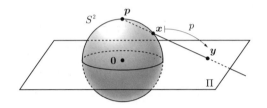

図 6.2 立体射影

立体射影の定義より，p は全単射である．例題 3.1 にならって，p および p の逆写像 $p^{-1} : \Pi \longrightarrow S^2 \setminus \{p\}$ を計算してみよう．

例題 6.1 $p \in S^2$ に対して，$p : S^2 \setminus \{p\} \longrightarrow \Pi$ を p を中心とする立体射影とする．

(1) $x \in S^2 \setminus \{p\}$ に対して，$p(x)$ を p，x の式で表せ．

(2) $y \in \Pi$ に対して，$p^{-1}(y)$ を p，y の式で表せ．

【解】 $p(x) = y$ とおく．このとき，$p^{-1}(y) = x$ である．$\mathbf{R}^3$ の標準内積から定まるノルムを考えると，(6.1) より，

$$\|p\| = 1 \tag{6.2}$$

である．また，立体射影の定義より，p と y は直交するので，$\mathbf{R}^3$ の標準内積を考えると，

$$\langle p, y \rangle = 0 \tag{6.3}$$

である．

(1) 図 6.2 より，

$$y = p + t(x - p) \tag{6.4}$$

となる $t \in \mathbf{R}$ が存在する. (6.2)~(6.4) より,

$$0 = \langle \boldsymbol{p}, \boldsymbol{y} \rangle = \langle \boldsymbol{p}, \boldsymbol{p} + t(\boldsymbol{x} - \boldsymbol{p}) \rangle = 1 + t(\langle \boldsymbol{p}, \boldsymbol{x} \rangle - 1). \tag{6.5}$$

よって,

$$t = \frac{1}{1 - \langle \boldsymbol{p}, \boldsymbol{x} \rangle}. \tag{6.6}$$

(6.4), (6.6) より,

$$p(\boldsymbol{x}) = \boldsymbol{y} = \boldsymbol{p} + \frac{1}{1 - \langle \boldsymbol{p}, \boldsymbol{x} \rangle}(\boldsymbol{x} - \boldsymbol{p}) = \frac{\boldsymbol{x} - \langle \boldsymbol{p}, \boldsymbol{x} \rangle \boldsymbol{p}}{1 - \langle \boldsymbol{p}, \boldsymbol{x} \rangle}. \tag{6.7}$$

(2) 図 6.2 より,

$$\boldsymbol{x} = \boldsymbol{p} + s(\boldsymbol{y} - \boldsymbol{p}) \tag{6.8}$$

となる $s \in \mathbf{R}$ が存在する. (6.1) より, $\|\boldsymbol{x}\| = 1$ なので, (6.2), (6.3) および (6.8) より,

$$1 = \|\boldsymbol{x}\|^2 = \langle \boldsymbol{p} + s(\boldsymbol{y} - \boldsymbol{p}), \boldsymbol{p} + s(\boldsymbol{y} - \boldsymbol{p}) \rangle = 1 - 2s + s^2(\|\boldsymbol{y}\|^2 + 1). \tag{6.9}$$

$\boldsymbol{x} \neq \boldsymbol{p}$ より, $s \neq 0$ であることに注意すると, (6.9) より,

$$s = \frac{2}{\|\boldsymbol{y}\|^2 + 1}. \tag{6.10}$$

(6.8), (6.10) より,

$$p^{-1}(\boldsymbol{y}) = \boldsymbol{x} = \boldsymbol{p} + \frac{2}{\|\boldsymbol{y}\|^2 + 1}(\boldsymbol{y} - \boldsymbol{p}). \tag{6.11}$$

6.2 座標変換

北極および南極を中心とする立体射影を考え, S^2 を "北半球" と "南半球" の 2 つの開集合で被覆しておき, 例題 3.21 のように座標変換を計算しよう. まず, 例題 6.1 において, $\boldsymbol{p} = (0, 0, 1)$ とする. このとき,

$$\Pi = \{(X, Y, 0) \mid X, Y \in \mathbf{R}\} \tag{6.12}$$

である．$N = (0, 0, 1)$, $\boldsymbol{x} = (x, y, z)$ とおくと，(6.7) より，北極を中心とする立体射影 $p : S^2 \setminus \{N\} \longrightarrow \Pi$ は

$$p(x, y, z) = \left(\frac{x}{1-z}, \frac{y}{1-z}, 0 \right) \tag{6.13}$$

により定められる（図 **6.3**）．また，$\boldsymbol{y} = (X, Y, 0)$ とおくと，(6.11) より，

$$p^{-1}(X, Y, 0) = \left(\frac{2X}{X^2 + Y^2 + 1}, \frac{2Y}{X^2 + Y^2 + 1}, \frac{X^2 + Y^2 - 1}{X^2 + Y^2 + 1} \right) \tag{6.14}$$

である．そこで，(6.14) を用いて，全単射 $f_N : \mathbf{R}^2 \longrightarrow S^2 \setminus \{N\}$ を

$$f_N(u, v) = \left(\frac{2u}{u^2 + v^2 + 1}, \frac{2v}{u^2 + v^2 + 1}, \frac{u^2 + v^2 - 1}{u^2 + v^2 + 1} \right) \quad ((u, v) \in \mathbf{R}^2) \tag{6.15}$$

により定める．このとき，(6.13) より，

$$f_N^{-1}(x, y, z) = \left(\frac{x}{1-z}, \frac{y}{1-z} \right) \quad ((x, y, z) \in S^2 \setminus \{N\}) \tag{6.16}$$

である．

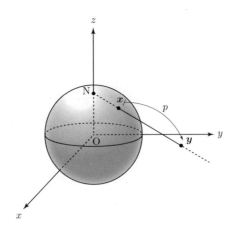

図 **6.3** 北極を中心とする立体射影

6.2 座標変換 —— 95

同様に，S $= (0, 0, -1)$ とおくと，(6.12) と同じ Π を用いて，南極を中心とする立体射影 $p : S^2 \setminus \{S\} \longrightarrow \Pi$ は

$$p(x, y, z) = \left(\frac{x}{1+z}, \frac{y}{1+z}, 0 \right) \tag{6.17}$$

により定められ，

$$p^{-1}(X, Y, 0) = \left(\frac{2X}{X^2 + Y^2 + 1}, \frac{2Y}{X^2 + Y^2 + 1}, \frac{1 - X^2 - Y^2}{X^2 + Y^2 + 1} \right) \tag{6.18}$$

である．さらに，全単射 $f_S : \mathbf{R}^2 \longrightarrow S^2 \setminus \{S\}$ を

$$f_S(u, v) = \left(\frac{2u}{u^2 + v^2 + 1}, \frac{2v}{u^2 + v^2 + 1}, \frac{1 - u^2 - v^2}{u^2 + v^2 + 1} \right) \quad ((u, v) \in \mathbf{R}^2) \tag{6.19}$$

により定めることができる．このとき，

$$f_S{}^{-1}(x, y, z) = \left(\frac{x}{1+z}, \frac{y}{1+z} \right) \quad ((x, y, z) \in S^2 \setminus \{S\}) \tag{6.20}$$

である．

それでは，例題 3.21 と同様の計算をしてみよう．

例題 6.2 全単射 f_N, f_S について，次の問に答えよ．

(1) $f_N(\mathbf{R}^2) \cap f_S(\mathbf{R}^2)$ を求めよ．

(2) $U = f_N(\mathbf{R}^2) \cap f_S(\mathbf{R}^2)$ とおく．$f_S{}^{-1}(U)$ を求めよ．

(3) $(u, v) \in f_S{}^{-1}(U)$ に対して，$(f_N{}^{-1} \circ f_S|_{f_S{}^{-1}(U)})(u, v)$ を u, v の式で表せ．

【解】 (1) $f_N(\mathbf{R}^2) = S^2 \setminus \{N\}$, $f_S(\mathbf{R}^2) = S^2 \setminus \{S\}$ なので，

$$f_N(\mathbf{R}^2) \cap f_S(\mathbf{R}^2) = S^2 \setminus \{N, S\}. \tag{6.21}$$

(2) まず，S は $f_S{}^{-1}$ の定義域の点ではない．また，(6.20) より，$f_S{}^{-1}(N) =$

96 ――― 第 6 章 単位球面 S^2

$f_{\mathrm{S}}^{-1}(0,0,1) = \mathbf{0}$. さらに, $f_{\mathrm{S}}^{-1}(S^2 \setminus \{\mathrm{S}\}) = \mathbf{R}^2$ なので, $f_{\mathrm{S}}^{-1}(U) = \mathbf{R}^2 \setminus \{\mathbf{0}\}$.

(3) (6.16), (6.19) より,

$$
\begin{aligned}
(f_{\mathrm{N}}^{-1} \circ f_{\mathrm{S}}|_{f_{\mathrm{S}}^{-1}(U)})(u, v) &= \left(\frac{\frac{2u}{u^2+v^2+1}}{1 - \frac{1-u^2-v^2}{u^2+v^2+1}}, \frac{\frac{2v}{u^2+v^2+1}}{1 - \frac{1-u^2-v^2}{u^2+v^2+1}} \right) \\
&= \left(\frac{u}{u^2+v^2}, \frac{v}{u^2+v^2} \right).
\end{aligned}
\tag{6.22}
$$

6.3 一般次元の場合

単位円や単位球面といった概念は一般次元のユークリッド空間の中でも考えることができる. $n \in \mathbf{N}$ とし, $\mathbf{R}^{n+1}$ の標準内積から定まるノルムを考え, $\mathbf{R}^{n+1}$ の部分集合 S^n を

$$
S^n = \{ \boldsymbol{x} \in \mathbf{R}^{n+1} \mid \|\boldsymbol{x}\| = 1 \}
\tag{6.23}
$$

により定める. S^n を n 次元の**単位球面**という. $n = 1$, $n = 2$ のとき, S^n はそれぞれ (3.1), (6.1) により定めた単位円 S^1, 単位球面 S^2 に一致する.

S^n についても立体射影を考えることができる. まず, $\boldsymbol{p} \in S^n$ を固定しておく. さらに, $\boldsymbol{p}$ とは異なる $\boldsymbol{x} \in S^n$ に対して, $\mathbf{0}$ を通り, $\boldsymbol{p}$ と直交する超平面 Π, すなわち, $\boldsymbol{p}$ と直交する $\mathbf{R}^{n+1}$ のベクトル全体の集合と $\boldsymbol{p}$ および $\boldsymbol{x}$ を通る直線の交点を $\boldsymbol{y}$ とする. $\boldsymbol{x}$ から $\boldsymbol{y}$ への対応 $p : S^n \setminus \{\boldsymbol{p}\} \longrightarrow \Pi$ が $\boldsymbol{p}$ を中心とする**立体射影**である. 立体射影の定義より, p は全単射であり, $\boldsymbol{x} \in S^n \setminus \{\boldsymbol{p}\}$ に対して, $p(\boldsymbol{x}) = \boldsymbol{y}$ とおくと, 例題 6.1 と同様の計算により, (6.7), (6.11) が成り立つ.

また, $\mathrm{N} = (0, \cdots, 0, 1)$, $\boldsymbol{x} = (x_1, \cdots, x_{n+1}) \in S^n \setminus \{\mathrm{N}\}$,

$$
\Pi = \{ (y_1, \cdots, y_n, 0) \mid y_1, \cdots, y_n \in \mathbf{R} \}
\tag{6.24}
$$

とおくと, 北極を中心とする立体射影 $p : S^n \setminus \{\mathrm{N}\} \longrightarrow \Pi$ が

$$
p(x_1, \cdots, x_{n+1}) = \left(\frac{x_1}{1 - x_{n+1}}, \cdots, \frac{x_n}{1 - x_{n+1}}, 0 \right)
\tag{6.25}
$$

により定められ，$(y_1, \cdots, y_n, 0) \in \Pi$ とすると，

$$
\begin{aligned}
& p^{-1}(y_1, \cdots, y_n, 0) \\
&= \left(\frac{2y_1}{y_1^2 + \cdots + y_n^2 + 1}, \cdots, \frac{2y_n}{y_1^2 + \cdots + y_n^2 + 1}, \frac{y_1^2 + \cdots + y_n^2 - 1}{y_1^2 + \cdots + y_n^2 + 1} \right)
\end{aligned}
\tag{6.26}
$$

である．そして，全単射 $f_N : \mathbf{R}^n \longrightarrow S^n \setminus \{N\}$ が

$$
\begin{aligned}
& f_N(y_1, \cdots, y_n) \\
&= \left(\frac{2y_1}{y_1^2 + \cdots + y_n^2 + 1}, \cdots, \frac{2y_n}{y_1^2 + \cdots + y_n^2 + 1}, \frac{y_1^2 + \cdots + y_n^2 - 1}{y_1^2 + \cdots + y_n^2 + 1} \right)
\end{aligned}
\tag{6.27}
$$

により定められ，

$$
f_N^{-1}(x_1, \cdots, x_{n+1}) = \left(\frac{x_1}{1 - x_{n+1}}, \cdots, \frac{x_n}{1 - x_{n+1}} \right)
\tag{6.28}
$$

となる．一方，$S = (0, \cdots, 0, -1)$ とおき，(6.24) と同じ Π を用いると，南極を中心とする立体射影 $p : S^n \setminus \{S\} \longrightarrow \Pi$ を用いて，全単射 $f_S : \mathbf{R}^n \longrightarrow S^n \setminus \{S\}$ が

$$
\begin{aligned}
& f_S(y_1, \cdots, y_n) \\
&= \left(\frac{2y_1}{y_1^2 + \cdots + y_n^2 + 1}, \cdots, \frac{2y_n}{y_1^2 + \cdots + y_n^2 + 1}, \frac{1 - y_1^2 - \cdots - y_n^2}{y_1^2 + \cdots + y_n^2 + 1} \right)
\end{aligned}
\tag{6.29}
$$

により定められ，

$$
f_S^{-1}(x_1, \cdots, x_{n+1}) = \left(\frac{x_1}{1 + x_{n+1}}, \cdots, \frac{x_n}{1 + x_{n+1}} \right)
\tag{6.30}
$$

となる．

さらに，例題 6.2 と同様の計算を行うと，

$$
f_N(\mathbf{R}^n) \cap f_S(\mathbf{R}^n) = S^n \setminus \{N, S\}
\tag{6.31}
$$

98 —— 第 6 章　単位球面 S^2

で, $U = f_{\mathrm{N}}(\mathbf{R}^n) \cap f_{\mathrm{S}}(\mathbf{R}^n)$ とおくと, $f_{\mathrm{S}}^{-1}(U) = \mathbf{R}^n \setminus \{\mathbf{0}\}$ となる. そして, $f_{\mathrm{S}}^{-1}(U)$ から $f_{\mathrm{N}}^{-1}(U)$ への座標変換 $f_{\mathrm{N}}^{-1} \circ f_{\mathrm{S}}|_{f_{\mathrm{S}}^{-1}(U)} : f_{\mathrm{S}}^{-1}(U) \longrightarrow f_{\mathrm{N}}^{-1}(U)$ は

$$(f_{\mathrm{N}}^{-1} \circ f_{\mathrm{S}}|_{f_{\mathrm{S}}^{-1}(U)})(y_1, \cdots, y_n) = \left(\frac{y_1}{y_1^2 + \cdots + y_n^2}, \cdots, \frac{y_n}{y_1^2 + \cdots + y_n^2} \right) \tag{6.32}$$

と表される.

6.4　微分同相写像

例 3.9 と同様に, (6.27)〜(6.30) により定まる全単射 f_{N}, f_{N}^{-1}, f_{S}, f_{S}^{-1} はすべて連続写像なので, これらは同相写像となる. よって, 座標変換 $f_{\mathrm{N}}^{-1} \circ f_{\mathrm{S}}|_{f_{\mathrm{S}}^{-1}(U)} : f_{\mathrm{S}}^{-1}(U) \longrightarrow f_{\mathrm{N}}^{-1}(U)$ も同相写像となるが, $f_{\mathrm{N}}^{-1} \circ f_{\mathrm{S}}|_{f_{\mathrm{S}}^{-1}(U)}$ の定義域, 値域である $f_{\mathrm{S}}^{-1}(U)$, $f_{\mathrm{N}}^{-1}(U)$ はともに $\mathbf{R}^n$ の開集合であり, $\mathbf{R}^n$ の開集合の間の写像に対しては, 微分可能性を考えることができる. そして, (6.32) より, $f_{\mathrm{N}}^{-1} \circ f_{\mathrm{S}}|_{f_{\mathrm{S}}^{-1}(U)}$ は $f_{\mathrm{S}}^{-1}(U)$ で何回でも微分可能である.

一般に, ユークリッド空間の開集合の間の写像に対しては, C^r 級微分同相写像というものを考えることができる.

定義 6.3　U, V を $\mathbf{R}^n$ の開集合とする. C^r 級の全単射 $f : U \longrightarrow V$ が存在し, 逆写像 f^{-1} も C^r 級のとき, f を C^r **級微分同相写像**という. ただし, $r \in \mathbf{N} \cup \{\infty\}$ である. C^r 級微分同相写像 $f : U \longrightarrow V$ が存在するとき, U と V は C^r **級微分同相**である, または C^r **級微分同型**であるという.　□

微分可能な写像は連続写像となるので, C^r 級微分同相写像は同相写像でもある. また, $s < r$ ならば, C^r 級微分同相写像は C^s 級微分同相写像でもある.

例 6.4　6.3 節で述べた座標変換 $f_{\mathrm{N}}^{-1} \circ f_{\mathrm{S}}|_{f_{\mathrm{S}}^{-1}(U)} : f_{\mathrm{S}}^{-1}(U) \longrightarrow f_{\mathrm{N}}^{-1}(U)$ は C^∞ 級微分同相写像である. 実際, 逆写像 $f_{\mathrm{S}}^{-1} \circ f_{\mathrm{N}}|_{f_{\mathrm{N}}^{-1}(U)} : f_{\mathrm{N}}^{-1}(U) \longrightarrow f_{\mathrm{S}}^{-1}(U)$ は

$$(f_{\mathrm{S}}^{-1} \circ f_{\mathrm{N}}|_{f_{\mathrm{N}}^{-1}(U)})(y_1, \cdots, y_n) = \left(\frac{y_1}{y_1^2 + \cdots + y_n^2}, \cdots, \frac{y_n}{y_1^2 + \cdots + y_n^2} \right) \tag{6.33}$$

と表され，これも C^∞ 級である． $\square$

例 6.5 $A \in GL(n, \mathbf{R})$ に対して，写像 $f : \mathbf{R}^n \longrightarrow \mathbf{R}^n$ を

$$f(\boldsymbol{x}) = \boldsymbol{x}A \qquad (\boldsymbol{x} \in \mathbf{R}^n) \tag{6.34}$$

により定める．このとき，f は全単射な C^∞ 級写像である．さらに，逆写像 $f^{-1} : \mathbf{R}^n \longrightarrow \mathbf{R}^n$ は

$$f^{-1}(\boldsymbol{x}) = \boldsymbol{x}A^{-1} \qquad (\boldsymbol{x} \in \mathbf{R}^n) \tag{6.35}$$

と表され，これも C^∞ 級である．よって，f は C^∞ 級微分同相写像である．特に，$\mathbf{R}^n$ は $\mathbf{R}^n$ 自身と C^∞ 級微分同相である． $\square$

例 6.6 関数 $f : \mathbf{R} \longrightarrow \mathbf{R}$ を

$$f(x) = x^3 \qquad (x \in \mathbf{R}) \tag{6.36}$$

により定める．このとき，f は全単射な C^∞ 級写像である．しかし，逆関数 $f^{-1} : \mathbf{R} \longrightarrow \mathbf{R}$ は

$$f^{-1}(x) = \sqrt[3]{x} \qquad (x \in \mathbf{R}) \tag{6.37}$$

と表され，これは連続関数ではあるが，$x = 0$ において微分可能ではない．よって，f は同相写像ではあるが，C^r 級微分同相写像ではない． $\square$

注意 6.7 微分同相の概念を定めるには，定義 6.3 における U, V はともに同じ次元のユークリッド空間の開集合である必要がある． $\square$

注意 6.7 に関して，多変数のベクトル値関数の微分について簡単に述べておこう．まず，U, V をそれぞれ $\mathbf{R}^m$, $\mathbf{R}^n$ の開集合，$f : U \longrightarrow V$ を U から V への写像とする．このとき，関数 $f_1, f_2, \cdots, f_n : U \longrightarrow \mathbf{R}$ を用いて，f を

$$f(\boldsymbol{x}) = (f_1(\boldsymbol{x}), f_2(\boldsymbol{x}), \cdots, f_n(\boldsymbol{x})) \qquad (\boldsymbol{x} \in U) \tag{6.38}$$

100——— 第 6 章　単位球面 S^2

と表すことができる．f_1, f_2, $\cdots$, f_n が $\boldsymbol{p} \in U$ において偏微分可能なとき，

$$
f'(\boldsymbol{p}) = (Jf)(\boldsymbol{p}) = \begin{pmatrix} \dfrac{\partial f_1}{\partial x_1}(\boldsymbol{p}) & \dfrac{\partial f_2}{\partial x_1}(\boldsymbol{p}) & \cdots & \dfrac{\partial f_n}{\partial x_1}(\boldsymbol{p}) \\[2mm] \dfrac{\partial f_1}{\partial x_2}(\boldsymbol{p}) & \dfrac{\partial f_2}{\partial x_2}(\boldsymbol{p}) & \cdots & \dfrac{\partial f_n}{\partial x_2}(\boldsymbol{p}) \\[2mm] \vdots & \vdots & \ddots & \vdots \\[2mm] \dfrac{\partial f_1}{\partial x_m}(\boldsymbol{p}) & \dfrac{\partial f_2}{\partial x_m}(\boldsymbol{p}) & \cdots & \dfrac{\partial f_n}{\partial x_m}(\boldsymbol{p}) \end{pmatrix}
$$

$$(6.39)$$

とおき，これを f の $\boldsymbol{p}$ における**微分係数**または**ヤコビ行列**という．また，$m = n$ のとき，正方行列 (6.39) の行列式を f の $\boldsymbol{p}$ における**ヤコビ行列式**または**ヤコビアン**という．なお，(6.39) の式の転置を取ったものをヤコビ行列ということもあるが，行列式の性質より，ヤコビアンはどちらをヤコビ行列の定義としても同じである．

例題 6.8　C^{∞} 級写像 $f : (0, +\infty) \times (0, 2\pi) \longrightarrow \mathbf{R}^2$ を極座標変換を用いて，

$$
f(r, \theta) = (r\cos\theta, r\sin\theta) \qquad (r \in (0, +\infty),\ \theta \in (0, 2\pi)) \quad (6.40)
$$

により定める．

(1) f の (r, θ) におけるヤコビ行列を求めよ．

(2) f の (r, θ) におけるヤコビアンを求めよ．

【解】　(1) 求めるヤコビ行列は (6.39) より，

$$
\begin{aligned}
(Jf)(r, \theta) &= \begin{pmatrix} \dfrac{\partial (r\cos\theta)}{\partial r}(r, \theta) & \dfrac{\partial (r\sin\theta)}{\partial r}(r, \theta) \\[2mm] \dfrac{\partial (r\cos\theta)}{\partial \theta}(r, \theta) & \dfrac{\partial (r\sin\theta)}{\partial \theta}(r, \theta) \end{pmatrix} \\[3mm]
&= \begin{pmatrix} \cos\theta & \sin\theta \\ -r\sin\theta & r\cos\theta \end{pmatrix}.
\end{aligned}
$$

$$(6.41)$$

(2) 求めるヤコビアンは (6.41) より，

$$\det((Jf)(r,\theta)) = \det \begin{pmatrix} \cos\theta & \sin\theta \\ -r\sin\theta & r\cos\theta \end{pmatrix}$$
$$= (\cos\theta)(r\cos\theta) - (\sin\theta)(-r\sin\theta) = r(\cos^2\theta + \sin^2\theta) = r. \quad (6.42)$$

開集合 $U \subset \mathbf{R}^m$ から開集合 $V \subset \mathbf{R}^n$ への写像 $f : U \longrightarrow V$ が $\boldsymbol{p} \in U$ で微分可能ならば，等式

$$f(\boldsymbol{p}+\boldsymbol{h}) - f(\boldsymbol{p}) = \boldsymbol{h}f'(\boldsymbol{p}) + o(\|\boldsymbol{h}\|) \qquad (\boldsymbol{h} \longrightarrow \boldsymbol{0}) \quad (6.43)$$

が成り立つ．ただし，(6.43) の右辺の o はランダウの記号を表す．すなわち，(6.43) は

$$\lim_{\boldsymbol{h}\to\boldsymbol{0}} \frac{f(\boldsymbol{p}+\boldsymbol{h}) - f(\boldsymbol{p}) - \boldsymbol{h}f'(\boldsymbol{p})}{\|\boldsymbol{h}\|} = \boldsymbol{0} \quad (6.44)$$

を意味する．

多変数のベクトル値関数に対する合成関数の微分法は次の定理 6.9 のように述べることができる．

定理 6.9 （連鎖律） U, V, W をそれぞれ $\mathbf{R}^l$, $\mathbf{R}^m$, $\mathbf{R}^n$ の開集合, $f : U \longrightarrow V$, $g : V \longrightarrow W$ を微分可能な写像とする．このとき，$\boldsymbol{p} \in U$ に対して，

$$(J(g \circ f))(\boldsymbol{p}) = (Jf)(\boldsymbol{p})(Jg)(f(\boldsymbol{p})) \quad (6.45)$$

が成り立つ（図 6.4）.

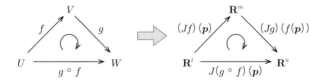

図 6.4　連鎖律

102────第 6 章 単位球面 S^2

注意 6.7 に関して，次の定理 6.10 が成り立つ．

定理 6.10 U, V をそれぞれ $\mathbf{R}^m$, $\mathbf{R}^n$ の開集合とする．C^r 級の全単射 $f : U \longrightarrow V$ が存在し，f^{-1} も C^r 級ならば，$m = n$ である．　□

証明　$f^{-1} \circ f$, $f \circ f^{-1}$ はそれぞれ U, V 上の恒等写像 1_U, 1_V である．恒等写像のヤコビ行列は単位行列であることと定理 6.9（連鎖律）より，$\boldsymbol{p} \in U$ とすると，

$$(Jf)(\boldsymbol{p})(Jf^{-1})(f(\boldsymbol{p})) = E_m, \qquad (Jf^{-1})(f(\boldsymbol{p}))(Jf)(\boldsymbol{p}) = E_n \quad (6.46)$$

となる．ここで，$(Jf)(\boldsymbol{p})$, $(Jf^{-1})(f(\boldsymbol{p}))$ はそれぞれ $m \times n$ 行列，$n \times m$ 行列なので，これらの階数はいずれも m, n を超えることはない．よって，(6.46) の 2 式の左辺の行列の階数も m, n を超えることはない．一方，E_m, E_n の階数はそれぞれ m, n である．したがって，$m = n$ となる．　∎

系 6.11 $m, n \in \mathbf{N}$ に対して，

$$\mathbf{R}^m \text{ と } \mathbf{R}^n \text{ は } C^r \text{ 級微分同相である} \iff m = n \qquad (6.47)$$

が成り立つ．　□

証明　（⇒）：定理 6.10 より，明らかである．（⇐）：例 6.5 で示している．　∎

6.5　群の作用

単位球面の元と直交行列に対して，新たに単位球面の元を定めることができる．実際，$\boldsymbol{x} \in S^n$, $A \in O(n+1)$ とすると，定理 4.18 (3) および (6.23) より，$\boldsymbol{x}A \in S^n$ となる．組 $(\boldsymbol{x}, A) \in S^n \times O(n+1)$ から $\boldsymbol{x}A \in S^n$ への対応は次の 2 つの条件を満たす．

- 任意の $\boldsymbol{x} \in S^n$ および任意の $A, B \in O(n+1)$ に対して，$(\boldsymbol{x}A)B = \boldsymbol{x}(AB)$. 　　(6.48)

- 任意の $\boldsymbol{x} \in S^n$ に対して，$\boldsymbol{x}E_{n+1} = \boldsymbol{x}$. 　　(6.49)

(6.48), (6.49) のような性質を一般化し，群の作用というものを定めることが

6.5 群の作用 —— 103

できる.

定義 6.12 X を集合, G を群とする. $(x, a) \in X \times G$ に対して, $xa \in X$ を対応させる $X \times G$ から X への写像が与えられ, 次の (A1), (A2) が成り立つとき, G は X に右から**作用**するという.

(A1) 任意の $x \in X$ および任意の $a, b \in G$ に対して, $(xa)b = x(ab)$.

(A2) e を G の単位元とすると, 任意の $x \in X$ に対して, $xe = x$.

このとき, G を X の**変換群**, X を G **集合**という.   □

左からの作用についても定めることができる. 例えば, 左からの作用の場合, 定義 6.12 (A1) に対応する条件は $a(bx) = (ab)x$ である.

例 6.13 $O(n+1)$ は S^n に右から作用するが, (6.48) の条件は $O(n+1)$ を $SO(n+1)$ としても成り立つ. よって, $SO(n+1)$ も S^n に右から作用する.   □

例 6.14 G を $GL(n, \mathbf{R})$, $O(n)$, $SO(n)$ のいずれかであるとし, $(\boldsymbol{x}, A) \in \mathbf{R}^n \times G$ に対して, $\boldsymbol{x}A \in \mathbf{R}^n$ を対応させる $\mathbf{R}^n \times G$ から $\mathbf{R}^n$ への写像を考える. このとき, G は $\mathbf{R}^n$ に右から作用する.   □

> **例題 6.15** $(X, P) \in M_n(\mathbf{R}) \times GL(n, \mathbf{R})$ に対して, 行列の積を用いて, $P^{-1}XP \in M_n(\mathbf{R})$ を対応させる. この対応により, $GL(n, \mathbf{R})$ は $M_n(\mathbf{R})$ に右から作用することを示せ.

【解】 まず, $X \in M_n(\mathbf{R})$, $P, Q \in GL(n, \mathbf{R})$ とすると, $Q^{-1}(P^{-1}XP)Q = (PQ)^{-1}X(PQ)$. よって, 定義 6.12 の条件 (A1) が成り立つ.

また, $GL(n, \mathbf{R})$ の単位元は単位行列 E_n で, 任意の $X \in M_n(\mathbf{R})$ に対して, $E^{-1}XE = X$ となる. よって, 定義 6.12 の条件 (A2) が成り立つ.

したがって, $GL(n, \mathbf{R})$ は $M_n(\mathbf{R})$ に右から作用する   ∎

補足 6.16 $(P, X) \in GL(n, \mathbf{R}) \times M_n(\mathbf{R})$ に対して, $PXP^{-1} \in M_n(\mathbf{R})$ を対応させると, $GL(n, \mathbf{R})$ は $M_n(\mathbf{R})$ に左から作用する.   □

104 —— 第 6 章　単位球面 S^2

定義 6.17　群 G が集合 X に右から作用しているとする．このとき，$x \in X$ に対して，$xG \subset X$ を

$$xG = \{xa \mid a \in G\} \tag{6.50}$$

により定め，これを x の**軌道**という．　　　　　　　　　　　　　　□

軌道に関して，次の定理 6.18 が成り立つ．

定理 6.18　$x, y \in X$ に対して，

$$x \text{ と } y \text{ は同じ軌道の元である} \iff xG = yG \tag{6.51}$$

が成り立つ．　　　　　　　　　　　　　　　　　　　　　　　　　□

$x, y \in X$ に対して，x と y が同じ軌道の元であるとき，$x \sim y$ と表すと，定理 6.18 より，$\sim$ は X 上の同値関係を定める．X の $\sim$ による商集合 $X/\sim$ を X/G と表し，X の G による**商**という．同様に，左からの作用に対しても，軌道や商を定めることができる．左からの作用を考える場合は X の G による商を $G\backslash X$ と表す．軌道全体は X を互いに交わらない部分集合の和に分解する．この分解を X の**軌道分解**という．特に，X が 1 つの軌道のみからなるとき，G は X に**推移的**に作用するという．このとき，任意の $x, y \in X$ に対して，$y = xa$ となる $a \in G$ が存在する．

例 6.19　n 次の対称行列全体の集合を $\mathrm{Sym}(n)$ と表す．$(A, P) \in \mathrm{Sym}(n) \times O(n)$ に対して，$P^{-1}AP \in \mathrm{Sym}(n)$ を対応させると，$O(n)$ は $\mathrm{Sym}(n)$ に右から作用する．
　　線形代数で学ぶように，対称行列の固有方程式の解はすべて実数であり，さらに，対称行列は直交行列により対角化可能である．よって，各対称行列に対して，その固有値を小さい順に並べたものを対応させると，この作用による軌道分解は

$$\mathrm{Sym}(n)/O(n) = \{(x_1, x_2, \cdots, x_n) \in \mathbf{R}^n \mid x_1 \leq x_2 \leq \cdots \leq x_n\} \tag{6.52}$$

と表すことができる．　　　　　　　　　　　　　　　　　　　　　□

例 6.20　例 6.13 で述べた $O(n+1)$ の S^n への右からの作用を考える．$\boldsymbol{x} \in S^n$ に対

して，$\mathbf{R}^{n+1}$ の正規直交基底 $\{a_1, a_2, \cdots, a_{n+1}\}$ を $x = a_1$ となるように選んでおく．

このとき，$P = \begin{pmatrix} a_1 \\ a_2 \\ \vdots \\ a_{n+1} \end{pmatrix}$ とおくと，$P \in O(n+1)$ であり，$PP^{-1} = E_{n+1}$ なので，$a_1 P^{-1}$ は基本ベクトル e_1 となる．よって，S^n の任意の元は e_1 と同じ軌道の元となるので，この作用は推移的である．　□

■ 6.6　3次の直交行列

例 4.21，例 6.13 および例 6.14 より，$O(2)$，$SO(2)$ は原点を中心とする回転や原点を通る直線に関する対称移動として S^1，$\mathbf{R}^2$ に作用する．ここでは，$O(3)$，$SO(3)$ の S^2，$\mathbf{R}^3$ への作用について詳しく調べていこう．まず，直交行列の行列式は 1 か -1 であることに注意し，次の例題 6.21 について考えよう．

例題 6.21　奇数次の回転行列は 1 を固有値にもつことを示せ．

【解】　$m \in \mathbf{N}$，$A \in SO(2m-1)$ とする．$\det A = 1$ であること，行列式の性質および直交行列の定義を用いると，

$$\det(E - A) = \det A \det(E - A) = \det{}^t\!A \det(E - A) = \det{}^t\!A(E - A)$$
$$= \det({}^t\!A - E) = \det(A - E) = (-1)^{2m-1} \det(E - A) = -\det(E - A). \tag{6.53}$$

よって，$\det(E - A) = 0$ となるので，A は 1 を固有値にもつ．　∎

さて，$A \in SO(3)$ とする．まず，例題 6.21 より，

$$p_1 A = p_1 \tag{6.54}$$

となる $p_1 \in \mathbf{R}^3 \setminus \{0\}$ が存在する．そこで，$p_1, p_2, p_3 \in \mathbf{R}^3$ を $\{p_1, p_2, p_3\}$ が

106 —— 第 6 章 単位球面 S^2

$\mathbf{R}^3$ の正規直交基底となり，$\det \begin{pmatrix} \boldsymbol{p}_1 \\ \boldsymbol{p}_2 \\ \boldsymbol{p}_3 \end{pmatrix} = 1$ となるように選んでおく．この

とき，$\boldsymbol{p}_1$，$\boldsymbol{p}_2$，$\boldsymbol{p}_3$ の定義より，

$$\begin{pmatrix} \boldsymbol{p}_1 \\ \boldsymbol{p}_2 \\ \boldsymbol{p}_3 \end{pmatrix} A \left({}^t\boldsymbol{p}_1, {}^t\boldsymbol{p}_2, {}^t\boldsymbol{p}_3 \right) = \begin{pmatrix} 1 & 0 & 0 \\ 0 & & \\ & & B \\ 0 & & \end{pmatrix} \tag{6.55}$$

と表すことができる．ここで，(6.55) の左辺は 3 つの回転行列の積なので，$B \in SO(2)$ である．よって，例 4.21 より，B は $\theta \in [0, 2\pi)$ を用いて，

$$B = \begin{pmatrix} \cos\theta & \sin\theta \\ -\sin\theta & \cos\theta \end{pmatrix} \tag{6.56}$$

と表すことができる．したがって，(6.55) の両辺に右から $\begin{pmatrix} \boldsymbol{p}_1 \\ \boldsymbol{p}_2 \\ \boldsymbol{p}_3 \end{pmatrix}$ を掛ける

と，(6.54) および

$$\begin{pmatrix} \boldsymbol{p}_2 \\ \boldsymbol{p}_3 \end{pmatrix} A = \begin{pmatrix} \cos\theta & \sin\theta \\ -\sin\theta & \cos\theta \end{pmatrix} \begin{pmatrix} \boldsymbol{p}_2 \\ \boldsymbol{p}_3 \end{pmatrix} \tag{6.57}$$

が得られる．(6.54), (6.57) より，$\boldsymbol{x} \in \mathbf{R}^3$ から $\boldsymbol{x}A \in \mathbf{R}^3$ への対応は，原点を通る $\boldsymbol{p}_1$ 方向の直線を回転軸とする角 θ の回転を意味する（**図 6.5**）．

次に，$A \in O(3)$，$\det A = -1$ とする．このとき，$-A \in SO(3)$ となる．よって，上と同様の議論により，$\det \begin{pmatrix} \boldsymbol{p}_1 \\ \boldsymbol{p}_2 \\ \boldsymbol{p}_3 \end{pmatrix} = 1$ となる $\mathbf{R}^3$ の正規直交基底

$\{\boldsymbol{p}_1, \boldsymbol{p}_2, \boldsymbol{p}_3\}$ および $\theta \in [0, 2\pi)$ が存在し，

6.6 3次の直交行列 —— 107

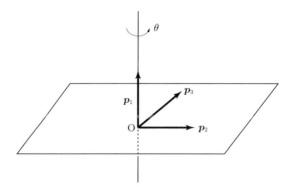

図 6.5 3次の回転行列の幾何学的意味

$$\begin{pmatrix} \boldsymbol{p}_1 \\ \boldsymbol{p}_2 \\ \boldsymbol{p}_3 \end{pmatrix} (-A) \begin{pmatrix} {}^t\boldsymbol{p}_1, {}^t\boldsymbol{p}_2, {}^t\boldsymbol{p}_3 \end{pmatrix} = \begin{pmatrix} 1 & 0 & 0 \\ 0 & \cos(\theta+\pi) & \sin(\theta+\pi) \\ 0 & -\sin(\theta+\pi) & \cos(\theta+\pi) \end{pmatrix} \quad (6.58)$$

となる．(6.58) は

$$\boldsymbol{p}_1 A = -\boldsymbol{p}_1, \quad \begin{pmatrix} \boldsymbol{p}_2 \\ \boldsymbol{p}_3 \end{pmatrix} A = \begin{pmatrix} \cos\theta & \sin\theta \\ -\sin\theta & \cos\theta \end{pmatrix} \begin{pmatrix} \boldsymbol{p}_2 \\ \boldsymbol{p}_3 \end{pmatrix} \quad (6.59)$$

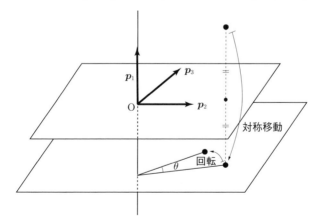

図 6.6 $\det A = -1$ の場合

108──── 第 6 章 単位球面 S^2

と同値なので，$\boldsymbol{x} \in \mathbf{R}^3$ から $\boldsymbol{x}A \in \mathbf{R}^3$ への対応は，$\boldsymbol{p}_2$ と $\boldsymbol{p}_3$ により生成される平面に関する対称移動と原点を通る $\boldsymbol{p}_1$ 方向の直線を回転軸とする角 θ の回転の合成を意味する（**図 6.6**）．

演習問題

問題 6.1　$i = 1, 2, \cdots, n+1$ に対して，n 次元の単位球面 S^n の部分集合 U_i^+，U_i^- を

$$U_i^+ = \{(x_1, x_2, \cdots, x_{n+1}) \in S^n \,|\, x_i > 0\},$$

$$U_i^- = \{(x_1, x_2, \cdots, x_{n+1}) \in S^n \,|\, x_i < 0\}$$

により定める．また，開集合 $D \subset \mathbf{R}^n$ を

$$D = \{\boldsymbol{x} \in \mathbf{R}^n \,|\, \|\boldsymbol{x}\| < 1\}$$

により定め，D から U_i^+，U_i^- への全単射 f_i^+，f_i^- を

$$f_i^+(\boldsymbol{x}) = (x_1, \cdots, x_{i-1}, \sqrt{1 - \|\boldsymbol{x}\|^2}, x_i, \cdots, x_n),$$

$$f_i^-(\boldsymbol{x}) = (x_1, \cdots, x_{i-1}, -\sqrt{1 - \|\boldsymbol{x}\|^2}, x_i, \cdots, x_n)$$

により定める．ただし，$\boldsymbol{x} = (x_1, x_2, \cdots, x_n) \in D$ である．

(1) $S^n \setminus \left(\bigcup_{i=1}^{n+1} U_i^+ \cup \bigcup_{i=1}^{n} U_i^- \right)$ を求めよ．

(2) 集合族 $\{U_i^+, U_i^-\}_{i=1}^{n+1}$ は S^n の開被覆であることを示せ．

(3) $V = f_1^+(D) \cap f_2^+(D)$ とおく．$(f_1^+)^{-1}(V)$ を求めよ．

(4) $\boldsymbol{x} = (x_1, x_2, \cdots, x_n) \in (f_1^+)^{-1}(V)$ とする．$((f_2^+)^{-1} \circ f_1^+)(\boldsymbol{x})$ を $\boldsymbol{x}$，x_1，x_2，$\cdots$，x_n の式で表せ．

(5) 関数 $f : S^n \longrightarrow \mathbf{R}$ を

$$f(x_1, x_2, \cdots, x_{n+1}) = x_1 \qquad ((x_1, x_2, \cdots, x_n) \in S^n)$$

により定めると，f は $(x_1, x_2, \cdots, x_{n+1}) = (1, 0, \cdots, 0)$ のとき，最大値 1 をとる．このとき，任意の $i = 1, 2, \cdots, n$ に対して，

$$\frac{\partial(f \circ f_1^+)}{\partial x_i}((f_1^+)^{-1}(1, 0, \cdots, 0)) = 0$$

であることを示せ.

7 固有2次曲面

単位円 S^1，単位球面 S^2 はそれぞれ陰関数表示された曲線，曲面の例であり，2次曲線，2次曲面の例でもある．第7章では，固有2次曲面の分類から始め，続いて陰関数表示された超曲面の例である2次超曲面を取り上げる[1]．一方，陰関数表示とは異なる $\mathbf{R}^3$ 内の曲面のもう1つの表し方として，径数付き曲面を扱い，多様体論における基本的概念の1つであるベクトル場について述べる．さらに，一般の多様体とユークリッド空間内の曲線や曲面との中間的な位置付けである径数付き部分多様体や，多様体論において重要な役割を果たす陰関数定理を説明する．

7.1 固有2次曲面の分類

4.6 節で述べた陰関数表示された曲線は2変数関数を用いて表される $\mathbf{R}^2$ の部分集合であった．そこで，関数の変数を1つ増やしてみよう．$U \subset \mathbf{R}^3$ とし，関数 $g : U \longrightarrow \mathbf{R}$ を用いて，x, y, z についての方程式 $g(x, y, z) = 0$ の解全体の集合として表される U の部分集合

$$\{(x, y, z) \in U \mid g(x, y, z) = 0\} \tag{7.1}$$

を**陰関数表示**された U 内の**曲面**という．例 4.22 や例 4.23 に対応する陰関数表示された曲面の例として，2変数関数のグラフや $\mathbf{R}^3$ 内の平面が挙げられる．

以下では，例 4.24 に対応する例について述べよう．g を x, y, z の2次多項式とする．このとき，陰関数表示された曲面

$$\{(x, y, z) \in \mathbf{R}^3 \mid g(x, y, z) = 0\} \tag{7.2}$$

を**2次曲面**という．例 4.24 と同様に，方程式 $g(x, y, z) = 0$ は3次の対称行列 A と $\boldsymbol{b} \in \mathbf{R}^3$, $c \in \mathbf{R}$ を用いて，

---

[1] 固有2次曲面が多様体となることについては問題 9.2 で述べる．

$$(x, y, z)A \begin{pmatrix} x \\ y \\ z \end{pmatrix} + 2\boldsymbol{b} \begin{pmatrix} x \\ y \\ z \end{pmatrix} + c = 0 \tag{7.3}$$

と表される. A は対称行列なので, $PA{}^tP$ が対角行列となるように直交行列 P を選ぶことができる. さらに, $\boldsymbol{q} \in \mathbf{R}^3$ を選び,

$$(x, y, z) = (X, Y, Z)P + \boldsymbol{q} \tag{7.4}$$

とおくことにより, (7.3) は標準形とよばれる簡単な形で表すことができる. P の行列式は 1 とすることができるが, このときは 6.6 節で述べたことより, (X, Y, Z) から (x, y, z) への対応は P による回転と $\boldsymbol{q}$ による平行移動を表す.

ここで,

$$\tilde{A} = \begin{pmatrix} A & {}^t\boldsymbol{b} \\ \boldsymbol{b} & c \end{pmatrix} \tag{7.5}$$

とおく. $\mathrm{rank}\,\tilde{A} = 4$ のとき, 2 次曲面 (7.2) は**固有**であるという. 例 4.24 では, 固有 2 次曲線は空集合を除いて, 楕円, 双曲線, 放物線の 3 種類に分類されることを述べたが, 固有 2 次曲面は以下に述べるように, 空集合を除いて, 5 つのものに分類される.

- $\mathrm{rank}\,\tilde{A} = 4$, $\mathrm{rank}\,A = 3$：このとき, (7.2) は空集合となることもあるが, そうでない場合は, (7.2) の変数および定数を改めて置き換えると, 次の 3 種類の 2 次曲面が得られる. ただし, $a, b, c > 0$ である.
  - **楕円面** (**図 7.1(a)**)：

$$\left\{ (x, y, z) \in \mathbf{R}^3 \ \middle|\ \frac{x^2}{a^2} + \frac{y^2}{b^2} + \frac{z^2}{c^2} = 1 \right\} \tag{7.6}$$

  - **一葉双曲面** (**図 7.1(b)**)：

$$\left\{ (x, y, z) \in \mathbf{R}^3 \ \middle|\ \frac{x^2}{a^2} + \frac{y^2}{b^2} - \frac{z^2}{c^2} = 1 \right\} \tag{7.7}$$

○ **二葉双曲面**(図 **7.1(c)**):

$$\left\{ (x, y, z) \in \mathbf{R}^3 \ \middle|\ \frac{x^2}{a^2} + \frac{y^2}{b^2} - \frac{z^2}{c^2} = -1 \right\} \tag{7.8}$$

- $\operatorname{rank} \tilde{A} = 4$, $\operatorname{rank} A = 2$:このとき,(7.2) の変数および定数を改めて置き換えると,次の 2 種類の 2 次曲面が得られる.ただし,$a, b > 0$ である.

○ **楕円放物面**(図 **7.1(d)**):

$$\left\{ (x, y, z) \in \mathbf{R}^3 \ \middle|\ z = \frac{x^2}{a^2} + \frac{y^2}{b^2} \right\} \tag{7.9}$$

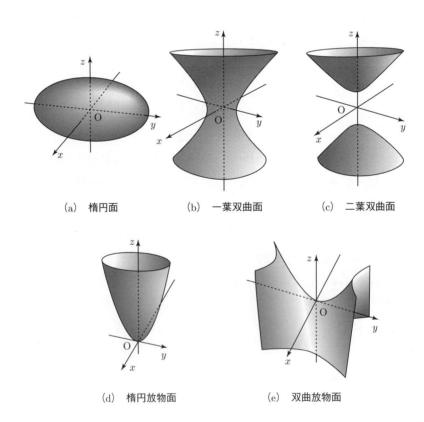

(a) 楕円面   (b) 一葉双曲面   (c) 二葉双曲面

(d) 楕円放物面   (e) 双曲放物面

図 **7.1** 固有 2 次曲面

○ **双曲放物面**（図 **7.1(e)**）：

$$\left\{ (x, y, z) \in \mathbf{R}^3 \ \middle|\ z = \frac{x^2}{a^2} - \frac{y^2}{b^2} \right\} \tag{7.10}$$

すなわち，固有 2 次曲面は空でないならば，回転と平行移動の合成により，(7.6)〜(7.10) の標準形で表される楕円面，一葉双曲面，二葉双曲面，楕円放物面，双曲放物面のいずれかとなる．

7.2　2 次超曲面

陰関数表示された曲線や曲面はさらに一般化することができる．$U \subset \mathbf{R}^n$ とし，関数 $g : U \longrightarrow \mathbf{R}$ を用いて，x_1，x_2，$\cdots$，x_n についての方程式

$$g(x_1, x_2, \cdots, x_n) = 0 \tag{7.11}$$

の解全体の集合として表される U の部分集合

$$\{(x_1, x_2, \cdots, x_n) \in U \mid g(x_1, x_2, \cdots, x_n) = 0\} \tag{7.12}$$

を**陰関数表示**された U 内の**超曲面**という．例 4.22 や例 4.23 に対応する陰関数表示された超曲面の例として，$(n-1)$ 変数関数のグラフや $\mathbf{R}^n$ 内の超平面が挙げられる．

g を x_1，x_2，$\cdots$，x_n の 2 次多項式とする．このとき，陰関数表示された超曲面

$$\{(x_1, x_2, \cdots, x_n) \in \mathbf{R}^n \mid g(x_1, x_2, \cdots, x_n) = 0\} \tag{7.13}$$

を **2 次超曲面**という．$\boldsymbol{x} = (x_1, x_2, \cdots, x_n)$ とおくと，7.1 節と同様に，(7.11) は n 次の対称行列 A と $\boldsymbol{b} \in \mathbf{R}^n$，$c \in \mathbf{R}$ を用いて，

$$\boldsymbol{x} A\,{}^t\boldsymbol{x} + 2\boldsymbol{b}\,{}^t\boldsymbol{x} + c = 0 \tag{7.14}$$

と表される．2 次超曲面については次の定理 7.1 が成り立つ．

114 ── 第 7 章 固有 2 次曲面

定理 7.1 n 次の対称行列 A と $\boldsymbol{b} \in \mathbf{R}^n$, $c \in \mathbf{R}$ に対して，2 次超曲面

$$\{\boldsymbol{x} \in \mathbf{R}^n \,|\, \boldsymbol{x} A {}^t\boldsymbol{x} + 2\boldsymbol{b}\, {}^t\boldsymbol{x} + c = 0\} \tag{7.15}$$

を考える．また，$\tilde{A}$ を (7.5) により定める．このとき，必要ならば回転と平行移動を行うこと，すなわち，$SO(n)$ の元を掛け，$\mathbf{R}^n$ の元を加えることにより，(7.15) は次の (7.16)〜(7.18) のいずれかのように表すことができる．

- $\operatorname{rank} A = r$, $\operatorname{rank} \tilde{A} = r+1$ となるとき，

$$\{(x_1, x_2, \cdots, x_n) \in \mathbf{R}^n \,|\, \lambda_1 x_1^2 + \lambda_2 x_2^2 + \cdots + \lambda_r x_r^2 + d = 0\}. \tag{7.16}$$

- $\operatorname{rank} A = r$, $\operatorname{rank} \tilde{A} = r+2$ となるとき，

$$\{(x_1, x_2, \cdots, x_n) \in \mathbf{R}^n \,|\, \lambda_1 x_1^2 + \lambda_2 x_2^2 + \cdots + \lambda_r x_r^2 + 2p x_{r+1} = 0\}. \tag{7.17}$$

- $\operatorname{rank} A = \operatorname{rank} \tilde{A} = r$ となるとき，

$$\{(x_1, x_2, \cdots, x_n) \in \mathbf{R}^n \,|\, \lambda_1 x_1^2 + \lambda_2 x_2^2 + \cdots + \lambda_r x_r^2 = 0\}. \tag{7.18}$$

ただし，$\lambda_1, \lambda_2, \cdots, \lambda_r, d \in \mathbf{R} \setminus \{0\}$, $p > 0$ である． □

(7.16)〜(7.18) のように表される 2 次超曲面を**標準形**という．また，(7.16)，(7.18) のように表される 2 次超曲面は原点に関して対称である．このことから，これらは**有心**であるという．特に，A が正則なときは $\operatorname{rank} A = n$ であるので，$\operatorname{rank} \tilde{A} = n, n+1$ となり，(7.15) は有心である．一方，(7.17) のように表される 2 次超曲面は**無心**であるという．さらに，$\operatorname{rank} \tilde{A} = n+1$ のとき，2 次超曲面 (7.15) は**固有**であるという．固有 2 次超曲面は (7.16) において $r = n$，または，(7.17) において $r = n-1$ とおいたものとなる．

▌ 7.3 径数表示（その 2）

楕円放物面 (7.9) や双曲放物面 (7.10) は 2 変数関数のグラフとして表されており，写像 $f_+, f_- : \mathbf{R}^2 \longrightarrow \mathbf{R}^3$ を

$$f_{\pm}(u,v) = \left(u, v, \frac{u^2}{a^2} \pm \frac{v^2}{b^2}\right) \quad ((u,v) \in \mathbf{R}^2) \quad (\text{複号同順}) \quad (7.19)$$

により定めると，(7.9), (7.10) はそれぞれ f_+, f_- の像となっている．同様に，二葉双曲面 (7.8) の 2 つの連結成分

$$\left\{(x,y,z) \in \mathbf{R}^3 \,\middle|\, \frac{x^2}{a^2} + \frac{y^2}{b^2} - \frac{z^2}{c^2} = -1, \; z > 0\right\}, \quad (7.20)$$

$$\left\{(x,y,z) \in \mathbf{R}^3 \,\middle|\, \frac{x^2}{a^2} + \frac{y^2}{b^2} - \frac{z^2}{c^2} = -1, \; z < 0\right\} \quad (7.21)$$

はそれぞれ

$$\left\{(x,y,z) \in \mathbf{R}^3 \,\middle|\, z = c\sqrt{\frac{x^2}{a^2} + \frac{y^2}{b^2} + 1}\right\}, \quad (7.22)$$

$$\left\{(x,y,z) \in \mathbf{R}^3 \,\middle|\, z = -c\sqrt{\frac{x^2}{a^2} + \frac{y^2}{b^2} + 1}\right\} \quad (7.23)$$

と表されるので，これらも $\mathbf{R}^2$ からの写像の像として表すことができる．

一般に，D を $\mathbf{R}^2$ の領域，すなわち，連結な開集合とし，写像 $f : D \longrightarrow \mathbf{R}^3$ の像 $f(D)$ として表される $\mathbf{R}^3$ の部分集合 $f(D)$ あるいは f 自身のことを**径数表示**された $\mathbf{R}^3$ 内の**曲面**または $\mathbf{R}^3$ 内の**径数付き曲面**という（図 **7.2**）．始めに述べたように，領域で定義された 2 変数関数のグラフは径数付き曲面として表すことができる．また，$\mathbf{R}^3$ 内の平面も 1 次独立な空間ベクトル $\boldsymbol{a}, \boldsymbol{b}$ および空

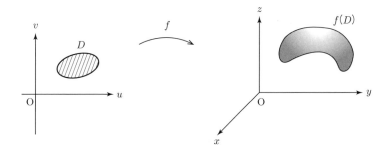

図 **7.2** 径数付き曲面

116 —— 第 7 章　固有 2 次曲面

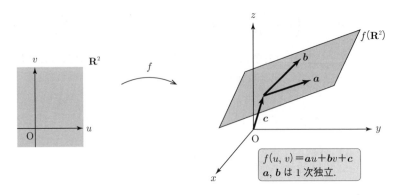

図 7.3　径数付き平面

間ベクトル c を用いて，**図 7.3** のように径数付き曲面 f として表すことができる．これを**径数付き平面**という．

5.4 節で径数付き曲線を直線で近似し，接線を考えたように，径数付き曲面を平面で近似し，接平面というものを考えよう．$f : D \longrightarrow \mathbf{R}^3$ を径数付き曲面とする．ただし，f は D で 2 回微分可能であるとする．$(u_0, v_0) \in D$ とすると，テイラーの定理より，f は $(u, v) = (u_0, v_0)$ の近くにおいて，

$$f(u,v) = f(u_0,v_0) + f_u(u_0,v_0)(u-u_0) + f_v(u_0,v_0)(v-v_0) + R \tag{7.24}$$

と表すことができる．ただし，R は $\mathbf{R}^3$ に値をとる剰余項である．(7.24) の剰余項 R を取り除き，径数付き曲面 $\Pi : \mathbf{R}^2 \longrightarrow \mathbf{R}^3$ を

$$\Pi(u,v) = f(u_0,v_0) + f_u(u_0,v_0)(u-u_0) + f_v(u_0,v_0)(v-v_0) \quad ((u,v) \in \mathbf{R}^2) \tag{7.25}$$

により定める．ここで，Π を $-f(u_0, v_0) + f_u(u_0, v_0)u_0 + f_v(u_0, v_0)v_0$ だけ平行移動して得られる径数付き曲面を $\tilde{\Pi} : \mathbf{R}^2 \longrightarrow \mathbf{R}^3$ とおく．すなわち，

$$\tilde{\Pi}(u,v) = f_u(u_0,v_0)u + f_v(u_0,v_0)v \quad ((u,v) \in \mathbf{R}^2) \tag{7.26}$$

である．$\tilde{\Pi}(\mathbf{R}^2)$ は 3 次元ベクトル空間 $\mathbf{R}^3$ の部分空間であり，

$$\dim \tilde{\Pi}(\mathbf{R}^2) = 2 \iff \mathrm{rank} \begin{pmatrix} f_u(u_0, v_0) \\ f_v(u_0, v_0) \end{pmatrix} = 2 \qquad (7.27)$$

である．そして，$\dim \tilde{\Pi}(\mathbf{R}^2) = 2$ ならば，Π は $f(u_0, v_0)$ を通る平面となる．そこで，次の定義 7.2 のように定める．

定義 7.2 $f: D \longrightarrow \mathbf{R}^3$ を D で微分可能な径数付き曲面とする．任意の $(u, v) \in D$ に対して，

$$\mathrm{rank} \begin{pmatrix} f_u(u, v) \\ f_v(u, v) \end{pmatrix} = 2 \qquad (7.28)$$

となるとき，f は**正則**であるという．このとき，$(u_0, v_0) \in D$ に対して，(7.25) により定められる径数付き曲面 $\Pi : \mathbf{R}^2 \longrightarrow \mathbf{R}^3$ を f の $(u, v) = (u_0, v_0)$ における**接平面**という（図 **7.4**）．また，接平面の元を**接ベクトル**という． □

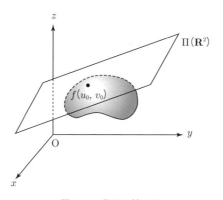

図 **7.4** 曲面の接平面

例題 7.3 $D \subset \mathbf{R}^2$ を領域，$\varphi : D \longrightarrow \mathbf{R}$ を微分可能な関数とする．このとき，径数付き曲面 $f : D \longrightarrow \mathbf{R}^3$ を

$$f(u, v) = (u, v, \varphi(u, v)) \qquad ((u, v) \in D) \qquad (7.29)$$

により定めると，f は関数 φ のグラフである．f は正則であることを示せ．

【解】 $(u,v) \in D$ とすると,

$$\mathrm{rank} \begin{pmatrix} f_u(u,v) \\ f_v(u,v) \end{pmatrix} = \mathrm{rank} \begin{pmatrix} 1 & 0 & \varphi_u(u,v) \\ 0 & 1 & \varphi_v(u,v) \end{pmatrix} = 2. \qquad (7.30)$$

よって, f は正則である.

$f: D \longrightarrow \mathbf{R}^3$ を正則な径数付き曲面とし, $(u_0, v_0) \in D$ とする. f の $(u,v) = (u_0, v_0)$ における接平面 Π は, それを平行移動して得られる平面 $\tilde{\Pi}$ と同一視することも多い. このとき, 接平面 $\tilde{\Pi}$ の元である接ベクトルは曲面上の曲線に対する接ベクトルとして得られることを示そう.

まず, 区間 I に対して, $t_0 \in I$ を固定

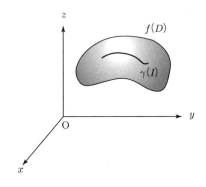

図 7.5　曲面上の曲線

しておき, $\alpha: I \longrightarrow \mathbf{R}^2$ を $\alpha(t_0) = (u_0, v_0)$, $\alpha(I) \subset D$ となる微分可能な平面曲線とする. このとき, 空間曲線 $\gamma: I \longrightarrow \mathbf{R}^3$ を $\gamma = f \circ \alpha$ により定める. 定義より, γ は $t = t_0$ において $f(u_0, v_0)$ を通る f 上の曲線である (図 7.5).

ここで, α を関数 $p, q: I \longrightarrow \mathbf{R}$ を用いて,

$$\alpha(t) = (p(t), q(t)) \qquad (t \in I) \qquad (7.31)$$

と表しておく. このとき, 合成関数の微分法より,

$$\gamma'(t) = f_u(\alpha(t)) p'(t) + f_v(\alpha(t)) q'(t) \qquad (7.32)$$

となる. よって, $(u,v) \in \mathbf{R}^2$ に対して, p, q を $p'(t_0) = u$, $q'(t_0) = v$ となるように選んでおくと, (7.32) に $t = t_0$ を代入し,

$$\gamma'(t_0) = f_u(u_0, v_0) u + f_v(u_0, v_0) v \qquad (7.33)$$

が得られる. (7.26) より, (7.33) は接平面 $\tilde{\Pi}$ の元である.

7.4 ベクトル場（その1）

$f: D \longrightarrow \mathbf{R}^3$ を正則な径数付き曲面とする．各 $(u,v) \in D$ に対して，f の (u,v) における接ベクトルが与えられているとき，この対応を f 上の**ベクトル場**という（図 7.6）．

X を f 上のベクトル場とすると，(7.26) より，X は関数 $\xi, \eta : D \longrightarrow \mathbf{R}$ を用いて，

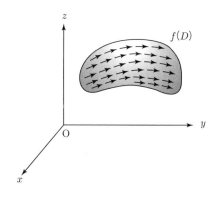

図 7.6　ベクトル場のイメージ

$$X(u,v) = f_u(u,v)\xi(u,v) + f_v(u,v)\eta(u,v) \quad ((u,v) \in D) \quad (7.34)$$

と表すことができる．

例題 7.4 単位球面 S^2 に対して，北極を中心とする立体射影を用いて得られる全単射 $f_\mathrm{N} : \mathbf{R}^2 \longrightarrow S^2 \setminus \{\mathrm{N}\}$ と包含写像 $\iota : S^2 \setminus \{\mathrm{N}\} \longrightarrow \mathbf{R}^3$ の合成写像 $\iota \circ f_\mathrm{N} : \mathbf{R}^2 \longrightarrow \mathbf{R}^3$ を考える．すなわち，

$$(\iota \circ f_\mathrm{N})(u,v) = \left(\frac{2u}{u^2+v^2+1}, \frac{2v}{u^2+v^2+1}, \frac{u^2+v^2-1}{u^2+v^2+1} \right) \quad ((u,v) \in \mathbf{R}^2) \quad (7.35)$$

である．

(1) $\iota \circ f_\mathrm{N}$ は正則な径数付き曲面であることを示せ．

(2) $t \in \mathbf{R}$ に対して，R_t を原点を中心とする角 t の回転を表す写像 $R_t : \mathbf{R}^2 \longrightarrow \mathbf{R}^2$ とする．すなわち，

$$R_t(u,v) = (u\cos t - v\sin t, u\sin t + v\cos t) \quad ((u,v) \in \mathbf{R}^2) \quad (7.36)$$

である．このとき，$\iota \circ f_\mathrm{N}$ 上のベクトル場 X を

$$X(u,v) = \frac{d}{dt}\bigg|_{t=0} (\iota \circ f_{\mathrm{N}} \circ R_t)(u,v) \qquad ((u,v) \in \mathbf{R}^2) \tag{7.37}$$

により定める（**図 7.7**）．X を (7.34) のように表せ．

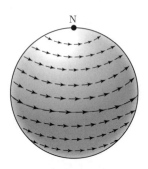

図 7.7 $\iota \circ f_{\mathrm{N}}$ 上のベクトル場 X

【解】 (1) まず，直接計算すると，

$$(\iota \circ f_{\mathrm{N}})_u(u,v) = \left(\frac{2(-u^2+v^2+1)}{(u^2+v^2+1)^2}, \frac{-4uv}{(u^2+v^2+1)^2}, \frac{4u}{(u^2+v^2+1)^2} \right), \tag{7.38}$$

$$(\iota \circ f_{\mathrm{N}})_v(u,v) = \left(\frac{-4uv}{(u^2+v^2+1)^2}, \frac{2(u^2-v^2+1)}{(u^2+v^2+1)^2}, \frac{4v}{(u^2+v^2+1)^2} \right). \tag{7.39}$$

基本変形を行うと，

$$\begin{pmatrix} (\iota \circ f_{\mathrm{N}})_u(u,v) \\ (\iota \circ f_{\mathrm{N}})_v(u,v) \end{pmatrix} \xrightarrow[\text{第 2 列 + 第 3 列} \times v]{\text{第 1 列 + 第 3 列} \times u} \begin{pmatrix} \frac{2}{u^2+v^2+1} & 0 & \frac{4u}{(u^2+v^2+1)^2} \\ 0 & \frac{2}{u^2+v^2+1} & \frac{4v}{(u^2+v^2+1)^2} \end{pmatrix}$$

$$\xrightarrow[\text{第 2 列} \times \frac{1}{2}(u^2+v^2+1)]{\text{第 1 列} \times \frac{1}{2}(u^2+v^2+1)} \begin{pmatrix} 1 & 0 & \frac{4u}{(u^2+v^2+1)^2} \\ 0 & 1 & \frac{4v}{(u^2+v^2+1)^2} \end{pmatrix} \tag{7.40}$$

なので,

$$\mathrm{rank}\begin{pmatrix}(\iota \circ f_\mathrm{N})_u(u,v)\\(\iota \circ f_\mathrm{N})_v(u,v)\end{pmatrix}=2. \tag{7.41}$$

よって,$\iota \circ f_\mathrm{N}$ は正則な径数付き曲面である.

(2) まず,

$$(\iota \circ f_\mathrm{N}\circ R_t)(u,v)=\left(\frac{2(u\cos t-v\sin t)}{u^2+v^2+1},\frac{2(u\sin t+v\cos t)}{u^2+v^2+1},\frac{u^2+v^2-1}{u^2+v^2+1}\right). \tag{7.42}$$

よって,

$$\left.\frac{d}{dt}\right|_{t=0}(\iota \circ f_\mathrm{N}\circ R_t)(u,v)=\left(\frac{-2v}{u^2+v^2+1},\frac{2u}{u^2+v^2+1},0\right)$$

$$=(\iota \circ f_\mathrm{N})_u(u,v)\xi(u,v)+(\iota \circ f_\mathrm{N})_v(u,v)\eta(u,v). \tag{7.43}$$

ただし,

$$\xi(u,v)=-v, \qquad \eta(u,v)=u \tag{7.44}$$

である. ▎

▎ 7.5 径数付き部分多様体

多様体とはユークリッド空間内の曲線や曲面を一般化したものである.ここでは,一般の多様体とユークリッド空間内の曲線や曲面との中間的な位置付けである,ユークリッド空間内の径数付き部分多様体について述べよう.

定義 7.5 $D \subset \mathbf{R}^m$ を開集合,$f:D \longrightarrow \mathbf{R}^n$ を C^r 級写像とする.次の (P1)〜(P3) が成り立つとき,$f(D)$ または f を C^r **級径数付き部分多様体**という.

(P1) 任意の $\boldsymbol{x} \in D$ に対して,$\mathrm{rank}\,f'(\boldsymbol{x})=m$.

(P2) f は D から $f(D)$ への全単射である.

(P3) $f^{-1}:f(D) \longrightarrow D$ は連続写像である.

このとき,m を**次元**という. ⬜

122————第 7 章　固有 2 次曲面

定義 7.5 (P1)〜(P3) の条件について，順に述べておこう．まず，$f : D \longrightarrow$ $\mathbf{R}^n$ を m 次元の C^r 級径数付き部分多様体とする．このとき，$\boldsymbol{x}_0 \in D$ に対して，

$$V_{\boldsymbol{x}_0} = \{f_{x_1}(\boldsymbol{x}_0)x_1 + f_{x_2}(\boldsymbol{x}_0)x_2 + \cdots + f_{x_m}(\boldsymbol{x}_0)x_m \mid (x_1, x_2, \cdots, x_m) \in \mathbf{R}^m\}$$

(7.45)

とおくと，$V_{\boldsymbol{x}_0}$ は $\mathbf{R}^n$ の部分空間となる．$V_{\boldsymbol{x}_0}$ を f の $\boldsymbol{x} = \boldsymbol{x}_0$ における**接空間**という．定義 7.5 (P1) の条件は f の各点において，m 次元の接空間が対応することを意味する．なお，$f'(\boldsymbol{x})$ は $m \times n$ 行列なので，$m \leq n$ である．

定義 7.5 (P2) の条件は f の像が自己交差しないことを意味する．

例 7.6　平面曲線 $\gamma : \mathbf{R} \longrightarrow \mathbf{R}^2$ を

$$\gamma(t) = (\cos t, \sin t) \qquad (t \in \mathbf{R}) \tag{7.46}$$

により定める．このとき，任意の $t \in \mathbf{R}$ に対して，

$$\operatorname{rank} \gamma'(t) = \operatorname{rank}(-\sin t, \cos t) = 1 \tag{7.47}$$

なので，定義 7.5 (P1) の条件が成り立つ．しかし，$\gamma(t + 2\pi) = \gamma(t)$ なので，$\gamma : \mathbf{R} \longrightarrow \gamma(\mathbf{R})$ は単射ではない．よって，定義 7.5 (P2) の条件が成り立たないので，$\gamma(\mathbf{R})$ は径数付き部分多様体ではない． 　　　　　□

定義 7.5 (P3) の条件は f が定義域から像への同相写像であることを意味する．もちろん，$f(D)$ の位相は相対位相を考えている．

例 7.7　$a > 0$ とし，5.6 節で述べたレムニスケートの径数表示

$$\gamma(t) = \left(\frac{\sqrt{2}at(1 + t^2)}{1 + t^4}, \frac{\sqrt{2}at(1 - t^2)}{1 + t^4}\right) \qquad (t \in \mathbf{R}) \tag{7.48}$$

を考える．まず，γ は正則であったので，任意の $t \in \mathbf{R}$ に対して，$\operatorname{rank} \gamma'(t) = 1$ となり，定義 7.5 (P1) の条件が成り立つ．また，$\gamma : \mathbf{R} \longrightarrow \gamma(\mathbf{R})$ が全単射であることもすでに述べているので，定義 7.5 (P2) の条件が成り立つ．しかし，

$$\lim_{t \to \pm\infty} \gamma(t) = \gamma(0) = \boldsymbol{0} \tag{7.49}$$

7.5 径数付き部分多様体───*123*

なので，$\gamma(\mathbf{R})$ において $\mathbf{0}$ を含む十分小さい連結部分集合の γ^{-1} による像は連結成分を 3 つもつ．図 5.13 を思い出そう．よって，γ^{-1} は連続写像とはならず，定義 7.5 (P3) の条件は成り立たないので，$\gamma(\mathbf{R})$ は径数付き部分多様体ではない． □

例題 7.8 $D \subset \mathbf{R}^m$ を開集合，$\varphi : D \longrightarrow \mathbf{R}^n$ を C^r 級写像とする．このとき，C^r 級写像 $f : D \longrightarrow \mathbf{R}^{m+n}$ を

$$f(\boldsymbol{x}) = (\boldsymbol{x}, \varphi(\boldsymbol{x})) \qquad (\boldsymbol{x} \in D) \tag{7.50}$$

により定める．すなわち，f は写像 φ のグラフである．$f(D)$ は m 次元の C^r 級径数付き部分多様体であることを示せ．

【解】 まず，$\boldsymbol{x} \in D$ とすると，

$$\operatorname{rank} f'(\boldsymbol{x}) = \operatorname{rank} \begin{pmatrix} f_{x_1}(\boldsymbol{x}) \\ f_{x_2}(\boldsymbol{x}) \\ \vdots \\ f_{x_m}(\boldsymbol{x}) \end{pmatrix} = \operatorname{rank} \begin{pmatrix} 1 & 0 & \cdots & 0 & \varphi_{x_1}(\boldsymbol{x}) \\ 0 & 1 & \cdots & 0 & \varphi_{x_2}(\boldsymbol{x}) \\ \vdots & \vdots & \ddots & \vdots & \vdots \\ 0 & 0 & \cdots & 1 & \varphi_{x_m}(\boldsymbol{x}) \end{pmatrix} = m. \tag{7.51}$$

よって，定義 7.5 (P1) の条件が成り立つ．

次に，$\boldsymbol{x}, \boldsymbol{y} \in D$，$f(\boldsymbol{x}) = f(\boldsymbol{y})$ とすると，$(\boldsymbol{x}, \varphi(\boldsymbol{x})) = (\boldsymbol{y}, \varphi(\boldsymbol{y}))$ なので，$\boldsymbol{x} = \boldsymbol{y}$ となり，f は単射である．また，$f^{-1} : f(D) \longrightarrow D$ は

$$f^{-1}(\boldsymbol{x}, \varphi(\boldsymbol{x})) = \boldsymbol{x} \qquad ((\boldsymbol{x}, \varphi(\boldsymbol{x})) \in f(D)) \tag{7.52}$$

により与えられるので，f は全射である．よって，定義 7.5 (P2) の条件が成り立つ．

さらに，U を D の開集合とすると，U は $\mathbf{R}^m$ の開集合 U' を用いて，$U = U' \cap D$ と表される．このとき，

$$(f^{-1})^{-1}(U) = f(U' \cap D) = (U' \times \mathbf{R}^n) \cap f(D). \tag{7.53}$$

$U' \times \mathbf{R}^n$ は $\mathbf{R}^{m+n}$ の開集合なので，$(U' \times \mathbf{R}^n) \cap f(D)$ は $f(D)$ の開集合である．よって，$f^{-1} : f(D) \longrightarrow D$ は連続写像となるので，定義 7.5 (P3) の条件が成り立つ．

124───── 第 7 章　固有 2 次曲面

したがって，$f(D)$ は m 次元の C^r 級径数付き部分多様体である．∎

█ 7.6　陰関数定理

　微分積分で学ぶ陰関数定理あるいは逆写像定理は多様体論において重要な役割を果たす．ここでは，陰関数定理について述べよう．まず，$m, n \in \mathbf{N}$ とし，$\mathbf{R}^{m+n}$ の点を $(\boldsymbol{x}, \boldsymbol{y})$（$\boldsymbol{x} \in \mathbf{R}^m$, $\boldsymbol{y} \in \mathbf{R}^n$）のように表すことにする．そこで，$\boldsymbol{a} \in \mathbf{R}^m$, $\boldsymbol{b} \in \mathbf{R}^n$ を固定しておき，$f : U \longrightarrow \mathbf{R}^n$ を $(\boldsymbol{a}, \boldsymbol{b})$ を含む $\mathbf{R}^{m+n}$ の開集合 U で C^r 級の写像で，$f(\boldsymbol{a}, \boldsymbol{b}) = \boldsymbol{0}$ を満たすものとする．また，$\boldsymbol{x} = (x_1, x_2, \cdots, x_m)$, $\boldsymbol{y} = (y_1, y_2, \cdots, y_n)$, $f = (f_1, f_2, \cdots, f_n)$ と表しておき，

$$\frac{\partial f}{\partial \boldsymbol{x}} = \begin{pmatrix} \dfrac{\partial f_1}{\partial x_1} & \dfrac{\partial f_2}{\partial x_1} & \cdots & \dfrac{\partial f_n}{\partial x_1} \\ \dfrac{\partial f_1}{\partial x_2} & \dfrac{\partial f_2}{\partial x_2} & \cdots & \dfrac{\partial f_n}{\partial x_2} \\ \vdots & \vdots & \ddots & \vdots \\ \dfrac{\partial f_1}{\partial x_m} & \dfrac{\partial f_2}{\partial x_m} & \cdots & \dfrac{\partial f_n}{\partial x_m} \end{pmatrix}, \quad \frac{\partial f}{\partial \boldsymbol{y}} = \begin{pmatrix} \dfrac{\partial f_1}{\partial y_1} & \dfrac{\partial f_2}{\partial y_1} & \cdots & \dfrac{\partial f_n}{\partial y_1} \\ \dfrac{\partial f_1}{\partial y_2} & \dfrac{\partial f_2}{\partial y_2} & \cdots & \dfrac{\partial f_n}{\partial y_2} \\ \vdots & \vdots & \ddots & \vdots \\ \dfrac{\partial f_1}{\partial y_n} & \dfrac{\partial f_2}{\partial y_n} & \cdots & \dfrac{\partial f_n}{\partial y_n} \end{pmatrix} \tag{7.54}$$

とおく．このとき，次の定理 7.9 が成り立つ．

定理 7.9　（陰関数定理）　f が

$$\det \frac{\partial f}{\partial \boldsymbol{y}}(\boldsymbol{a}, \boldsymbol{b}) \neq 0 \tag{7.55}$$

を満たすならば，$\boldsymbol{a}$ を含む $\mathbf{R}^m$ のある開集合 V で C^r 級の写像 $\varphi : V \longrightarrow \mathbf{R}^n$ が一意的に存在し，

$$\varphi(\boldsymbol{a}) = \boldsymbol{b}, \quad f(\boldsymbol{x}, \varphi(\boldsymbol{x})) = \boldsymbol{0} \qquad (\boldsymbol{x} \in V) \tag{7.56}$$

となる．さらに，

$$\varphi'(\boldsymbol{x}) = -\frac{\partial f}{\partial \boldsymbol{x}}(\boldsymbol{x}, \varphi(\boldsymbol{x})) \left(\frac{\partial f}{\partial \boldsymbol{y}}(\boldsymbol{x}, \varphi(\boldsymbol{x}))\right)^{-1} \qquad (\boldsymbol{x} \in V) \qquad (7.57)$$

が成り立つ. □

定理 7.9 の φ を $f(\boldsymbol{x}, \boldsymbol{y}) = \boldsymbol{0}$ により定まる**陰関数**という.

例 7.10 A を m 行 n 列の実行列, B を n 次の実正方行列とし, $\boldsymbol{c} \in \mathbf{R}^n$ とする. このとき, 写像 $f : \mathbf{R}^{m+n} \longrightarrow \mathbf{R}^n$ を

$$f(\boldsymbol{x}, \boldsymbol{y}) = \boldsymbol{x}A + \boldsymbol{y}B + \boldsymbol{c} \qquad (\boldsymbol{x} \in \mathbf{R}^m, \ \boldsymbol{y} \in \mathbf{R}^n) \qquad (7.58)$$

により定めると,

$$\frac{\partial f}{\partial \boldsymbol{y}} = B \qquad (7.59)$$

である. よって, B が正則ならば, 任意の $(\boldsymbol{a}, \boldsymbol{b}) \in \mathbf{R}^{m+n}$ に対して,

$$\det \frac{\partial f}{\partial \boldsymbol{y}}(\boldsymbol{a}, \boldsymbol{b}) \neq 0 \qquad (7.60)$$

である. しかし, この場合はわざわざ陰関数定理を用いなくとも, $f(\boldsymbol{x}, \boldsymbol{y}) = \boldsymbol{0}$ は $\boldsymbol{y}$ について解くことができて, 陰関数 φ は

$$\varphi(\boldsymbol{x}) = \boldsymbol{y} = -(\boldsymbol{x}A + \boldsymbol{c})B^{-1} \qquad (\boldsymbol{x} \in \mathbf{R}^m) \qquad (7.61)$$

により与えられる. よって, $\varphi'(\boldsymbol{x}) = -AB^{-1}$ も直接計算することができる. □

陰関数定理を用いることにより, <u>陰関数表示されたユークリッド空間の部分集合を局所的に径数付き部分多様体として表すことができる</u>. なお, 次の定理 7.11 では, 本節の始めに述べたように, $\mathbf{R}^{m+n}$ の点を $(\boldsymbol{x}, \boldsymbol{y})$ $(\boldsymbol{x} \in \mathbf{R}^m, \ \boldsymbol{y} \in \mathbf{R}^n)$ のように表すことにする.

定理 7.11 $g : U \longrightarrow \mathbf{R}^n$ を開集合 $U \subset \mathbf{R}^{m+n}$ で C^r 級の写像とし, $M \subset U$ を

$$M = \{(\boldsymbol{x}, \boldsymbol{y}) \in U \mid g(\boldsymbol{x}, \boldsymbol{y}) = \boldsymbol{0}\} \qquad (7.62)$$

により定め, $M \neq \varnothing$ であると仮定する. $(\boldsymbol{a}, \boldsymbol{b}) \in M$ に対して,

126──── 第 7 章 固有 2 次曲面

$$\operatorname{rank} g'(\boldsymbol{a}, \boldsymbol{b}) = n \qquad (7.63)$$

が成り立つならば，開集合 $V \subset \mathbf{R}^m$ および C^r 級写像 $f : V \longrightarrow \mathbf{R}^{m+n}$ が存在し，$f(V)$ は $(\boldsymbol{a}, \boldsymbol{b})$ を含む M の開集合で，m 次元の C^r 級径数付き部分多様体となる． □

証明 (7.63) より，必要ならば座標系の番号を入れ替えることにより，(7.55) が成り立つとしてよい．よって，陰関数定理より，$\boldsymbol{a}$ を含む $\mathbf{R}^m$ の開集合 V および $g(\boldsymbol{x}, \boldsymbol{y}) = \mathbf{0}$ により定まる C^r 級の陰関数 $\varphi : V \longrightarrow \mathbf{R}^n$ が存在する．このとき，C^r 級写像 $f : V \longrightarrow \mathbf{R}^{m+n}$ を

$$f(\boldsymbol{x}) = (\boldsymbol{x}, \varphi(\boldsymbol{x})) \qquad (\boldsymbol{x} \in V) \qquad (7.64)$$

により定めると，例題 7.8 より，$f(V)$ は m 次元の C^r 級径数付き部分多様体となり，$(\boldsymbol{a}, \boldsymbol{b})$ を含む M の開集合でもある． ∎

=== **演習問題** ===

問題 7.1 n 次の正則な対称行列 A と $\boldsymbol{b} \in \mathbf{R}^n$，$c \in \mathbf{R}$ に対して，2 次超曲面

$$\{\boldsymbol{x} \in \mathbf{R}^n \mid \boldsymbol{x} A \,{}^t\boldsymbol{x} + 2\boldsymbol{b} \,{}^t\boldsymbol{x} + c = 0\} \qquad (*)$$

を考える．A のすべての固有値を重解も込めて，$\lambda_1,\ \lambda_2,\ \cdots,\ \lambda_n$ とし，

$$\tilde{A} = \begin{pmatrix} A & {}^t\boldsymbol{b} \\ \boldsymbol{b} & c \end{pmatrix}$$

とおく．$(*)$ に対する標準形を $\lambda_1,\ \lambda_2,\ \cdots,\ \lambda_n$ および $\det A,\ \det \tilde{A}$ を用いて表せ．

問題 7.2 n 次元の単位球面 S^n に対して，北極を中心とする立体射影を用いて得られる全単射 $f_{\mathrm{N}} : \mathbf{R}^n \longrightarrow S^n \setminus \{\mathrm{N}\}$ と包含写像 $\iota : S^n \setminus \{\mathrm{N}\} \longrightarrow \mathbf{R}^{n+1}$ の合成写像 $\iota \circ f_{\mathrm{N}} : \mathbf{R}^n \longrightarrow \mathbf{R}^{n+1}$ を考える．すなわち，$\boldsymbol{x} = (x_1, \cdots, x_n) \in \mathbf{R}^n$ とすると，

$$(\iota \circ f_{\mathrm{N}})(\boldsymbol{x}) = \left(\frac{2x_1}{\|\boldsymbol{x}\|^2 + 1}, \cdots, \frac{2x_n}{\|\boldsymbol{x}\|^2 + 1}, \frac{\|\boldsymbol{x}\|^2 - 1}{\|\boldsymbol{x}\|^2 + 1} \right)$$

である．このとき，任意の $\boldsymbol{x} \in \mathbf{R}^n$ に対して，

$$\mathrm{rank}\,(\iota \circ f_{\mathrm{N}})'(\boldsymbol{x}) = n$$

であることを示せ. 特に, $(\iota \circ f_{\mathrm{N}})(\mathbf{R}^n)$ は n 次元の C^∞ 級径数付き部分多様体となる.

II 多様体論の基礎

　第II部では，各章のタイトルに代表されるような具体例を通して，多様体論に関する標準的な内容を一通り扱う．さまざまな概念は一見抽象的ではあるが，第I部で扱われた具体例がその理解の一助となることであろう．また，やや発展的な内容として，複素多様体，リーマン多様体，リー群，シンプレクティック多様体，ケーラー多様体，リー環についても扱う．これらに関する節については読み飛ばすことも可能であろうが，高みから眺めることでそれまでに身につけていた知識への理解がさらに深まることもあるかと思う．是非読み通して，多様体論における基本的概念をしっかりと身につけてほしい．

━━━ 第II部のテーマ ━━━

- 実射影空間 $\mathbf{R}P^n$
- 実一般線形群 $GL(n, \mathbf{R})$
- トーラス T^2
- 余接束 T^*M
- 複素射影空間 $\mathbf{C}P^n$

8 実射影空間 $\mathbf{R}P^n$

実射影空間 $\mathbf{R}P^n$ は一般にはユークリッド空間 $\mathbf{R}^m$ の部分集合としては定義されない，典型的な多様体の例である[1]．第 8 章では，$\mathbf{R}P^n$ に入る商位相とよばれる位相について述べた後，いよいよ多様体を定義し，数直線 $\mathbf{R}$，複素数平面 $\mathbf{C}$，n 次元の単位球面 S^n，そして，$\mathbf{R}P^n$ が多様体となることを示す．また，逆写像定理を用いて，径数付き部分多様体を貼り合わせて多様体を作ることについても述べる．さらに，複素内積空間や正則関数についての準備をし，多様体の "複素数版" である複素多様体を定義し，その例として，複素ユークリッド空間 $\mathbf{C}^n$，複素球面 Q^n，複素射影空間 $\mathbf{C}P^n$ を紹介する．

8.1 商位相

n 次元の単位球面 S^n の 2 点 x, y に対して，$y = \pm x$ であるとき，$x \sim y$ と表すと，$\sim$ は S^n 上の同値関係となる．S^n の $\sim$ による商集合を $\mathbf{R}P^n$ と表し，n 次元の**実射影空間**という[2]．$\mathbf{R}P^1$, $\mathbf{R}P^2$ はそれぞれ**実射影直線**，**実射影平面**ともいう．$x \in S^n$ に対して，$-x \in S^n$ を x の**対蹠点**という（図 8.1）．$\mathbf{R}P^n$ は S^n 上の対蹠点を同一視して得られる集合ということができる．また，$\mathbf{R}P^n$ は $\mathbf{R}^{n+1}$ の原点を通る直線全体の集合とみなすこともできる．実際，$x \in S^n$ を含む同値類である $\mathbf{R}P^n$ の元 $C(x)$ に対して，$\mathbf{0}$ と x を通る直線を対応させればよい．

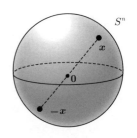

図 8.1　対蹠点のイメージ

$\mathbf{R}^{n+1}$ の部分集合である S^n は相対位相により位相空間となっており，また，自然な射影 $\pi : S^n \longrightarrow \mathbf{R}P^n$ は全射であることに注意しよう．このとき，$\mathbf{R}P^n$

---

[1]　$\mathbf{R}P^n$ が多様体となることについては例 8.9 で述べる．
[2]　$\mathbf{R}P^n = S^n/\sim$ を $\mathbf{R}P^n = S^n/\{\pm 1\}$ とも表す．

8.1 商位相 —— *131*

には商位相という位相を考えることができる.

例題 8.1 $(X, \mathfrak{O})$ を位相空間, Y を集合, $f : X \longrightarrow Y$ を全射とする. このとき, Y の部分集合系 $\mathfrak{O}(f)$ を

$$\mathfrak{O}(f) = \{O \subset Y \,|\, f^{-1}(O) \in \mathfrak{O}\} \tag{8.1}$$

により定める. $\mathfrak{O}(f)$ は Y の位相を定めることを示せ.

【解】 定義 1.16 の条件 (O1)〜(O3) を確認すればよい.
まず,

$$f^{-1}(Y) = X \in \mathfrak{O} \tag{8.2}$$

なので, $Y \in \mathfrak{O}(f)$. また,

$$f^{-1}(\varnothing) = \varnothing \in \mathfrak{O} \tag{8.3}$$

なので, $\varnothing \in \mathfrak{O}(f)$.

次に, $O_1, O_2 \in \mathfrak{O}(f)$ とする. このとき, $f^{-1}(O_1), f^{-1}(O_2) \in \mathfrak{O}$ である. よって,

$$f^{-1}(O_1 \cap O_2) = f^{-1}(O_1) \cap f^{-1}(O_2) \in \mathfrak{O} \tag{8.4}$$

なので, $O_1 \cap O_2 \in \mathfrak{O}(f)$.

さらに, $\{O_\lambda\}_{\lambda \in \Lambda}$ を $\mathfrak{O}(f)$ の元からなる集合族とする. このとき, 任意の $\lambda \in \Lambda$ に対して, $f^{-1}(O_\lambda) \in \mathfrak{O}$ である. よって,

$$f^{-1}\left(\bigcup_{\lambda \in \Lambda} O_\lambda\right) = \bigcup_{\lambda \in \Lambda} f^{-1}(O_\lambda) \in \mathfrak{O} \tag{8.5}$$

なので, $\bigcup_{\lambda \in \Lambda} O_\lambda \in \mathfrak{O}(f)$.

したがって, $\mathfrak{O}(f)$ は Y の位相を定める. ▮

例題 8.1 において, $\mathfrak{O}(f)$ を f により定まる Y の **商位相**という. また, 位相空間 $(Y, \mathfrak{O}(f))$ を f により定まる $(X, \mathfrak{O})$ の **商空間**という. この定義より, f は $(X, \mathfrak{O})$ から $(Y, \mathfrak{O}(f))$ への連続写像となる.

132 —— 第 8 章　実射影空間 $\mathbf{R}P^n$

■ 8.2 多様体

8.1 節で定義した $\mathbf{R}P^n$ はユークリッド空間の部分集合としては表されていないが，局所的には $\mathbf{R}^n$ の開集合と位相同型となる．実際，問題 6.1 のように，$i = 1, 2, \cdots, n+1$ に対して，S^n の開集合 U_i^+ を

$$U_i^+ = \{(x_1, x_2, \cdots, x_{n+1}) \in S^n \mid x_i > 0\} \tag{8.6}$$

により定めると，$\mathbf{R}P^n$ および商位相の定義より，$\{\pi(U_i^+)\}_{i=1}^{n+1}$ は $\mathbf{R}P^n$ の開被覆となる．そして，開集合 $D \subset \mathbf{R}^n$ および全単射 $f_i^+ : D \longrightarrow U_i^+$ を

$$D = \{\boldsymbol{x} \in \mathbf{R}^n \mid \|\boldsymbol{x}\| < 1\}, \quad f_i^+(\boldsymbol{x}) = (x_1, \cdots, x_{i-1}, \sqrt{1 - \|\boldsymbol{x}\|^2}, x_i, \cdots, x_n) \tag{8.7}$$

により定めると，$\pi \circ f_i^+ : D \longrightarrow \pi(U_i^+)$ は同相写像となるからである．ただし，(8.7) の第 2 式において，$\boldsymbol{x} = (x_1, x_2, \cdots, x_n) \in D$ である．$\mathbf{R}P^n$ のもつこのような性質を一般化し，位相多様体というものを定義することができる．まず，位相多様体に対して仮定されるハウスドルフ性について定義しよう．

定義 8.2 X を位相空間とする．X の異なる 2 点を開集合で分離することができるとき，すなわち，任意の異なる 2 点 $x, y \in X$ に対して，X の開集合 U，V が存在し，

$$x \in U, \quad y \in V, \quad U \cap V = \varnothing \tag{8.8}$$

となるとき，X を**ハウスドルフ空間**という[3]．　　　　　　　　　　　　　□

それでは，位相多様体を定義しよう．

定義 8.3 M をハウスドルフ空間とする．M の任意の点が $\mathbf{R}^n$ の開集合と同相な近傍をもつとき，すなわち，任意の $p \in M$ に対して，p を含む開集合

---

[3]　ハウスドルフは人名であるが，「X はハウスドルフである」と形容詞的に用いられることも多い．

U,開集合 $U' \subset \mathbf{R}^n$,同相写像 $\varphi : U \longrightarrow U'$ が存在するとき,M を**位相多様体**という(図 8.2).このとき,$\dim M = n$ と表し,n を M の**次元**という.また,組 (U, φ) を M の**座標近傍**,φ を U 上の**局所座標系**という.さらに,φ を関数 $x_1, x_2, \cdots, x_n : U \longrightarrow \mathbf{R}$ を用いて,$\varphi = (x_1, x_2, \cdots, x_n)$ と表しておくとき,$p \in U$ に対して,$(x_1(p), x_2(p), \cdots, x_n(p))$ を p の**局所座標**という. □

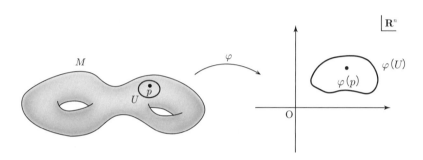

図 8.2 位相多様体のイメージ

注意 8.4 ハウスドルフ性を仮定しないと,点列の収束先が 1 点とは限らないなど,ユークリッド空間の満たすような局所的な性質を満たさないようなものまでも扱う必要が生じてしまう.よって,位相多様体を定義する際には,通常はハウスドルフ性を仮定する. □

補足 8.5 $\mathbf{R}P^n$ や今までに何度も現れてきた $\mathbf{R}^n$,S^n はすべて位相多様体であり,位相多様体としての次元は n である.$\mathbf{R}P^n$,$\mathbf{R}^n$,S^n のように,次元が n の位相多様体 M を M の右肩に n を付けて M^n と表すことがある. □

M を位相多様体とする.位相多様体の定義より,M の座標近傍からなる集合族 $\{(U_\alpha, \varphi_\alpha)\}_{\alpha \in A}$ が存在し,

$$M = \bigcup_{\alpha \in A} U_\alpha \tag{8.9}$$

と表すことができる.$\{(U_\alpha, \varphi_\alpha)\}_{\alpha \in A}$ を M の**座標近傍系**という.

3.6 節や 6.2 節で考えたように,M に対しても座標変換を考えることができ

る．(U, φ), (V, ψ) を M の座標近傍とし，$U \cap V \neq \emptyset$ であると仮定する．このとき，φ の $U \cap V$ への制限は同相写像 $\varphi|_{U \cap V} : U \cap V \longrightarrow \varphi(U \cap V)$ を定める．同様に，ψ の $U \cap V$ への制限は同相写像 $\psi|_{U \cap V} : U \cap V \longrightarrow \psi(U \cap V)$ を定める．よって，$\varphi|_{U \cap V}^{-1}$ と $\psi|_{U \cap V}$ の合成写像は同相写像

$$\psi|_{U \cap V} \circ \varphi|_{U \cap V}^{-1} : \varphi(U \cap V) \longrightarrow \psi(U \cap V) \tag{8.10}$$

を定める．$\psi|_{U \cap V} \circ \varphi|_{U \cap V}^{-1}$ を (U, φ) から (V, ψ) への**座標変換**という（図 **8.3**）．

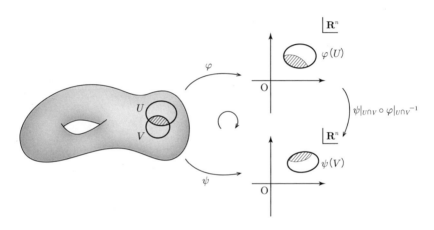

図 **8.3** 座標変換のイメージ

座標変換 (8.10) はユークリッド空間の開集合の間の写像であるから，微分可能性を考えることができる．これより，微分可能多様体というものを定義することができる．

定義 8.6 M を位相多様体，$\{(U_\alpha, \varphi_\alpha)\}_{\alpha \in A}$ を M の座標近傍系とし，$\mathcal{S} = \{(U_\alpha, \varphi_\alpha)\}_{\alpha \in A}$ とおく[4]．$U_\alpha \cap U_\beta \neq \emptyset$ となる任意の $\alpha, \beta \in A$ に対して，座標変換

$$\varphi_\beta|_{U_\alpha \cap U_\beta} \circ \varphi_\alpha|_{U_\alpha \cap U_\beta}^{-1} : \varphi_\alpha(U_\alpha \cap U_\beta) \longrightarrow \varphi_\beta(U_\alpha \cap U_\beta) \tag{8.11}$$

---

[4] $\mathcal{S}$ はアルファベットの S の筆記体である．

が C^r 級のとき，組 $(M, \mathcal{S})$ または M を C^r **級微分可能多様体**または C^r **級多様体**という．このとき，$\mathcal{S}$ を C^r **級座標近傍系**という．C^∞ 級多様体を**滑らかな多様体**ともいう． $\square$

補足 8.7 C^r 級多様体に対する座標変換は C^r 級微分同相写像を定める． $\square$

例 8.8（$\mathbf{R}^n$） n 次元の位相多様体 $\mathbf{R}^n$ は C^∞ 級多様体となる．実際，C^∞ 級座標近傍系 $\mathcal{S}$ は $\mathcal{S} = \{(\mathbf{R}^n, 1_{\mathbf{R}^n})\}$ により定めればよい．特に，第 1 章のタイトルである数直線 $\mathbf{R}$ は 1 次元の C^∞ 級多様体となり，第 2 章のタイトルである複素数平面 $\mathbf{C}$ も $\mathbf{R}^2$ とみなすことができるので，2 次元の C^∞ 級多様体となる． $\square$

例 8.9（S^n, $\mathbf{R}P^n$） 問題 6.1（4）の計算はその他の座標変換に対しても同様に行うことができるので，n 次元の位相多様体 S^n は C^∞ 級多様体となる．特に，第 3 章，第 6 章のタイトルである単位円 S^1，単位球面 S^2 は C^∞ 級多様体となる．同様に，n 次元の位相多様体 $\mathbf{R}P^n$ について，上で定めた記号を用いると，$i \neq j$ となる $i, j = 1, 2, \cdots, n+1$ に対して，$(\pi(U_i^+), (f_i^+)^{-1})$ から $(\pi(U_j^+), (f_j^+)^{-1})$ への座標変換は C^∞ 級写像となる．よって，本章のタイトルである実射影空間 $\mathbf{R}P^n$ は C^∞ 級多様体となる． $\square$

8.3 逆写像定理

逆写像定理を用いると，C^r 級径数付き部分多様体を貼り合わせて，C^r 級多様体を作ることができる．まず，7.6 節で述べた陰関数定理を用いて，逆写像定理を示そう．

定理 8.10（逆写像定理） $\boldsymbol{a} \in \mathbf{R}^n$ を固定しておき，$f : U \longrightarrow \mathbf{R}^n$ を $\boldsymbol{a}$ を含む $\mathbf{R}^n$ の開集合 U で C^r 級の写像とする．f が $\det f'(\boldsymbol{a}) \neq 0$ を満たすならば，$f(\boldsymbol{a})$ を含む $\mathbf{R}^n$ のある開集合 V で C^r 級の f の逆写像 f^{-1} が存在する．さらに，

$$(f^{-1})'(f(\boldsymbol{x})) = f'(\boldsymbol{x})^{-1} \qquad (\boldsymbol{x} \in V) \tag{8.12}$$

が成り立つ． $\square$

136——— 第 8 章 　実射影空間 $\mathbf{R}P^n$

証明　$b = f(a)$ とおき，写像 $F : \mathbf{R}^n \times U \longrightarrow \mathbf{R}^n$ を

$$F(y, x) = f(x) - y \qquad (y \in \mathbf{R}^n, \ x \in U) \tag{8.13}$$

により定める．このとき，

$$F(b, a) = f(a) - b = 0. \tag{8.14}$$

また，仮定より，

$$\det \frac{\partial F}{\partial x}(b, a) = \det f'(a) \neq 0. \tag{8.15}$$

よって，定理 7.9（陰関数定理）より，b を含む $\mathbf{R}^n$ のある開集合 V で C^r 級の写像 $\varphi : V \longrightarrow \mathbf{R}^n$ が存在し，

$$\varphi(b) = a, \quad F(y, \varphi(y)) = 0 \quad (y \in V). \tag{8.16}$$

(8.13), (8.16) の第 2 式より，$f(\varphi(y)) = y$. したがって，φ は f の逆写像 f^{-1} を定める．さらに，$x = f^{-1}(y)$ とおくと，

$$(f^{-1})'(f(x)) = \varphi'(y) = -\frac{\partial F}{\partial y}(y, \varphi(y)) \left(\frac{\partial F}{\partial x}(y, \varphi(y)) \right)^{-1} = (f'(x))^{-1} \tag{8.17}$$

となり，(8.12) が成り立つ．　∎

　さて，$M \subset \mathbf{R}^n$ とし，任意の $p \in M$ に対して，p を含む M の開集合 U が存在し，U は m 次元の C^r 級径数付き部分多様体 $f : D \longrightarrow \mathbf{R}^n$ の像として表されているとする．ただし，m および r は p に依存しないとする．まず，ハウスドルフ空間の部分空間はハウスドルフであることに注意すると，M はハウスドルフである．次に，$p \in M$ を固定しておき，上の f を関数 $f_1, f_2, \cdots, f_n : D \longrightarrow \mathbf{R}$ を用いて，$f = (f_1, f_2, \cdots, f_n)$ と表しておくと，定義 7.5（P1）の条件より，必要ならば座標系の番号を入れ替えることにより，

$$\det \left(\frac{\partial f_i}{\partial x_j}(p) \right)_{i,j=1,2,\cdots,m} \neq 0 \tag{8.18}$$

が成り立つとしてよい．このとき，C^r 級写像 $g : D \times \mathbf{R}^{n-m} \longrightarrow \mathbf{R}^n$ を

$$g(\boldsymbol{x}, \boldsymbol{y}) = f(\boldsymbol{x}) + (\boldsymbol{0}, \boldsymbol{y}) \qquad (\boldsymbol{x} \in D, \ \boldsymbol{y} \in \mathbf{R}^{n-m}) \qquad (8.19)$$

により定めると, (8.18) より,

$$\det g'(\boldsymbol{p}, \boldsymbol{0}) = \det \begin{pmatrix} f'(\boldsymbol{p}) & \\ O & E_{n-m} \end{pmatrix} = \det \left(\frac{\partial f_i}{\partial x_j}(\boldsymbol{p}) \right)_{i,j=1,2,\cdots,m} \neq 0$$
$$(8.20)$$

である. よって, 定理 8.10 (逆写像定理) より, $g(\boldsymbol{p}, \boldsymbol{0}) = f(\boldsymbol{p})$ を含む $\mathbf{R}^n$ の
ある開集合 V で C^r 級の g の逆写像 g^{-1} が存在する. そこで, M の各点にお
いて, 上のような f をすべて考え, それらを用いて $\mathcal{S} = \{(f_\alpha(D_\alpha), f_\alpha^{-1})\}_{\alpha \in A}$
とおく. このとき, 上で述べたことと C^r 級写像と C^r 級写像の合成写像は C^r
級写像となることより, 座標変換は C^r 級写像となる. したがって, $\mathcal{S}$ は M の
C^r 級座標近傍系となり, M は m 次元の C^r 級多様体となる.

8.4 複素内積空間*

多様体はいわばユークリッド空間の開集合を貼り合わせて得られる図形であ
るが, ユークリッド空間を複素ユークリッド空間に置き換えると, 複素多様体
の概念が得られる. ここでは, 複素多様体を定義するための準備として, 複素
内積空間について述べよう.

定義 8.11　V を $\mathbf{C}$ 上のベクトル空間とし, $\boldsymbol{z}, \boldsymbol{w}, \boldsymbol{v} \in V$, $k \in \mathbf{C}$ とする. 任
意の $\boldsymbol{z}, \boldsymbol{w}$ に対して, 複素数 $\langle \boldsymbol{z}, \boldsymbol{w} \rangle \in \mathbf{C}$ が定まり, 次の (C1)〜(C3) が成り
立つとき, $\langle \boldsymbol{z}, \boldsymbol{w} \rangle$ を $\boldsymbol{z}$ と $\boldsymbol{w}$ の**エルミート内積**または**複素内積**, 組 $(V, \langle \ , \ \rangle)$ ま
たは V を**複素内積空間**または**複素計量ベクトル空間**という.

(C1) $\langle \boldsymbol{z}, \boldsymbol{w} \rangle = \overline{\langle \boldsymbol{w}, \boldsymbol{z} \rangle}$. (**共役対称性**)

(C2) $\langle \boldsymbol{z} + \boldsymbol{w}, \boldsymbol{v} \rangle = \langle \boldsymbol{z}, \boldsymbol{v} \rangle + \langle \boldsymbol{w}, \boldsymbol{v} \rangle$, $\langle k\boldsymbol{z}, \boldsymbol{w} \rangle = k \langle \boldsymbol{z}, \boldsymbol{w} \rangle$. (**半線形性**)

(C3) $\langle \boldsymbol{z}, \boldsymbol{z} \rangle \geq 0$ で, $\langle \boldsymbol{z}, \boldsymbol{z} \rangle = 0 \iff \boldsymbol{z} = \boldsymbol{0}$. (**正値性**)　　　　□

注意 8.12　$\mathbf{R}$ 上のベクトル空間に対する内積の場合は, 定義 2.18 (I1), (I2) より,

138——第 8 章　実射影空間 $\mathbf{R}P^n$

右側の成分に関する線形性

$$\langle z, w + v \rangle = \langle z, w \rangle + \langle z, v \rangle, \qquad \langle z, kw \rangle = k \langle z, w \rangle \qquad (8.21)$$

が得られる．一方，エルミート内積の場合は，定義 8.11（C1），（C2）より，(8.21)
の第 1 式は成り立つが，第 2 式は一般には成り立たず，正しい式は

$$\langle z, kw \rangle = \bar{k} \langle z, w \rangle \qquad (8.22)$$

となる． ▯

2.6 節と同様に，複素内積空間のベクトルに対してもノルムを定めよう．
$(V, \langle\ ,\ \rangle)$ を複素内積空間とする．このとき，エルミート内積の正値性より，
$z \in V$ に対して，0 以上の実数 $\|z\|$ を

$$\|z\| = \sqrt{\langle z, z \rangle} \qquad (8.23)$$

により定めることができる．また，$\|z\| = 0$ となるのは $z = \mathbf{0}$ のときに限る．
$\|z\|$ を z の**ノルム**，**長さ**または**大きさ**，対応 $\|\ \|$ を V の**ノルム**という．ノルム
に関して，定理 2.20 とまったく同様の性質が成り立つ．よって，$z, w \in V$ に
対して，

$$d(z, w) = \|z - w\| \qquad (8.24)$$

とおくと，定理 2.21 と同様に，d は V 上の距離を定め，(V, d) は距離空間と
なる．

　以下に述べる複素ユークリッド空間は基本的かつ重要な複素内積空間の例で
ある．まず，$n \in \mathbf{N}$ を固定しておき，$\mathbf{C}$ の n 個の積を $\mathbf{C}^n$ と表す．すなわち，

$$\mathbf{C}^n = \{(z_1, z_2, \cdots, z_n) \mid z_1, z_2, \cdots, z_n \in \mathbf{C}\} \qquad (8.25)$$

である．$\mathbf{C}^n$ を n **次元複素ユークリッド空間**という．

　$\mathbf{C}^n$ は $\mathbf{C}$ 上の n 次元のベクトル空間となり，さらに，複素内積空間となる．
まず，

$$\boldsymbol{z} = (z_1, z_2, \cdots, z_n), \boldsymbol{w} = (w_1, w_2, \cdots, w_n) \in \mathbf{C}^n \qquad (8.26)$$

に対して，和 $\boldsymbol{z} + \boldsymbol{w}$ を

$$\boldsymbol{z} + \boldsymbol{w} = (z_1 + w_1, z_2 + w_2, \cdots, z_n + w_n) \qquad (8.27)$$

により定める．さらに，$k \in \mathbf{C}$ とし，スカラー倍 $k\boldsymbol{z}$ を

$$k\boldsymbol{z} = (kz_1, kz_2, \cdots, kz_n) \qquad (8.28)$$

により定める．このように定めた和およびスカラー倍は定義 2.15（V1）〜（V7）の条件を満たし，$\mathbf{C}^n$ は $\mathbf{C}$ 上のベクトル空間となる．なお，$\mathbf{C}^n$ の零ベクトル $\boldsymbol{0}$ は $\boldsymbol{0} = (0, 0, \cdots, 0) \in \mathbf{C}^n$ である．次に，複素数 $\langle \boldsymbol{z}, \boldsymbol{w} \rangle \in \mathbf{C}$ を

$$\langle \boldsymbol{z}, \boldsymbol{w} \rangle = z_1 \bar{w}_1 + z_2 \bar{w}_2 + \cdots + z_n \bar{w}_n \qquad (8.29)$$

により定める．ただし，$z \in \mathbf{C}$ に対して，$\bar{z}$ は z の共役複素数である．このように定めた対応 $\langle \ , \ \rangle$ は定義 8.11（C1）〜（C3）の条件を満たし，$(\mathbf{C}^n, \langle \ , \ \rangle)$ は複素内積空間となる．このエルミート内積を $\mathbf{C}^n$ の**標準エルミート内積**という．以上により，$\mathbf{C}^n$ は複素内積空間となるので，$\mathbf{C}^n$ はエルミート内積から定まるノルムを用いることにより，距離空間となる．このときの距離を**ユークリッド距離**という．特に，$n = 1$ のときは，上のノルムは複素数に対する絶対値 (2.13) に他ならない．また，$\mathbf{R}^n$ の場合と同様に考えると，$\mathbf{C}^n$ の次元は n，すなわち，$\dim \mathbf{C}^n = n$ であることがわかる．

$a_1, a_2, \cdots, a_n, b_1, b_2, \cdots, b_n \in \mathbf{R}$ とし，対応

$$\mathbf{C}^n \ni (a_1 + b_1 i, a_2 + b_2 i, \cdots, a_n + b_n i) \longmapsto (a_1, b_1, a_2, b_2, \cdots, a_n, b_n) \in \mathbf{R}^{2n}$$
$$(8.30)$$

を考えると，$\mathbf{C}^n$ は $\mathbf{R}^{2n}$ と同一視することができる．ここで，$\mathbf{C}^n$ と $\mathbf{R}^{2n}$ のノルムについて，等式

$$\|(a_1 + b_1i, a_2 + b_2i, \cdots, a_n + b_ni)\| = \|(a_1, b_1, a_2, b_2, \cdots, a_n, b_n)\|$$
(8.31)

が成り立つので，(8.30) は距離空間あるいは位相空間としての構造も含めた $\mathbf{C}^n$ から $\mathbf{R}^{2n}$ への対応を与え，$\mathbf{C}^n$ における点列の収束や開集合および閉集合といった位相的概念は $\mathbf{R}^{2n}$ におけるものとまったく同じである.

■ 8.5 正則関数*

8.4 節に続いて，複素多様体を定義するためのもう 1 つの準備として，複素関数論で学ぶ正則関数について述べよう[5]. まず，実数 x を変数とする実数値関数 f の導関数 f' は

$$f'(x) = \lim_{h \to 0} \frac{f(x+h) - f(x)}{h}$$
(8.32)

により定められるのであった. 一方，第 2 章で扱ったように，四則演算は $\mathbf{C}$ に対しても定義され，さらに，絶対値は $\mathbf{C}$ 上の距離を定める. よって，複素数を変数とする複素数値関数についても，(8.32) と同様の式を考えることができる. なお，実数を変数とする実数値関数を**実関数**，複素数を変数とする複素数値関数を**複素関数**という.

> **定義 8.13** $D \subset \mathbf{C}$ を開集合，$f : D \longrightarrow \mathbf{C}$ を D で定義された複素関数とし，$a \in D$ とする. 極限値
>
> $$\lim_{h \to 0} \frac{f(a+h) - f(a)}{h}$$
> (8.33)
>
> が存在するとき，f は a で**複素微分可能**または**微分可能**であるという. f が D の各点で微分可能なとき，f は D で**正則**である，または f を D 上の**正則関数**という. このとき，

---

[5] 複素関数論については，例えば，巻末の「読者のためのブックガイド」の文献 [7] を見よ.

$$f'(z) = \lim_{h \to 0} \frac{f(z+h) - f(z)}{h} \qquad (z \in D) \qquad (8.34)$$

により定まる複素関数 $f' : D \longrightarrow \mathbf{C}$ を f の**導関数**という. □

例 8.14 $n \in \mathbf{N}$ に対して,複素関数 $f : \mathbf{C} \longrightarrow \mathbf{C}$ を

$$f(z) = z^n \qquad (z \in \mathbf{C}) \qquad (8.35)$$

により定める.このとき,f は $\mathbf{C}$ で正則で,

$$f'(z) = nz^{n-1} \qquad (8.36)$$

である.証明は実関数の場合と同様である. □

例題 8.15 複素関数 $f : \mathbf{C} \longrightarrow \mathbf{C}$ を

$$f(z) = \bar{z} \qquad (z \in \mathbf{C}) \qquad (8.37)$$

により定める.

(1) $h \in \mathbf{R} \setminus \{0\}$ として,極限値 $\displaystyle\lim_{h \to 0} \frac{f(z+h) - f(z)}{h}$ を求めよ.

(2) $h = ki \ (k \in \mathbf{R} \setminus \{0\})$ として,極限値 $\displaystyle\lim_{h \to 0} \frac{f(z+h) - f(z)}{h}$ を求めよ.

【解】 (1) $h \in \mathbf{R} \setminus \{0\}$ なので,

$$\frac{f(z+h) - f(z)}{h} = \frac{\overline{z+h} - \bar{z}}{h} = \frac{\bar{z} + \bar{h} - \bar{z}}{h} = \frac{h}{h} = 1. \qquad (8.38)$$

よって,求める極限値は 1 である.

(2) $h = ki \ (k \in \mathbf{R} \setminus \{0\})$ なので,

$$\frac{f(z+h) - f(z)}{h} = \frac{\overline{z+ki} - \bar{z}}{ki} = \frac{\bar{z} + \overline{ki} - \bar{z}}{ki} = \frac{-ki}{ki} = -1. \qquad (8.39)$$

よって,求める極限値は -1 である. ▌

補足 8.16 例題 8.15 において,(1),(2) より,f は $\mathbf{C}$ の任意の点で微分可能

ではないことがわかる. □

実関数の場合と同様に,複素関数の導関数の連続性に関して,次の定理 8.17 が成り立つ.

定理 8.17 $D \subset \mathbf{C}$ を開集合,$f : D \longrightarrow \mathbf{C}$ を D で定義された複素関数とし,$a \in D$ とする.f が a で微分可能ならば,f は a で連続である. □

また,複素関数に対しても和や差や定数倍(複素数倍)を考えることができる.そして,正則関数の微分は線形性を満たす,すなわち,$D \subset \mathbf{C}$ を開集合,$f, g : D \longrightarrow \mathbf{C}$ を D 上の正則関数とし,$k \in \mathbf{C}$ とすると,

$$(f \pm g)'(z) = f'(z) \pm g'(z) \quad (\text{複号同順}), \quad (kf)'(z) = kf'(z) \quad (z \in D) \tag{8.40}$$

が成り立つ.さらに,正則関数についても,積の微分法,商の微分法,合成関数の微分法,逆関数の微分法が成り立つ. □

例 8.18 開集合 $D \subset \mathbf{C}$ を

$$D = \{z \in \mathbf{C} \mid z \neq 0, \ -\pi < \arg z < \pi\} \tag{8.41}$$

により定める(**図 8.4**).

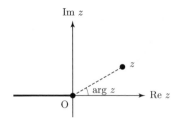

図 8.4 開集合 D(原点 O と太線部分を除いた領域)

$z \in D$ を極形式を用いて,

$$z = r(\cos\theta + i\sin\theta) \qquad (r > 0,\ -\pi < \theta < \pi) \tag{8.42}$$

と表しておき，

$$w = \sqrt{r}\left(\cos\frac{\theta}{2} + i\sin\frac{\theta}{2}\right) \tag{8.43}$$

とおく．このとき，倍角の公式より，$w^2 = z$ となる．よって，

$$w = f(z) = \sqrt{z} \tag{8.44}$$

と表し，

$$E = \{w \in \mathbf{C} \,|\, \mathrm{Re}\, w > 0\} \tag{8.45}$$

とおくと，f は D から E への全単射を定める（**図 8.5**）．

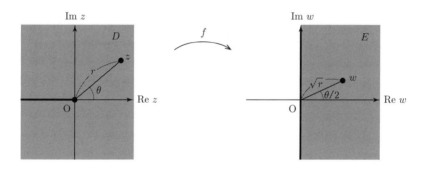

図 8.5 全単射 $f: D \longrightarrow E$

実関数の場合と同様に，逆関数の微分法を用いると，f は D で正則で，

$$f'(z) = \frac{1}{2\sqrt{z}} \qquad (z \in D) \tag{8.46}$$

となることがわかる． □

$D \subset \mathbf{C}$ を開集合，$f: D \longrightarrow \mathbf{C}$ を D 上の正則関数とし，$z \in D$ および f を

$$z = x + yi, \qquad f = u + vi \tag{8.47}$$

と実部と虚部に分けておく．このとき，u, v は 2 変数 x, y の実数値関数とみなすことができる．ここで，$h \in \mathbf{R} \setminus \{0\}$ を $z + h \in D$ となるように取ってお

144———第 8 章 実射影空間 $\mathbf{R}P^n$

くと，$f(z+h)$, $u(x+h, y)$, $v(x+h, y)$ が定義され，

$$\frac{f(z+h) - f(z)}{h} = \frac{u(x+h, y) - u(x, y)}{h} + \frac{v(x+h, y) - v(x, y)}{h} i$$

$$(8.48)$$

となる．f の正則性より，$h \longrightarrow 0$ としたとき，(8.48) の左辺は $f'(z)$ に収束するので，

$$f'(z) = \frac{\partial u}{\partial x}(x, y) + i \frac{\partial v}{\partial x}(x, y) \tag{8.49}$$

を得る．

一方，$k \in \mathbf{R} \setminus \{0\}$ を $z + ki \in D$ となるように取っておくと，$f(z+ki)$, $u(x, y+k)$, $v(x, y+k)$ が定義され，

$$\frac{f(z+ki) - f(z)}{ki} = \frac{u(x, y+k) - u(x, y)}{ki} + \frac{v(x, y+k) - v(x, y)}{ki} i$$

$$(8.50)$$

となる．f の正則性より，$k \longrightarrow 0$ としたとき，(8.50) の左辺は $f'(z)$ に収束するので，

$$f'(z) = \frac{\partial v}{\partial y}(x, y) - i \frac{\partial u}{\partial y}(x, y) \tag{8.51}$$

を得る．

(8.49)，(8.51) より，D 上で等式

$$\frac{\partial u}{\partial x} = \frac{\partial v}{\partial y}, \quad \frac{\partial u}{\partial y} = -\frac{\partial v}{\partial x} \tag{8.52}$$

が成り立つ．(8.52) を**コーシー-リーマンの関係式**という．逆に，u, v が C^1 級であると仮定すると，テイラーの定理を用いることにより，(8.52) から f の正則性を示すことができるが，実は，f の連続性，u, v の偏微分可能性と (8.52) のみから同じ結論を得られることが知られている[6]．このように，正則関数は微分可能な実関数とは大きく異なり，さらに，任意の点において，テイラー展開可能であることもわかる．

---

[6]　ローマン-メンショフの定理として知られているが，証明は易しくはない．

8.6 複素多様体* ———*145*

8.6 複素多様体*

$D \subset \mathbf{C}^m$ を開集合とし，$f : D \longrightarrow \mathbf{C}^n$ を D から $\mathbf{C}^n$ への写像とする．このとき，f は複素関数 $f_1, \cdots, f_n : D \longrightarrow \mathbf{C}$ を用いて，

$$f(z_1, \cdots, z_m) = (f_1(z_1, \cdots, z_m), \cdots, f_n(z_1, \cdots, z_m)) \quad ((z_1, \cdots, z_m) \in D) \tag{8.53}$$

と表すことができる．$i = 1, \cdots, m$，$j = 1, \cdots, n$ とし，各 z_i について，各 f_j が正則関数であるとき，f を**正則写像**という．それでは，複素多様体を定義しよう．

定義 8.19 M をハウスドルフ空間とする．M の任意の点が $\mathbf{C}^n$ の開集合と同相な近傍をもち，座標変換がすべて正則写像となるとき，M を**複素多様体**という．このとき，$\dim M = n$ と表し，n を M の**次元**という．複素多様体に対する座標近傍，局所座標系，局所座標，座標近傍系をそれぞれ**正則座標近傍**，**複素局所座標系**，**複素局所座標**，**正則座標近傍系**という． ▫

なお，定義 8.6 で定めた多様体を**実多様体**ともいう．8.4 節の最後に述べたように，$\mathbf{C}^n$ の開集合は $\mathbf{R}^{2n}$ の開集合ともみなすことができるので，M が複素多様体として n 次元ならば，M は実多様体として $2n$ 次元である[7]．また，複素多様体に対する座標変換は正則写像なので，正則座標近傍に制限して考えることにより，実多様体の場合と同様に，複素多様体上の正則関数や複素多様体の間の正則写像といった概念を定めることができる[8]．

例 8.20（$\mathbf{C}^n$） $\mathbf{R}^n$ が n 次元の実多様体となるのと同様に，$\mathbf{C}^n$ は n 次元の複素多様体となる． ▫

---

[7] 実多様体としての次元を $\dim_\mathbf{R} M$，複素多様体として次元を $\dim_\mathbf{C} M$ と表すこともある．

[8] 実多様体上の関数については 9.3 節で，実多様体の間の写像については 9.4 節で述べる．

146——— 第 8 章　実射影空間 $\mathbf{R}P^n$

例 8.21（複素球面）　$n \in \mathbf{N}$ とし，$\mathbf{C}^{n+1}$ の部分集合 Q^n を

$$Q^n = \{(z_1, z_2, \cdots, z_{n+1}) \in \mathbf{C}^{n+1} \mid z_1^2 + z_2^2 + \cdots + z_{n+1}^2 = 1\} \quad (8.54)$$

により定める．Q^n を n 次元の**複素球面**という．

　Q^n が複素多様体となることを示すために，立体射影から得られた (6.27), (6.29) の全単射 f_{N}, f_{S} の変数を複素数の範囲にまで拡げてみよう．まず，$\varepsilon = \pm 1$ とし，$(z_1, z_2, \cdots, z_{n+1}) \in Q^n$, $z_{n+1} \neq \varepsilon$ のとき，

$$w_1 = \frac{z_1}{1 - \varepsilon z_{n+1}}, \quad w_2 = \frac{z_2}{1 - \varepsilon z_{n+1}}, \quad \cdots, \quad w_n = \frac{z_n}{1 - \varepsilon z_{n+1}} \quad (8.55)$$

とおく．このとき，(8.54), (8.55) より，

$$w_1^2 + w_2^2 + \cdots + w_n^2 + 1 = \frac{z_1^2 + z_2^2 + \cdots + z_n^2}{(1 - \varepsilon z_{n+1})^2} + 1 = \frac{1 - z_{n+1}^2}{(1 - \varepsilon z_{n+1})^2} + 1 = \frac{2}{1 - \varepsilon z_{n+1}}$$
$$(8.56)$$

であることに注意しよう．(8.56) より，Q^n の開集合 U_ε, 開集合 $U' \subset \mathbf{C}^n$ をそれぞれ

$$U_\varepsilon = \{(z_1, z_2, \cdots, z_{n+1}) \in Q^n \mid z_{n+1} \neq \varepsilon\}, \quad (8.57)$$

$$U' = \{(w_1, w_2, \cdots, w_n) \in \mathbf{C}^n \mid w_1^2 + w_2^2 + \cdots + w_n^2 \neq -1\} \quad (8.58)$$

により定めると，(8.55) は U_ε から U' への同相写像を定める．さらに，単位球面 S^n の場合と同様にして，座標変換が正則写像となることもわかる．よって，Q^n は n 次元の複素多様体となる．　　　　　　　　　　　　　　　　　　　　　　　　　　□

例 8.22（複素射影空間）　$z, w \in Q^n$ に対して，$z = \pm w$ であるとき，$z \sim w$ と表すと，$\sim$ は Q^n 上の同値関係となる．Q^n の $\sim$ による商集合を $\mathbf{C}P^n$ と表し，n 次元の**複素射影空間**という．$\mathbf{C}P^1$, $\mathbf{C}P^2$ はそれぞれ**複素射影直線，複素射影平面**ともいう．$\mathbf{C}P^n$ は $\mathbf{C}^{n+1}$ の原点を通る直線全体の集合とみなすこともできる．$\mathbf{C}P^n$ に対しては自然な射影 $\pi : Q^n \longrightarrow \mathbf{C}P^n$ により定まる商位相を考える．

　$\mathbf{C}P^n$ が複素多様体となることを示そう．まず，$i = 1, 2, \cdots, n+1$ に対して，Q^n の開集合 U_i^+ を

$$U_i^+ = \{(z_1, z_2, \cdots, z_{n+1}) \in Q^n \mid \mathrm{Re}\, z_i > 0\} \quad (8.59)$$

演習問題 —— *147*

により定めると，$\mathbf{C}P^n$ および商位相の定義より，$\{\pi(U_i^+)\}_{i=1}^{n+1}$ は $\mathbf{C}P^n$ の開被覆とな
る．そして，開集合 $D \subset \mathbf{C}^n$ および全単射 $f_i^+ : D \longrightarrow U_i^+$ を

$$D = \left\{ (z_1, z_2, \cdots, z_n) \in \mathbf{C}^n \,\middle|\, \begin{array}{l} 1 - (z_1^2 + z_2^2 + \cdots + z_n^2) \neq 0, \\ -\pi < \arg\left(1 - (z_1^2 + z_2^2 + \cdots + z_n^2)\right) < \pi \end{array} \right\},$$
(8.60)

$$f_i^+(z_1, z_2, \cdots, z_n) = (z_1, \cdots, z_{i-1}, \sqrt{1 - (z_1^2 + z_2^2 + \cdots + z_n^2)}, z_i, \cdots, z_n)$$
(8.61)

により定めると，$\pi \circ f_i^+ : D \longrightarrow \pi(U_i^+)$ は同相写像となる．ただし，(8.61) におい
て，$(z_1, z_2, \cdots, z_n) \in D$ で，平方根の記号 $\sqrt{\ }$ は例 8.18 で定めたものである．この
とき，例 8.9 の実射影空間 $\mathbf{R}P^n$ の場合と同様に，座標変換が正則写像となることも
わかる．よって，$\mathbf{C}P^n$ は n 次元の複素多様体となる． ☐

═══════════ **演習問題** ═══════════

問題 8.1 $n \in \mathbf{N}$ とし，$\boldsymbol{x}, \boldsymbol{y} \in \mathbf{R}^{n+1} \setminus \{\mathbf{0}\}$ に対して，ある $\lambda \in \mathbf{R} \setminus \{0\}$ が存在し，
$\boldsymbol{y} = \lambda \boldsymbol{x}$ となるとき，$\boldsymbol{x} \sim \boldsymbol{y}$ と表すと，$\sim$ は $\mathbf{R}^{n+1} \setminus \{\mathbf{0}\}$ 上の同値関係となる．この
とき，$\mathbf{R}^{n+1} \setminus \{\mathbf{0}\}$ の $\sim$ による商集合は $\mathbf{R}P^n$ に他ならない．実際，$\boldsymbol{x} \in \mathbf{R}^{n+1} \setminus \{\mathbf{0}\}$
を含む同値類の元 $C(\boldsymbol{x})$ に対して，$\mathbf{0}$ と $\boldsymbol{x}$ を通る直線を対応させればよい．

$\pi : \mathbf{R}^{n+1} \setminus \{\mathbf{0}\} \longrightarrow \mathbf{R}P^n$ を自然な射影とし，$p \in \mathbf{R}P^n$ を

$$p = \pi(\boldsymbol{x}) = [x_1 : x_2 : \cdots : x_{n+1}] \quad (\boldsymbol{x} = (x_1, x_2, \cdots, x_{n+1}) \in \mathbf{R}^{n+1} \setminus \{\mathbf{0}\})$$

と表しておく．

(1) $i = 1, 2, \cdots, n+1$ とする．$x_i \neq 0$ という性質は $\boldsymbol{x}$ の選び方に依存しないので，
$U_i \subset \mathbf{R}P^n$ を

$$U_i = \{\pi(\boldsymbol{x}) \,|\, \boldsymbol{x} = (x_1, x_2, \cdots, x_{n+1}) \in \mathbf{R}^{n+1} \setminus \{\mathbf{0}\},\ x_i \neq 0\}$$

により定めることができる．π により定まる商位相を考えると，U_i は $\mathbf{R}P^n$ の
開集合であることを示せ．

(2) $p \in U_i$，$j = 1, 2, \cdots, n+1$ とする．比 $\frac{x_j}{x_i}$ は $\boldsymbol{x}$ の選び方に依存しないので，写
像 $\varphi_i : U_i \longrightarrow \mathbf{R}^n$ を

148 —— 第 8 章 実射影空間 $\mathbf{R}P^n$

$$\varphi_i(p) = \left(\frac{x_1}{x_i}, \cdots, \frac{x_{i-1}}{x_i}, \frac{x_{i+1}}{x_i}, \cdots, \frac{x_{n+1}}{x_i} \right)$$

により定めることができる．$\mathbf{R}P^n$ は $\{(U_i, \varphi_i)\}_{i=1}^{n+1}$ を座標近傍系とする n 次元の位相多様体となることを示せ．

(3) $\mathbf{R}P^n$ は C^∞ 級多様体となることを示せ．

補足 8.23 $[x_1 : x_2 : \cdots : x_{n+1}]$ を p の**同次座標**または**斉次座標**という．また，$\left(\frac{x_1}{x_i}, \cdots, \frac{x_{i-1}}{x_i}, \frac{x_{i+1}}{x_i}, \cdots, \frac{x_{n+1}}{x_i} \right)$ を p の**非同次座標**または**非斉次座標**という． 　□

問題 8.2 複素関数 $f : \mathbf{C} \longrightarrow \mathbf{C}$ を

$$f(z) = e^x(\cos y + i \sin y) \qquad (z = x + yi \in \mathbf{C})$$

により定める．f は $\mathbf{C}$ で正則であることを示せ．

補足 8.24 指数関数に対するマクローリン展開

$$e^x = \sum_{n=0}^{\infty} \frac{1}{n!} x^n \qquad (x \in \mathbf{R})$$

において，右辺の x に $z \in \mathbf{C}$ を代入して得られる級数は収束することがわかる．よって，複素関数としての指数関数 e^z を定めることができる．このとき，指数法則および三角関数に対するマクローリン展開を用いることにより，

$$e^z = e^x(\cos y + i \sin y) \qquad (z = x + yi \in \mathbf{C})$$

が成り立つことがわかる． 　□

9 実一般線形群 $GL(n, \mathbf{R})$

　第 9 章では，実一般線形群 $GL(n, \mathbf{R})$ が n^2 次元ユークリッド空間 $\mathbf{R}^{n^2}$ の開部分多様体とよばれる多様体となることを示し，続いて開部分多様体の概念を一般化した部分多様体を扱う[1]．また，多様体上の関数や多様体の間の写像の微分可能性を考察し，多様体論における基本概念である接ベクトルや接空間について述べる．さらに，実際に多様体を構成する際に重要な役割を果たす正則値定理について述べ，正則値定理を用いて得られる多様体の例として，実特殊線形群 $SL(n, \mathbf{R})$，直交群 $O(n)$ や特殊直交群 $SO(n)$ などを紹介する．

■ 9.1　開部分多様体

　n 次の実正方行列は実数を正方形状に n^2 個並べたものなので，n 次の実正方行列全体の集合 $M_n(\mathbf{R})$ は n^2 次元ユークリッド空間 $\mathbf{R}^{n^2}$ とみなすことができる．よって，$\underline{M_n(\mathbf{R})}$ は C^∞ 級多様体となる．ここで，$M_n(\mathbf{R})$ の部分集合である n 次の実一般線形群 $GL(n, \mathbf{R})$ に注目してみよう（例 4.7 参照）．

補足 9.1　一般に，有限次元ベクトル空間は基底を選んでおくことにより，ユークリッド空間とみなすことができるので，C^∞ 級多様体となる．　　　　□

例題 9.2　$GL(n, \mathbf{R})$ は $M_n(\mathbf{R})$ の開集合であることを示せ．

　【解】　行列式は成分の多項式で表されるので，行列式を対応させる関数 $\det : M_n(\mathbf{R}) \longrightarrow \mathbf{R}$ は連続関数である．また，$GL(n, \mathbf{R})$ の定義より，

$$GL(n, \mathbf{R}) = (\det)^{-1}(\mathbf{R} \setminus \{0\}) \tag{9.1}$$

と表すことができる．ここで，$\mathbf{R} \setminus \{0\}$ は $\mathbf{R}$ の開集合なので，(9.1) より，$GL(n, \mathbf{R})$

---
[1]　$GL(n, \mathbf{R})$ が多様体となることについては 9.1 節で述べる．

150—— 第 9 章　実一般線形群 $GL(n, \mathbf{R})$

は開集合の連続写像による逆像として表され，$M_n(\mathbf{R})$ の開集合となる. ∎

M を n 次元の C^r 級多様体，$N \subset M$ を空でない開集合とする. このとき，N は自然に n 次元の C^r 級多様体となる. 実際，N の位相としては相対位相を考え，$\{(U_\alpha, \varphi_\alpha)\}_{\alpha \in A}$ を M の C^r 級座標近傍系とすると，$\{(U_\alpha \cap N, \varphi_\alpha|_{U_\alpha \cap N})\}_{\alpha \in A}$ が N の C^r 級座標近傍系となるからである. このとき，N を M の**開部分多様体**という. 例題 9.2 より，$GL(n, \mathbf{R})$ は $M_n(\mathbf{R})$ の開部分多様体である.

実多様体の場合と同様に，複素多様体の開集合についても，開部分多様体の構造を考えることができる.

例 9.3（複素一般線形群） n 次の複素正則行列全体の集合を $GL(n, \mathbf{C})$ と表す. このとき，$GL(n, \mathbf{C})$ は行列の積に関して群となる. 単位元は n 次の単位行列 E_n であり，$A \in GL(n, \mathbf{C})$ に対して，その逆元は A の逆行列 A^{-1} である. $GL(n, \mathbf{C})$ を n 次の**複素一般線形群**という.

n 次の複素正方行列全体の集合を $M_n(\mathbf{C})$ と表す. $M_n(\mathbf{C})$ の元は複素数を正方形状に n^2 個並べたものなので，$M_n(\mathbf{C})$ は n^2 次元複素ユークリッド空間 $\mathbf{C}^{n^2}$ とみなすことができる. よって，$M_n(\mathbf{C})$ は複素多様体となる.

さらに，例題 9.2 と同様に，$GL(n, \mathbf{C})$ は $M_n(\mathbf{C})$ の開集合となる. よって，$GL(n, \mathbf{C})$ は $M_n(\mathbf{C})$ の開部分多様体として複素多様体となる. ⬚

▍9.2　部分多様体

$f : D \longrightarrow \mathbf{R}^n$ を m 次元の C^r 級径数付き部分多様体とし，$\boldsymbol{p} \in f(D)$ とする. このとき，8.3 節で述べたように，必要ならば $\mathbf{R}^n$ の座標系の番号を入れ替え，C^r 級写像 $g : D \times \mathbf{R}^{n-m} \longrightarrow \mathbf{R}^n$ を

$$g(\boldsymbol{x}, \boldsymbol{y}) = f(\boldsymbol{x}) + (\mathbf{0}, \boldsymbol{y}) \qquad (\boldsymbol{x} \in D,\ \boldsymbol{y} \in \mathbf{R}^{n-m}) \qquad (9.2)$$

により定めると，定理 8.10（逆写像定理）より，$f(\boldsymbol{p})$ を含むある開集合 V で C^r 級の g の逆写像 g^{-1} が存在する. よって，必要ならば D を選びなおしておき，

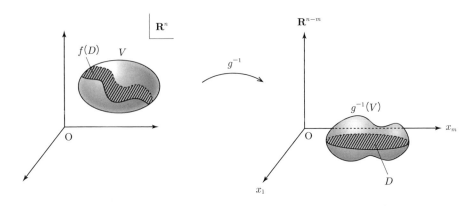

図 9.1 径数付き部分多様体の局所的な様子

$$g^{-1}(f(D) \cap V) = \{(\boldsymbol{x}, \boldsymbol{0}) \in D \times \mathbf{R}^{n-m}\} \tag{9.3}$$

となるようにすることができる（図 **9.1**）．

そこで，一般の多様体の部分集合に対しても，部分多様体という概念を次の定義 9.4 のように定めよう．

定義 9.4 N を n 次元の C^r 級多様体とし，$M \subset N$ とする．$1 \leq m \leq n$ を満たす $m \in \mathbf{N}$ が存在し，任意の $p \in M$ に対して，$p \in U$ となる N の座標近傍 (U, φ) が存在し，φ を関数 $x_1, x_2, \cdots, x_n : U \longrightarrow \mathbf{R}$ を用いて，

$$\varphi = (x_1, x_2, \cdots, x_n) \tag{9.4}$$

と表しておくと，

$$\varphi(M \cap U) = \{\varphi(q) \,|\, q \in U, \ x_{m+1}(q) = x_{m+2}(q) = \cdots = x_n(q) = 0\} \tag{9.5}$$

となるとき，M を N の**部分多様体**という． □

注意 9.5 開部分多様体は部分多様体である．

また，定義 9.4 において，M は m 次元の C^r 級多様体となる．実際，相対位相の定義より，$M \cap U$ は p を含む M の開集合で，$\psi = (x_1, x_2, \cdots, x_m)$ とおくと，ψ は $M \cap U$ 上の局所座標系となる．よって，M の各点において，このような座標

152──── 第 9 章　実一般線形群 $GL(n, \mathbf{R})$

近傍 $(M \cap U, \psi)$ を考えれば，M の C^r 級座標近傍系が得られる. □

　本節の始めに述べたことと定理 7.11 を用いて，部分多様体を作ることができる. その前に，いくつか言葉を定義しておこう.

定義 9.6　$f : U \longrightarrow \mathbf{R}^n$ を開集合 $U \subset \mathbf{R}^m$ で C^r 級の写像とし，$\boldsymbol{x} \in U$，$\boldsymbol{y} \in \mathbf{R}^n$ とする. このとき，次の (1)〜(4) のように定める.

(1) $\operatorname{rank} f'(\boldsymbol{x}) = n$ となるとき，$\boldsymbol{x}$ を f の**正則点**という.

(2) $\operatorname{rank} f'(\boldsymbol{x}) < n$ となるとき，$\boldsymbol{x}$ を f の**臨界点**という.

(3) f のある臨界点 $\boldsymbol{x}$ に対して，$\boldsymbol{y} = f(\boldsymbol{x})$ となるとき，$\boldsymbol{y}$ を f の**臨界値**という.

(4) $\boldsymbol{y}$ が f の臨界値でないとき，$\boldsymbol{y}$ を f の**正則値**という. □

例題 9.7　$n \in \mathbf{N}$，$c \in \mathbf{R}$ とし，C^∞ 級関数 $f : \mathbf{R}^{n+1} \longrightarrow \mathbf{R}$ を

$$f(\boldsymbol{x}) = \|\boldsymbol{x}\|^2 + c \qquad (\boldsymbol{x} \in \mathbf{R}^{n+1}) \tag{9.6}$$

により定める. f の正則点，臨界点，臨界値，正則値を求めよ.

【解】　まず，$f'(\boldsymbol{x}) = 2\,{}^t\boldsymbol{x}$ より，

$$\operatorname{rank} f'(\boldsymbol{x}) = \begin{cases} 1 & (\boldsymbol{x} \neq \boldsymbol{0}), \\ 0 & (\boldsymbol{x} = \boldsymbol{0}). \end{cases} \tag{9.7}$$

よって，$\boldsymbol{x} \in \mathbf{R}^{n+1} \setminus \{\boldsymbol{0}\}$ のとき，$\boldsymbol{x}$ は f の正則点で，$\boldsymbol{0}$ は f の臨界点である. また，c は f の臨界値で，$t \in \mathbf{R} \setminus \{c\}$ のとき，t は f の正則値である. ∎

　さて，本節の始めに述べたことと定理 7.11 より，C^r 級写像の正則値の逆像が空でないならば，それは部分多様体となる. すなわち，次の定理 9.8 が成り立つ.

定理 9.8　（**正則値定理**）　$m, n \in \mathbf{N}$，$m > n$ とする. $f : U \longrightarrow \mathbf{R}^n$ を開集合 $U \subset \mathbf{R}^m$ で C^r 級の写像とし，$M \subset U$ を

$$M = f^{-1}(\mathbf{0}) = \{\boldsymbol{x} \in U \mid f(\boldsymbol{x}) = \mathbf{0}\} \tag{9.8}$$

により定め，$M \neq \varnothing$ であると仮定する．$\mathbf{0}$ が f の正則値，すなわち，任意の $\boldsymbol{x} \in M$ に対して，

$$\operatorname{rank} f'(\boldsymbol{x}) = n \tag{9.9}$$

が成り立つならば，M は $\mathbf{R}^m$ の $(m - n)$ 次元の C^r 級部分多様体となる． □

補足 9.9 定理 9.8 において，$m = n$ とすると，M は離散集合となる．離散集合を 0 次元の多様体とみなすこともある． □

例 9.10 例題 9.7 において，$c = -1$ とおく．このとき，0 は f の正則値で，n 次元の単位球面 S^n は $S^n = f^{-1}(0)$ と表される．よって，定理 9.8（正則値定理）より，S^n は $\mathbf{R}^{n+1}$ の C^∞ 級部分多様体となる． □

例 9.11（実特殊線形群） 行列式が 1 となる n 次の実正方行列全体の集合を $SL(n, \mathbf{R})$ と表す．すなわち，

$$SL(n, \mathbf{R}) = \{A \in M_n(\mathbf{R}) \mid \det A = 1\} \tag{9.10}$$

である．$SL(n, \mathbf{R})$ の定義より，$A \in SL(n, \mathbf{R})$ とすると，A は正則，すなわち，$A \in GL(n, \mathbf{R})$ である．また，$E_n \in SL(n, \mathbf{R})$ であり，さらに，$B \in SL(n, \mathbf{R})$ とすると，行列式の性質 (4.13) より，$AB^{-1} \in SL(n, \mathbf{R})$ である．よって，問題 4.1 より，$SL(n, \mathbf{R})$ は $GL(n, \mathbf{R})$ の部分群となる．$SL(n, \mathbf{R})$ を n 次の**実特殊線形群**という．

$M_n(\mathbf{R})$ を $\mathbf{R}^{n^2}$ とみなし，$SL(n, \mathbf{R}) \subset \mathbf{R}^{n^2}$ とみなすと，$SL(n, \mathbf{R})$ は $\mathbf{R}^{n^2}$ の C^∞ 級部分多様体となることを示そう．まず，C^∞ 級関数 $f : M_n(\mathbf{R}) \longrightarrow \mathbf{R}$ を

$$f(X) = \det X - 1 \qquad (X \in M_n(\mathbf{R})) \tag{9.11}$$

により定める．このとき，$SL(n, \mathbf{R}) = f^{-1}(0)$ である．ここで，$X = (x_{ij}) \in M_n(\mathbf{R})$ とし，$i, j = 1, 2, \cdots, n$ に対して，X の (i, j) 余因子を $\tilde{x}_{ij}$ と表す．i を固定しておくと，第 i 行に関する余因子展開より，

$$\det X = x_{i1}\tilde{x}_{i1} + x_{i2}\tilde{x}_{i2} + \cdots + x_{in}\tilde{x}_{in} \tag{9.12}$$

154 —— 第 9 章 実一般線形群 $GL(n, \mathbf{R})$

である．よって，$X \in SL(n, \mathbf{R})$ のとき，少なくとも 1 つの $\tilde{x}_{ij}$ は 0 とはならない．また，j を固定しておくと，(9.12) の右辺は第 j 項の x_{ij} の部分以外は x_{ij} を含まないので，

$$\frac{\partial}{\partial x_{ij}} \det X = \tilde{x}_{ij} \tag{9.13}$$

となる．したがって，任意の $X \in SL(n, \mathbf{R})$ に対して，$\mathrm{rank}\, f'(X) = 1$ となるので，定理 9.8（正則値定理）より，$SL(n, \mathbf{R})$ は $M_n(\mathbf{R})$ の $(n^2 - 1)$ 次元の C^∞ 級部分多様体となる． ◻

複素多様体に対しても，定義 9.4 のように，複素部分多様体の概念を定めることができる．このとき，定理 9.8（正則値定理）のように，複素ユークリッド空間への正則写像を用いて，複素部分多様体を作ることができる．

例 9.12（複素特殊線形群） 行列式が 1 となる n 次の複素正方行列全体の集合を $SL(n, \mathbf{C})$ と表す．このとき，$SL(n, \mathbf{R})$ の場合と同様に，$SL(n, \mathbf{C})$ は $GL(n, \mathbf{C})$ の部分群となる．$SL(n, \mathbf{C})$ を n 次の**複素特殊線形群**という．さらに，$SL(n, \mathbf{C})$ は複素多様体 $M_n(\mathbf{C})$ の $(n^2 - 1)$ 次元の複素部分多様体となる． ◻

正則値定理は多様体の間の写像に対しても考えることができる．そのための準備として，以降の節では多様体上の関数や多様体の間の写像，そして，多様体に対する接ベクトルや接空間，さらに，多様体の間の写像の微分について述べていこう．

9.3 多様体上の関数

C^r 級多様体に対して，その上の C^s 級関数というものを考えることができる．

定義 9.13 $(M, \mathcal{S})$ を C^r 級多様体，$f : M \longrightarrow \mathbf{R}$ を M で定義された関数とする．任意の $(U, \varphi) \in \mathcal{S}$ に対して，$\varphi(U)$ で定義された関数

$$f \circ \varphi^{-1} : \varphi(U) \longrightarrow \mathbf{R} \tag{9.14}$$

が C^s 級のとき，f は M で C^s **級**であるという（**図 9.2**）．ただし，$s \le r$ とする．M 上の C^s 級関数全体の集合を $C^s(M)$ と表す． ◻

9.3 多様体上の関数 —— 155

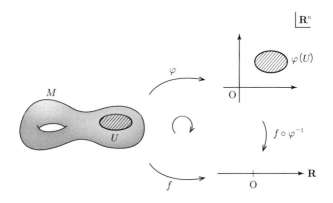

図 9.2 多様体上の関数

注意 9.14 定義 9.13 において，条件 $s \leq r$ を要請する理由は次の通りである．$(U, \varphi), (V, \psi) \in \mathcal{S}$ とし，$U \cap V \neq \varnothing$ であると仮定しよう．このとき，関数

$$f \circ \varphi|_{U \cap V}^{-1} : \varphi(U \cap V) \longrightarrow \mathbf{R}, \quad f \circ \psi|_{U \cap V}^{-1} : \psi(U \cap V) \longrightarrow \mathbf{R} \quad (9.15)$$

が定まり，

$$\begin{aligned} f \circ \varphi|_{U \cap V}^{-1} &= f \circ (\psi|_{U \cap V}^{-1} \circ \psi|_{U \cap V}) \circ \varphi|_{U \cap V}^{-1} \\ &= (f \circ \psi|_{U \cap V}^{-1}) \circ (\psi|_{U \cap V} \circ \varphi|_{U \cap V}^{-1}) \end{aligned} \quad (9.16)$$

である（**図 9.3**）．ここで，M は C^r 級多様体なので，座標変換 $\psi|_{U \cap V} \circ \varphi|_{U \cap V}^{-1}$ は C^r 級である．一般に，C^r 級写像と C^r 級写像の合成写像は C^r 級となるが，それ以上の微分可能性については何も保証されない．よって，条件 $s \leq r$ を要請しないと，C^s 級であるという定義が well-defined とはならないのである．3.6 節で述べたことも思い出すとよい． □

例 9.15 M を $\mathbf{R}^n$ の C^r 級部分多様体，$\iota : M \longrightarrow \mathbf{R}^n$ を包含写像とし，$g \in C^s(\mathbf{R}^n)$ とする．ただし，$s \leq r$ とする．このとき，$g \circ \iota \in C^s(M)$ となる．実際，$p \in M$ に対して，$p \in U$ となる M の座標近傍 (U, φ) を (9.4)，(9.5) を満たすように選ぶことができるので，8.3 節で述べた議論により，p を含む M のある開集合は C^r 級径数付き部分多様体 $f : D \longrightarrow \mathbf{R}^n$ の像として表され，f と g の合成写像 $g \circ f$ は C^s 級となる． □

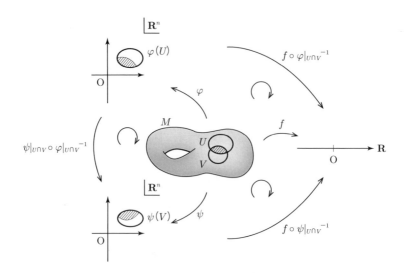

図 9.3　多様体上の関数と座標変換

例題 9.16　$k, l = 1, 2, \cdots, n+1$ を固定しておき，

$$f_{kl}(\boldsymbol{x}) = \frac{x_k x_l}{\|\boldsymbol{x}\|^2} \quad (\boldsymbol{x} = (x_1, x_2, \cdots, x_{n+1}) \in \mathbf{R}^{n+1} \setminus \{\mathbf{0}\}) \quad (9.17)$$

とおく．また，n 次元の実射影空間 $\mathbf{R}P^n$ を問題 8.1 のように，$\mathbf{R}^{n+1} \setminus \{\mathbf{0}\}$ 上の同値関係 $\sim$ による商集合とみなす．
(1) f_{kl} は $\mathbf{R}P^n$ 上の関数を定めることを示せ．
(2) f_{kl} が定める $\mathbf{R}P^n$ 上の関数を $\hat{f}_{kl}$ と表す．$\hat{f}_{kl} \in C^\infty(\mathbf{R}P^n)$ であることを示せ．

【解】(1) $\lambda \in \mathbf{R} \setminus \{0\}$, $\boldsymbol{x} = (x_1, x_2, \cdots, x_{n+1}) \in \mathbf{R}^{n+1} \setminus \{\mathbf{0}\}$ とすると，$\lambda \boldsymbol{x} = (\lambda x_1, \lambda x_2, \cdots, \lambda x_{n+1})$. よって，

$$f_{kl}(\lambda \boldsymbol{x}) = \frac{(\lambda x_k)(\lambda x_l)}{\|\lambda \boldsymbol{x}\|^2} = \frac{x_k x_l}{\|\boldsymbol{x}\|^2} = f_{kl}(\boldsymbol{x}). \quad (9.18)$$

したがって，f_{kl} は $\mathbf{R}P^n$ 上の関数を定める．
(2) 問題 8.1 のように，$i = 1, 2, \cdots, n+1$ とし，$\mathbf{R}P^n$ の開集合 U_i を

$$U_i = \{\pi(\boldsymbol{x}) \,|\, \boldsymbol{x} = (x_1, x_2, \cdots, x_{n+1}) \in \mathbf{R}^{n+1} \setminus \{\boldsymbol{0}\}, \ x_i \neq 0\} \quad (9.19)$$

により定める. ただし, $\pi : \mathbf{R}^{n+1} \setminus \{\boldsymbol{0}\} \longrightarrow \mathbf{R}P^n$ は自然な射影である. さらに, U_i 上の局所座標系 $\varphi_i : U_i \longrightarrow \mathbf{R}^n$ を

$$\varphi_i(p) = \left(\frac{x_1}{x_i}, \cdots, \frac{x_{i-1}}{x_i}, \frac{x_{i+1}}{x_i}, \cdots, \frac{x_{n+1}}{x_i} \right) \quad (9.20)$$

$$(p = \pi(\boldsymbol{x}) \in U_i, \ \boldsymbol{x} = (x_1, x_2, \cdots, x_{n+1}) \in \mathbf{R}^{n+1} \setminus \{\boldsymbol{0}\}, \ x_i \neq 0) \quad (9.21)$$

により定める. このとき, $\{(U_i, \varphi_i)\}_{i=1}^{n+1}$ は $\mathbf{R}P^n$ の C^∞ 級座標近傍系である.

ここで, $\boldsymbol{x} = (x_1, x_2, \cdots, x_{n+1}) \in \mathbf{R}^{n+1} \setminus \{\boldsymbol{0}\}, \ x_i \neq 0$ とすると,

$$\frac{x_k x_l}{\|\boldsymbol{x}\|^2} = \frac{\dfrac{x_k}{x_i}\dfrac{x_l}{x_i}}{\left(\dfrac{x_1}{x_i}\right)^2 + \cdots + \left(\dfrac{x_{i-1}}{x_i}\right)^2 + 1 + \left(\dfrac{x_{i+1}}{x_i}\right)^2 + \cdots + \left(\dfrac{x_{n+1}}{x_i}\right)^2}. \quad (9.22)$$

よって, $\boldsymbol{y} = (y_1, y_2, \cdots, y_n) \in \mathbf{R}^n$ とすると, $k, l < i$ のとき,

$$(f_{kl} \circ \varphi_i^{-1})(\boldsymbol{y}) = \frac{y_k y_l}{\|\boldsymbol{y}\|^2 + 1}. \quad (9.23)$$

したがって, $f_{kl} \circ \varphi_i^{-1}$ は C^∞ 級である. 同様に, その他の場合も $f_{kl} \circ \varphi_i^{-1}$ は C^∞ 級である. 以上より, $f_{kl} \in C^\infty(\mathbf{R}P^n)$ である. ∎

▌ 9.4 多様体の間の写像

C^s 級関数と同様に, 座標近傍を用いてユークリッド空間の間の写像を考えることにより, C^r 級多様体の間の C^s 級写像というものを考えよう. ただし, 関数が値をとる $\mathbf{R}$ は 1 つの座標近傍で覆われるのに対して, 一般の多様体はそうとは限らないので, 定義には少し工夫が必要である.

▌定義 9.17 $(M, \mathcal{S})$, $(N, \mathcal{T})$ を C^r 級多様体, $f : M \longrightarrow N$ を M から N への写像とし, $p \in M$ とする. $f(p) \in V$ となる任意の $(V, \psi) \in \mathcal{T}$ と $p \in U \subset f^{-1}(V)$ となる任意の $(U, \varphi) \in \mathcal{S}$ に対して, 写像

158 ── 第 9 章　実一般線形群 $GL(n,\mathbf{R})$

$$\psi \circ f \circ \varphi^{-1} : \varphi(U) \longrightarrow \psi(V) \tag{9.24}$$

が $\varphi(p)$ において C^s 級のとき，f は p において C^s 級であるという（図 **9.4**）．ただし，$s \leq r$ とする．任意の $p \in M$ に対して，f が p において C^s 級のとき，f は C^s 級であるという．M から N への C^s 級写像全体の集合を $C^s(M, N)$ と表す． □

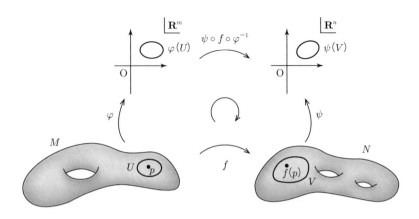

図 **9.4**　多様体の間の写像

注意 9.18　C^s 級関数と同様に，定義 9.17 において，f が p において C^s 級であるという定義は座標近傍の選び方に依存しない． □

ユークリッド空間の間の C^s 級写像の合成写像は再び C^s 級写像となるが，この事実は自然に一般化することができる．

定理 9.19　M_1, M_2, M_3 を C^r 級多様体とし，$f \in C^s(M_1, M_2)$, $g \in C^s(M_2, M_3)$ とする．ただし，$s \leq r$ とする．このとき，$g \circ f \in C^s(M_1, M_3)$ である． □

例 9.20　M を C^r 級多様体とする．一方，$\mathbf{R}$ は 1 次元の C^∞ 級多様体である．よって，$s \leq r$ として，M から $\mathbf{R}$ への C^s 級写像を考えることができるが，これは M 上

の C^s 級関数に他ならない. すなわち, $C^s(M, \mathbf{R}) = C^s(M)$ である. ▢

例 9.21（C^s 級曲線） 開区間 (a, b) は 1 次元の C^∞ 級多様体 $\mathbf{R}$ の開集合なので, 開部分多様体とみなして, 1 次元の C^∞ 級多様体となる. ここで, M を C^r 級多様体とすると, $s \leq r$ として, (a, b) から M への C^s 級写像を考えることができる. これを M 上の C^s **級曲線**という. ▢

例 9.22 M を $\mathbf{R}^n$ の C^r 級部分多様体, $\iota : M \longrightarrow \mathbf{R}^n$ を包含写像とする. 例 9.15 と同様の議論により, $\iota \in C^r(M, \mathbf{R}^n)$ である. ▢

補足 8.7 でも述べたように, C^r 級多様体に対する座標変換はユークリッド空間の開集合の間の C^r 級微分同相写像を定めるのであった. C^r 級多様体の間の写像に対しても, C^s 級微分同相写像というものを考えることができる.

定義 9.23 M, N を C^r 級多様体, $f : M \longrightarrow N$ を M から N への写像とする. 次の (D1), (D2) が成り立つとき, f を C^s **級微分同相写像**という. ただし, $s \leq r$ である. また, M と N は C^s **級微分同相**であるという.

  (D1) f は全単射である.

  (D2) $f \in C^s(M, N)$ かつ $f^{-1} \in C^s(N, M)$ である. ▢

例 9.24（線形写像） $f : \mathbf{R}^m \longrightarrow \mathbf{R}^n$ を線形写像とする. このとき, f は m 行 n 列の実行列 A を用いて,

$$f(\boldsymbol{x}) = \boldsymbol{x}A \qquad (\boldsymbol{x} \in \mathbf{R}^m) \tag{9.25}$$

と表すことができる. よって, $f \in C^\infty(\mathbf{R}^m, \mathbf{R}^n)$ である. 特に, $m = n$ で, f が全単射のときは, f は C^∞ 級微分同相写像である. ▢

9.5 接ベクトルと接空間

7.3 節では, 曲面に対する接平面の元である接ベクトルは曲面上の曲線に対する接ベクトルとして得られることを示した. そこで, 単純に次のようなことを考えてみよう. $(M, \mathcal{S})$ を n 次元の C^r 級多様体とする. $p \in M$ に対して,

$(U, \varphi) \in \mathcal{S}$ を $p \in U$ となるように選んでおく. さらに, I を 0 を含む開区間とし, $\gamma : I \longrightarrow M$ を $\gamma(0) = p$, $\gamma(I) \subset U$ となるような M 上の C^r 級曲線とする (図 9.5).

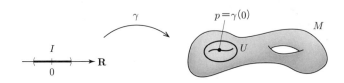

図 9.5 γ のイメージ

このとき, $\mathbf{R}^n$ の元

$$\left. \frac{d}{dt} \right|_{t=0} (\varphi \circ \gamma) \tag{9.26}$$

が座標変換でどのように変わるのかを調べてみよう. 上の (U, φ) に加え, $(V, \psi) \in \mathcal{S}$ も $\gamma(I) \subset V$ となるように選んでおく. このとき,

$$\psi|_{U \cap V} \circ \gamma = (\psi|_{U \cap V} \circ \varphi|_{U \cap V}^{-1}) \circ (\varphi|_{U \cap V} \circ \gamma) \tag{9.27}$$

なので, 定理 6.9 (連鎖律) より,

$$\left. \frac{d}{dt} \right|_{t=0} (\psi \circ \gamma) = \left(\left. \frac{d}{dt} \right|_{t=0} (\varphi \circ \gamma) \right) (J(\psi|_{U \cap V} \circ \varphi|_{U \cap V}^{-1}))(\varphi(p)) \tag{9.28}$$

となる. 一般に, 座標変換は恒等写像ではないので, そのヤコビ行列は単位行列とは限らず, (9.26) は座標近傍に依存する式となってしまう. よって, (9.26) を p における接ベクトルとして定義することはできない.

そこで, 曲線に沿う方向微分というものを考えることにより, 多様体上の接ベクトルを定めよう. f を p の近傍で定義された C^r 級関数とし,

$$\boldsymbol{v}_\gamma(f) = \left. \frac{d}{dt} \right|_{t=0} (f \circ \gamma) \tag{9.29}$$

とおく. f から $\boldsymbol{v}_\gamma(f)$ への対応を γ に沿う $t = 0$ における**方向微分**という. ま

た，$\boldsymbol{v}_\gamma(f)$ を f の $t=0$ における γ 方向の**微分係数**という．これらは座標近傍には依存しないことに注意しよう．また，微分の線形性と積の微分法を用いることにより，次の定理 9.25 を示すことができる．

定理 9.25 M を C^r 級多様体とする．$p \in M$ とし，γ を $\gamma(0) = p$ となる 0 を含む開区間で定義された M 上の C^r 級曲線とする．$a, b \in \mathbf{R}$ とし，f, g を p の近傍で定義された C^r 級関数とすると，次の (1)，(2) が成り立つ．

(1) $\boldsymbol{v}_\gamma(af + bg) = a\boldsymbol{v}_\gamma(f) + b\boldsymbol{v}_\gamma(g)$.

(2) $\boldsymbol{v}_\gamma(fg) = \boldsymbol{v}_\gamma(f)g(p) + f(p)\boldsymbol{v}_\gamma(g)$. □

$\boldsymbol{v}_\gamma(f)$ を局所座標系を用いて表してみよう．φ を関数 $x_1, x_2, \cdots, x_n : U \longrightarrow \mathbf{R}$ を用いて，$\varphi = (x_1, x_2, \cdots, x_n)$ と表しておく．このとき，

$$f \circ \gamma = (f \circ \varphi^{-1}) \circ (\varphi \circ \gamma) \tag{9.30}$$

なので，合成関数の微分法より，

$$\boldsymbol{v}_\gamma(f) = \sum_{i=1}^n \frac{\partial(f \circ \varphi^{-1})}{\partial x_i}(\varphi(p))(x_i \circ \gamma)'(0) \tag{9.31}$$

が得られる．ここで，$i = 1, 2, \cdots, n$ に対して，f から $\dfrac{\partial(f \circ \varphi^{-1})}{\partial x_i}(\varphi(p))$ への対応を $\left(\dfrac{\partial}{\partial x_i}\right)_p$ と表す．このとき，

$$\boldsymbol{v}_\gamma(f) = \left(\sum_{i=1}^n (x_i \circ \gamma)'(0)\left(\frac{\partial}{\partial x_i}\right)_p\right)f = \sum_{i=1}^n (x_i \circ \gamma)'(0)\frac{\partial f}{\partial x_i}(p) \tag{9.32}$$

と表すことができる．そこで，$a_1, a_2, \cdots, a_n \in \mathbf{R}$ に対して，

$$\sum_{i=1}^n a_i \left(\frac{\partial}{\partial x_i}\right)_p \tag{9.33}$$

を p における**接ベクトル**という．特に，上の $\boldsymbol{v}_\gamma$ は

162———第 9 章 実一般線形群 $GL(n, \mathbf{R})$

$$\boldsymbol{v}_\gamma = \sum_{i=1}^n (x_i \circ \gamma)'(0) \left(\frac{\partial}{\partial x_i}\right)_p \tag{9.34}$$

と表される p における接ベクトルである. また, (9.33) で表される接ベクトルは M 上の曲線を用いずに定義されているが, f から

$$\sum_{i=1}^n a_i \frac{\partial f}{\partial x_i}(p) = \sum_{i=1}^n a_i \frac{\partial (f \circ \varphi^{-1})}{\partial x_i}(\varphi(p)) \tag{9.35}$$

への対応により, 方向微分を定める.

p における接ベクトル全体の集合を $T_p M$ と表す. すなわち,

$$T_p M = \left\{ \sum_{i=1}^n a_i \left(\frac{\partial}{\partial x_i}\right)_p \,\middle|\, a_1, a_2, \cdots, a_n \in \mathbf{R} \right\} \tag{9.36}$$

である. $T_p M$ は自然に $\mathbf{R}$ 上のベクトル空間となる. $T_p M$ を p における**接ベクトル空間**または**接空間**という. M がユークリッド空間 $\mathbf{R}^n$ の場合は方向微分を考えなくとも, 直交座標系を用いて,

$$T_p \mathbf{R}^n = \{(a_1, a_2, \cdots, a_n) \,|\, a_1, a_2, \cdots, a_n \in \mathbf{R}\} \tag{9.37}$$

として, 特に問題は生じないが, 一般の多様体の場合は (9.36) のように接空間を定めるとうまくいくのである.

$T_p M$ について, 次の定理 9.26 が成り立つ.

定理 9.26 $\left(\dfrac{\partial}{\partial x_1}\right)_p, \left(\dfrac{\partial}{\partial x_2}\right)_p, \cdots, \left(\dfrac{\partial}{\partial x_n}\right)_p$ は 1 次独立である. 特に,
これらは $T_p M$ の基底となり, $T_p M$ の次元は n である. $\qquad$ □

証明 $a_1, a_2, \cdots, a_n \in \mathbf{R}$ に対して,

$$\sum_{i=1}^n a_i \left(\frac{\partial}{\partial x_i}\right)_p = \boldsymbol{0} \tag{9.38}$$

が成り立つと仮定する. このとき, p の近傍で定義された任意の C^r 級関数 f に対して,

$$\sum_{i=1}^n a_i \frac{\partial f}{\partial x_i}(p) = 0 \tag{9.39}$$

となる．特に，$j = 1, 2, \cdots, n$ とし，f を $f \circ \varphi^{-1} = x_j$ となるように選んでおくと，f は p の近傍で定義された C^r 級関数で，

$$\frac{\partial f}{\partial x_i}(p) = \frac{\partial (f \circ \varphi^{-1})}{\partial x_i}(\varphi(p)) = \frac{\partial x_j}{\partial x_i}(\varphi(p)) = \delta_{ij} \qquad (9.40)$$

となる．(9.39), (9.40) より，$a_1 = a_2 = \cdots = a_n = 0$ となるので，$\left(\dfrac{\partial}{\partial x_1}\right)_p$, $\left(\dfrac{\partial}{\partial x_2}\right)_p$, $\cdots$, $\left(\dfrac{\partial}{\partial x_n}\right)_p$ は 1 次独立である． ∎

9.6 写像の微分

多様体の間の写像に対する微分は接空間の間の線形写像として定めることができる．$(M, \mathcal{S})$ を m 次元の C^r 級多様体とする．$p \in M$ に対して，$(U, \varphi) \in \mathcal{S}$ を $p \in U$ となるように選んでおく．さらに，I を 0 を含む開区間とし，$\gamma : I \longrightarrow M$ を $\gamma(0) = p$, $\gamma(I) \subset U$ となるような M 上の C^r 級曲線とする．このとき，9.5 節で述べたように，p における接ベクトル $\boldsymbol{v}_\gamma \in T_p M$ が定まり，φ を関数 $x_1, x_2, \cdots, x_m : U \longrightarrow \mathbf{R}$ を用いて，$\varphi = (x_1, x_2, \cdots, x_m)$ と表しておくと，

$$\boldsymbol{v}_\gamma = \sum_{i=1}^{m} (x_i \circ \gamma)'(0) \left(\frac{\partial}{\partial x_i}\right)_p \qquad (9.41)$$

である．ここで，$(N, \mathcal{T})$ を n 次元の C^r 級多様体，$f : M \longrightarrow N$ を C^r 級写像とし，$q = f(p)$ とおく．このとき，$f \circ \gamma : I \longrightarrow N$ は $(f \circ \gamma)(0) = q$ となる N 上の C^r 級曲線なので，q における接ベクトル $\boldsymbol{v}_{f \circ \gamma} \in T_q N$ が定まる (**図 9.6**)．$\boldsymbol{v}_\gamma$ から $\boldsymbol{v}_{f \circ \gamma}$ への対応はベクトル空間 $T_p M$ からベクトル空間 $T_q N$ への線形

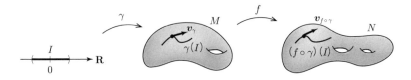

図 9.6 $\boldsymbol{v}_\gamma$ から $\boldsymbol{v}_{f \circ \gamma}$ への対応

写像を定めることを示そう．さらに，$(V,\psi) \in \mathcal{S}$ を $q \in V$ となるように選んでおく．必要ならば U および I を十分小さく選んでおき，$f(U) \subset V$ となるようにしておく．このとき，

$$\psi \circ (f|_U \circ \gamma) = (\psi \circ f|_U \circ \varphi^{-1}) \circ (\varphi \circ \gamma) \tag{9.42}$$

である（図 9.7）．

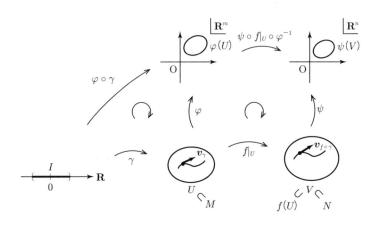

図 9.7　v_γ から $v_{f \circ \gamma}$ への対応と局所座標系

補足 9.27　C^r 級多様体を扱う場合には，上のように座標変換が C^r 級写像となるような座標近傍を必要に応じて C^r 級座標近傍系に付け加えて考える．　□

ψ および $\psi \circ f|_U$ を関数 $y_1, y_2, \cdots, y_n : V \longrightarrow \mathbf{R}$，$f_1, f_2, \cdots, f_n : U \longrightarrow \mathbf{R}$ を用いて，$\psi = (y_1, y_2, \cdots, y_n)$，$\psi \circ f|_U = (f_1, f_2, \cdots, f_n)$ と表しておく．(9.42) の両辺を微分すると，合成関数の微分法より，

$$\frac{d(y_j \circ (f \circ \gamma))}{dt} = \sum_{i=1}^{m} \frac{\partial (f_j \circ \varphi^{-1})}{\partial x_i} \frac{d(x_i \circ \gamma)}{dt} \quad (j = 1, 2, \cdots, n) \tag{9.43}$$

が得られる．よって，

$$\boldsymbol{v}_{f\circ\gamma} = \sum_{j=1}^{n} (y_j \circ (f \circ \gamma))'(0) \left(\frac{\partial}{\partial y_j}\right)_q = \sum_{j=1}^{n}\sum_{i=1}^{m} (x_i \circ \gamma)'(0) \frac{\partial f_j}{\partial x_i}(p) \left(\frac{\partial}{\partial y_j}\right)_q$$

(9.44)

となり，$\boldsymbol{v}_\gamma$ から $\boldsymbol{v}_{f\circ\gamma}$ への対応は $T_p M$ から $T_q N$ への線形写像を定める．この対応を $(df)_p$ と表し，p における f の**微分**という．特に，

$$(df)_p\left(\left(\frac{\partial}{\partial x_i}\right)_p\right) = \sum_{j=1}^{n} \frac{\partial f_j}{\partial x_i}(p) \left(\frac{\partial}{\partial y_j}\right)_q \qquad (i = 1, 2, \cdots, m)$$

(9.45)

である．$T_p M$，$T_q N$ の基底として，それぞれ

$$\left\{\left(\frac{\partial}{\partial x_1}\right)_p, \left(\frac{\partial}{\partial x_2}\right)_p, \cdots, \left(\frac{\partial}{\partial x_m}\right)_p\right\}, \quad \left\{\left(\frac{\partial}{\partial y_1}\right)_q, \left(\frac{\partial}{\partial y_2}\right)_q, \cdots, \left(\frac{\partial}{\partial y_n}\right)_q\right\}$$

(9.46)

を選んでおくと，(9.45) より，これらの基底に関する $(df)_p$ の表現行列は $\psi \circ f|_U \circ \varphi^{-1}$ の $\varphi(p)$ におけるヤコビ行列の転置行列 ${}^t\!\left(\frac{\partial f_j}{\partial x_i}(p)\right)$ となっている．

例題 9.28 $(M, \mathcal{S})$ を C^r 級多様体とする．また，$t_0 \in \mathbf{R}$ に対して，$T_{t_0}\mathbf{R}$ を

$$T_{t_0}\mathbf{R} = \left\{ a\left(\frac{d}{dt}\right)_{t_0} \,\middle|\, a \in \mathbf{R} \right\}$$

(9.47)

と表しておく．

(1) $p \in M$，$f \in C^r(M)$ とする．$f \in C^r(M, \mathbf{R})$ とみなし，$\boldsymbol{v} \in T_p M$ に対して，$(df)_p(\boldsymbol{v})$ を求めよ．

(2) $\varepsilon > 0$ とし，$\gamma : (-\varepsilon, \varepsilon) \longrightarrow M$ を M 上の C^r 級曲線とする．$(d\gamma)_0\left(\left(\frac{d}{dt}\right)_0\right)$ を求めよ．

166──── 第 9 章　実一般線形群 $GL(n, \mathbf{R})$

【**解**】　(1) M の次元を n とする. $(U, \varphi) \in \mathcal{S}$ を $p \in U$ となるように選んでおき, φ を関数 $x_1, x_2, \cdots, x_n : U \longrightarrow \mathbf{R}$ を用いて,

$$\varphi = (x_1, x_2, \cdots, x_n) \tag{9.48}$$

と表しておく. また,

$$\boldsymbol{v} = \sum_{i=1}^{n} a_i \left(\frac{\partial}{\partial x_i} \right)_p \qquad (a_1, a_2, \cdots, a_n \in \mathbf{R}) \tag{9.49}$$

と表しておく. $(df)_p$ は線形写像であることと (9.45) および接ベクトルは方向微分を定めることより,

$$(df)_p(\boldsymbol{v}) = (df)_p \left(\sum_{i=1}^{n} a_i \left(\frac{\partial}{\partial x_i} \right)_p \right) = \sum_{i=1}^{n} a_i (df)_p \left(\left(\frac{\partial}{\partial x_i} \right)_p \right)$$
$$= \sum_{i=1}^{n} a_i \frac{\partial f}{\partial x_i}(p) \left(\frac{d}{dt} \right)_{f(p)} = \boldsymbol{v}(f) \left(\frac{d}{dt} \right)_{f(p)}. \tag{9.50}$$

(2) ε は十分小さいとしてよい. $(U, \varphi) \in \mathcal{S}$ を $\gamma((-\varepsilon, \varepsilon)) \subset U$ となるように選んでおき, φ を (9.48) のように表しておく. (9.41), (9.45) より,

$$(d\gamma)_0 \left(\left(\frac{d}{dt} \right)_0 \right) = \sum_{i=1}^{n} (x_i \circ \gamma)'(0) \left(\frac{\partial}{\partial x_i} \right)_{\gamma(0)} = \boldsymbol{v}_\gamma. \tag{9.51}$$

■

　多様体は局所的にはユークリッド空間の開集合であることより, 定理 6.9, 定理 6.10 に対応して, 多様体の間の写像に対しても次の定理 9.29, 定理 9.30 が成り立つ.

　 定理 9.29 （**連鎖律**）　M_1, M_2, M_3 を C^r 級多様体とし, $f \in C^r(M_1, M_2)$, $g \in C^r(M_2, M_3)$ とする. このとき, $p \in M_1$ に対して,

$$(d(g \circ f))_p = (dg)_{f(p)} \circ (df)_p \tag{9.52}$$

が成り立つ（**図 9.8**）.　　□

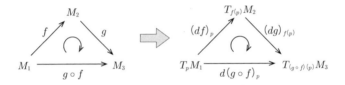

図 9.8　連鎖律

定理 9.30　M, N をそれぞれ m 次元，n 次元の C^r 級多様体とする．M と N が C^r 級微分同相ならば，$m = n$ である． □

多様体の間の写像に対しても，定義 9.6 のように，正則点，臨界点，臨界値，正則値を考えることができる．

定義 9.31　M, N を C^r 級多様体，$f : M \longrightarrow N$ を C^r 級写像とし，$p \in M$，$q \in N$ とする．このとき，次の (1)〜(4) のように定める．
(1) $(df)_p$ が全射，すなわち，$\mathrm{rank}(df)_p = \dim N$ となるとき，p を f の**正則点**という．
(2) $(df)_p$ が全射とならないとき，すなわち，$\mathrm{rank}(df)_p < \dim N$ となるとき，p を f の**臨界点**という．
(3) f のある臨界点 p に対して，$q = f(p)$ となるとき，q を f の**臨界値**という．
(4) q が f の臨界値でないとき，q を f の**正則値**という． □

多様体の間の写像の微分は局所的にはユークリッド空間の間の写像に対するヤコビ行列の転置行列として表されることに注意しよう．多様体は局所的にはユークリッド空間の開集合であることより，多様体の間の写像に対しても，定理 9.8 と同様に，次の正則値定理が成り立つ．

定理 9.32　（**正則値定理**）　M, N をそれぞれ m 次元，n 次元の C^r 級多様体，$f : M \longrightarrow N$ を C^r 級写像とし，$q \in N$ とする．$f^{-1}(q) \neq \varnothing$ で，q が f の正則値，すなわち，任意の $p \in f^{-1}(q)$ に対して，$(df)_p : T_p M \longrightarrow T_{f(p)} N$

168 ─── 第 9 章　実一般線形群 $GL(n, \mathbf{R})$

が全射ならば，$f^{-1}(q)$ は M の $(m-n)$ 次元の C^r 級部分多様体となる．　　　□

======================== **演習問題** ========================

問題 9.1　9.1 節で述べたように，$M_n(\mathbf{R})$ を C^∞ 級多様体 $\mathbf{R}^{n^2}$ とみなす．

(1) n 次の実対称行列全体の集合 $\mathrm{Sym}(n)$ は C^∞ 級多様体となることを示し，その次元を求めよ．

(2) $X \in M_n(\mathbf{R})$ とすると，${}^t XX \in \mathrm{Sym}(n)$ で，${}^t XX$ の成分は X の成分の多項式で表される．よって，C^∞ 級写像 $f : M_n(\mathbf{R}) \longrightarrow \mathrm{Sym}(n)$ を

$$f(X) = {}^t XX \quad (X \in M_n(\mathbf{R}))$$

により定めることができる．単位行列 E_n は f の正則値であることを示せ．

(3) n 次の直交群 $O(n)$ がコンパクトな C^∞ 級多様体となることを示し，その次元を求めよ．

補足 9.33　問題 9.1 において，f の定義域を行列式が正の n 次の実正方行列全体の集合とすることにより，n 次の特殊直交群 $SO(n)$ が $O(n)$ と同じ次元の C^∞ 級多様体となることがわかる．

複素正方行列 A に対して，$A^* = A$，すなわち，A の転置行列の各成分の共役複素数を取ることにより得られる行列が A となるとき，A を**エルミート行列**という．n 次のエルミート行列全体の集合を $\mathrm{Herm}(n)$ と表す．$\mathrm{Sym}(n)$ の場合と同様に考えることにより，$\mathrm{Herm}(n)$ は n^2 次元の C^∞ 級多様体となる．

また，$A^*A = AA^* = E_n$ となる n 次の複素正方行列 A を n 次の**ユニタリ行列**という．n 次のユニタリ行列全体の集合を $U(n)$ と表す．$O(n)$ の場合と同様に，$U(n)$ は $GL(n, \mathbf{C})$ の部分群となる．$U(n)$ を n 次の**ユニタリ群**という．問題 9.1 と同様の計算により，$U(n)$ は n^2 次元の C^∞ 級多様体となることがわかる．　　　□

問題 9.2　空でない固有 2 次超曲面は C^∞ 級多様体となることを示せ[2]．

問題 9.3　$\iota : S^n \longrightarrow \mathbf{R}^{n+1}$ を包含写像，$\pi : \mathbf{R}^{n+1} \setminus \{0\} \longrightarrow \mathbf{R}P^n$ を自然な射影とする．

(1) $\mathbf{R}^{n+1} \setminus \{0\}$ は C^∞ 級多様体となることを示せ．

──────────

[2]　特に，楕円 E，双曲線 H や空でない固有 2 次曲面は C^∞ 級多様体となる．

演習問題 ——— *169*

(2) $\pi \in C^\infty(\mathbf{R}^{n+1} \setminus \{\mathbf{0}\}, \mathbf{R}P^n)$ であることを示せ.

(3) $\iota(S^n) \subset \mathbf{R}^{n+1} \setminus \{\mathbf{0}\}$ より,合成写像 $\pi \circ \iota$ を考えることができる.$\pi \circ \iota \in C^\infty(S^n, \mathbf{R}P^n)$ であることを示せ.

問題 9.4 $\pi : \mathbf{R}^2 \setminus \{\mathbf{0}\} \longrightarrow \mathbf{R}P^1$ を自然な射影とし,開集合 $U_1, U_2 \subset \mathbf{R}P^1$ を

$$U_1 = \{\pi(x,y) \,|\, (x,y) \in \mathbf{R}^2 \setminus \{\mathbf{0}\},\ x \neq 0\},$$
$$U_2 = \{\pi(x,y) \,|\, (x,y) \in \mathbf{R}^2 \setminus \{\mathbf{0}\},\ y \neq 0\}$$

により定める.また,$\mathrm{N} = (0,1)$,$\mathrm{S} = (0,-1)$ とおき,$f_\mathrm{N} : \mathbf{R} \longrightarrow S^1 \setminus \{\mathrm{N}\}$,$f_\mathrm{S} : \mathbf{R} \longrightarrow S^1 \setminus \{\mathrm{S}\}$ をそれぞれ北極,南極を中心とする立体射影を用いて得られる (3.15),(3.17) の全単射とする.すなわち,

$$f_\mathrm{N}(t) = \left(\frac{2t}{t^2+1}, \frac{t^2-1}{t^2+1} \right), \quad f_\mathrm{S}(t) = \left(\frac{2t}{t^2+1}, \frac{1-t^2}{t^2+1} \right) \quad (t \in \mathbf{R})$$

である.さらに,写像 $f : U_1 \longrightarrow S^1 \setminus \{\mathrm{N}\}$,$g : U_2 \longrightarrow S^1 \setminus \{\mathrm{S}\}$ をそれぞれ

$$f(\pi(x,y)) = f_\mathrm{N}\left(\frac{y}{x} \right) \qquad (\pi(x,y) \in U_1),$$
$$g(\pi(x,y)) = f_\mathrm{S}\left(\frac{x}{y} \right) \qquad (\pi(x,y) \in U_2)$$

により定める.このとき,$f|_{U_1 \cap U_2} = g|_{U_1 \cap U_2}$ であることを示せ.特に,f,g は $\mathbf{R}P^1$ から S^1 への C^∞ 級微分同相写像を定めることがわかる.よって,$\mathbf{R}P^1$ と S^1 は C^∞ 級微分同相である.

補足 9.34 $\mathbf{C}$ を $\mathbf{R}^2$ とみなすと,問題 9.4 と同様の計算により,$\mathbf{C}P^1$ と S^2 は C^∞ 級微分同相であることがわかる.

1 つの位相多様体に対して,互いに C^r 級微分同相とはならないような微分構造,すなわち,C^r 級座標近傍系が存在することがある.例えば,ミルナーは 7 次元の球面には例 8.9 で述べた単位球面に対する標準的な微分構造とは異なる微分構造が存在することを発見した[3].標準的でない微分構造をもつ球面を**エキゾチック球面**または**異種球面**という. ⬜

---

[3] J. Milnor, On manifolds homeomorphic to the 7-sphere. *Ann. of Math.* (2) **64** (1956), 399–405.

170───── 第 9 章 実一般線形群 $GL(n, \mathbf{R})$

問題 9.5 $0 < \theta_0 \le \pi$ に対して，$\boldsymbol{p} = (\sin\theta_0, 0, \cos\theta_0)$ とおく．このとき，$\varepsilon > 0$ とし，$\gamma(0) = \boldsymbol{p}$ となる S^2 上の C^∞ 級曲線 $\gamma : (-\varepsilon, \varepsilon) \longrightarrow S^2$ を

$$\gamma(t) = (\sin\theta_0 \cos t, \sin\theta_0 \sin t, \cos\theta_0) \qquad (t \in (-\varepsilon, \varepsilon))$$

により定める．また，$\mathrm{N} = (0, 0, 1)$ とおき，$\varphi : S^2 \setminus \{\mathrm{N}\} \longrightarrow \mathbf{R}^2$ を 6.2 節で述べた北極を中心とする立体射影 (6.13) を用いて得られる $S^2 \setminus \{\mathrm{N}\}$ 上の局所座標系とする．すなわち，

$$\varphi(x, y, z) = \left(\frac{x}{1-z}, \frac{y}{1-z} \right) \qquad ((x, y, z) \in S^2 \setminus \{\mathrm{N}\})$$

である．このとき，$\gamma((-\varepsilon, \varepsilon)) \subset S^2 \setminus \{\mathrm{N}\}$ である．φ を関数 $x_1, x_2 : S^2 \setminus \{\mathrm{N}\} \longrightarrow \mathbf{R}$ を用いて，$\varphi = (x_1, x_2)$ と表しておく．$\boldsymbol{p}$ における接ベクトル $\boldsymbol{v}_\gamma$ を局所座標系 $\varphi = (x_1, x_2)$ を用いて表せ．

問題 9.6 C^r 級写像 $f : S^n \longrightarrow \mathbf{R}^n$ で，任意の $\boldsymbol{x} \in S^n$ に対して，$(df)_{\boldsymbol{x}}$ が単射となるようなものは存在しないことを示せ．

補足 9.35 M, N を C^r 級多様体，$f : M \longrightarrow N$ を C^r 級写像とする．任意の $p \in M$ に対して，$(df)_p$ が単射となるとき，f を**はめ込み**という．例えば，正則な径数付き曲線や曲面ははめ込みである．また，f がはめ込みで，M から $f(M)$ への同相写像を定めるとき，f を**埋め込み**という．例えば，部分多様体に対する包含写像は埋め込みを定める．　　　　　　　　　　　　　　　　　　　　　　　　　　　　　　　　　□

10 トーラス T^2

多様体と多様体の積は自然に多様体となる．第 10 章では，そのように定義される多様体の例として，トーラス T^2 について考える[1]．また，多様体論における基本的概念の 1 つであるベクトル場について述べ，ベクトル場は接束とよばれる多様体への写像として表されることをみる．さらに，多様体論に関するやや発展的な話題への入門として，リーマン多様体やリー群を扱う．

■ 10.1 積多様体

S^1 と S^1 自身の積を T^2 と表し，**トーラス**，**円環面**または**輪環面**という．すなわち，

$$T^2 = S^1 \times S^1 = \{(\boldsymbol{x}, \boldsymbol{y}) \,|\, \boldsymbol{x}, \boldsymbol{y} \in S^1\} \tag{10.1}$$

である．トーラスは $\mathbf{R}^3$ の部分集合として，

$$T^2 = \{(x, y, z) \in \mathbf{R}^3 \,|\, (\sqrt{x^2 + y^2} - R)^2 + z^2 = r^2\} \tag{10.2}$$

と表すこともできる．ただし，$R > r > 0$ である．(10.2) のトーラスは xz 平面上の中心が $(R, 0)$，半径が r の円を z 軸の周りに 1 回転させて得られるので，**回転トーラス**という（図 10.1）．

また，$\boldsymbol{x}, \boldsymbol{y} \in \mathbf{R}^2$ に対して，$\boldsymbol{x} - \boldsymbol{y} \in \mathbf{Z}^2$ となるとき，$\boldsymbol{x} \sim \boldsymbol{y}$ と表すと，$\sim$ は $\mathbf{R}^2$ 上の同値関係となる．このとき，トーラスは $\mathbf{R}^2$ の $\sim$ による商集合としても表すことができる．このように表されるトーラスを $\mathbf{R}^2/\mathbf{Z}^2$ とも表し，**平坦トーラス**という（図 10.2）．

---

[1] T^2 が多様体となることについては 10.1 節で述べる．

第10章 トーラス T^2

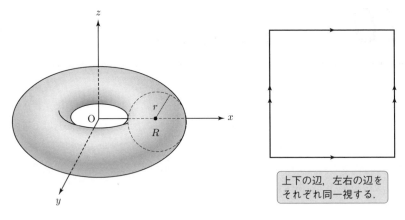

図 10.1 回転トーラス

図 10.2 平坦トーラス

上下の辺，左右の辺をそれぞれ同一視する．

$S^1 \subset \mathbf{R}^2$ であることに注意すると，トーラスは $\mathbf{R}^4$ の部分集合として，

$$T^2 = \{(x_1, x_2, x_3, x_4) \in \mathbf{R}^4 \mid x_1^2 + x_2^2 = x_3^2 + x_4^2 = 1\} \quad (10.3)$$

と表すこともできる．さらに，(10.3) のトーラスを原点を中心として，$\frac{\sqrt{2}}{2}$ 倍縮小すると，トーラスは S^3 の部分集合として，

$$T^2 = \left\{(x_1, x_2, x_3, x_4) \in S^3 \;\middle|\; x_1^2 + x_2^2 = x_3^2 + x_4^2 = \frac{1}{2}\right\} \quad (10.4)$$

と表すこともできる．(10.3) または (10.4) のトーラスを**クリフォードトーラス**という．

例題 10.1 (10.3) のクリフォードトーラス T^2 は $\mathbf{R}^4$ の 2 次元の部分多様体となることを示せ．よって，(10.4) のクリフォードトーラスは S^3 の部分多様体となる．

【解】 C^∞ 級関数 $f : \mathbf{R}^4 \longrightarrow \mathbf{R}^2$ を

$$f(\boldsymbol{x}) = (x_1^2 + x_2^2 - 1, x_3^2 + x_4^2 - 1) \quad (\boldsymbol{x} = (x_1, x_2, x_3, x_4) \in \mathbf{R}^4) \quad (10.5)$$

10.1 積多様体 ——— *173*

により定める。このとき，$T^2 = f^{-1}(0,0)$ である。ここで，

$$f'(\boldsymbol{x}) = \begin{pmatrix} 2x_1 & 0 \\ 2x_2 & 0 \\ 0 & 2x_3 \\ 0 & 2x_4 \end{pmatrix}. \tag{10.6}$$

$\boldsymbol{x} \in T^2$ のとき，$x_1 \neq 0$ または $x_2 \neq 0$ で，さらに，$x_3 \neq 0$ または $x_4 \neq 0$ でもあるので，$\operatorname{rank} f'(\boldsymbol{x}) = 2$。よって，定理 9.8（正則値定理）より，$T^2$ は $\mathbf{R}^4$ の C^∞ 級部分多様体となり，その次元は $\dim T^2 = 4 - 2 = 2$ である。∎

一般に，多様体と多様体の積は多様体となる。まず，$(X, \mathfrak{O}_X)$，$(Y, \mathfrak{O}_Y)$ を位相空間とする。このとき，$X \times Y$ の部分集合系 $\mathfrak{B}$ を

$$\mathfrak{B} = \{U \times V \mid U \in \mathfrak{O}_X,\ V \in \mathfrak{O}_Y\} \tag{10.7}$$

により定め，$\mathfrak{B}$ を基底とする $X \times Y$ の位相を $\langle \mathfrak{O}_X \times \mathfrak{O}_Y \rangle$ とする。すなわち，$\langle \mathfrak{O}_X \times \mathfrak{O}_Y \rangle$ は $\mathfrak{B}$ の元の和集合として表される $X \times Y$ の部分集合全体の集合である。$\langle \mathfrak{O}_X \times \mathfrak{O}_Y \rangle$ を $\mathfrak{O}_X$ と $\mathfrak{O}_Y$ の**直積位相**または**積位相**という。また，位相空間 $(X \times Y, \langle \mathfrak{O}_X \times \mathfrak{O}_Y \rangle)$ を $(X, \mathfrak{O}_X)$ と $(Y, \mathfrak{O}_Y)$ の**直積空間**または**積空間**という。

例題 10.2　2 つのハウスドルフ空間の積空間はハウスドルフであることを示せ。

【解】 X，Y をハウスドルフ空間とし，$(a,b), (a',b') \in X \times Y$，$(a,b) \neq (a',b')$ とする。このとき，積集合の定義より，$a \neq a'$ または $b \neq b'$ である。

$a \neq a'$ のとき，X はハウスドルフなので，開集合 $U, U' \subset X$ で，

$$a \in U, \quad a' \in U', \quad U \cap U' = \varnothing \tag{10.8}$$

となるものが存在する。このとき，積空間の定義より，$U \times Y$，$U' \times Y$ は $X \times Y$ の開集合で，

$$(a,b) \in U \times Y, \quad (a',b') \in U' \times Y, \quad (U \times Y) \cap (U' \times Y) = \varnothing \quad (10.9)$$

である．よって，(a,b) と (a',b') は開集合で分離することができる（図 10.3）．

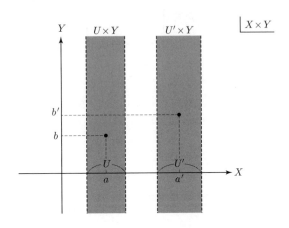

図 10.3 (a,b) と (a',b') を分離する開集合 $U \times Y$, $U' \times Y$

$b \neq b'$ のとき，上と同様に，(a,b) と (a',b') は開集合で分離することができる．
したがって，$X \times Y$ はハウスドルフである． ∎

さて，M, N をそれぞれ m 次元，n 次元の C^r 級多様体とする．多様体の定義より，M, N はハウスドルフなので，例題 10.2 より，積空間 $M \times N$ はハウスドルフである．さらに，$M \times N$ は $(m+n)$ 次元の C^r 級多様体となる．実際，$\{(U_\alpha, \varphi_\alpha)\}_{\alpha \in A}$, $\{(V_\beta, \psi_\beta)\}_{\beta \in B}$ をそれぞれ M, N の C^r 級座標近傍系とすると，$M \times N$ の C^r 級座標近傍系は $\{(U_\alpha \times V_\beta, \varphi_\alpha \times \psi_\beta)\}_{(\alpha, \beta) \in A \times B}$ により定めればよい．ただし，

$$(\varphi_\alpha \times \psi_\beta)(p,q) = (\varphi_\alpha(p), \psi_\beta(q)) \qquad ((p,q) \in U_\alpha \times V_\beta) \quad (10.10)$$

である．このように定められた C^r 級多様体 $M \times N$ を M と N の**直積多様体**または**積多様体**という．このとき，M および N への射影 $\pi_M : M \times N \longrightarrow M$, $\pi_N : M \times N \longrightarrow N$ がそれぞれ

$$\pi_M(p,q) = p, \quad \pi_N(p,q) = q \quad ((p,q) \in M \times N) \quad (10.11)$$

により定まり，$\pi_M \in C^r(M \times N, M)$，$\pi_N \in C^r(M \times N, N)$ である．

さらに，$i = 1, 2, \cdots, k$ に対して，n_i 次元の C^r 級多様体 M_i が与えられているとき，$(n_1 + n_2 + \cdots + n_k)$ 次元の C^r 級多様体として，積多様体 $M_1 \times M_2 \times \cdots \times M_k$ が定められる．特に，S^1 の n 個の積を T^n と表し，n 次元の**トーラス**という．

■ 10.2 ベクトル場（その 2）

7.4 節で述べた径数付き曲面上のベクトル場を一般化し，多様体上のベクトル場を考えることができる．$(M, \mathcal{S})$ を n 次元の C^r 級多様体とする．各 $p \in M$ に対して，p における接ベクトル $X_p \in T_pM$ が与えられているとき，この対応を X と表し，M 上の**ベクトル場**という．$p \in M$ に対して，$(U, \varphi) \in \mathcal{S}$ を $p \in U$ となるように選んでおく．φ を関数 $x_1, x_2, \cdots, x_n : U \longrightarrow \mathbf{R}$ を用いて，

$$\varphi = (x_1, x_2, \cdots, x_n) \tag{10.12}$$

と表しておくと，p における接ベクトルは (9.33) のように

$$\sum_{i=1}^{n} a_i \left(\frac{\partial}{\partial x_i} \right)_p \qquad (a_1, a_2, \cdots, a_n \in \mathbf{R}) \tag{10.13}$$

と表されるので，M 上のベクトル場 X は U 上に制限して考えると，関数 $\xi_1, \xi_2, \cdots, \xi_n : U \longrightarrow \mathbf{R}$ を用いて，

$$X|_U = \sum_{i=1}^{n} \xi_i \frac{\partial}{\partial x_i} \tag{10.14}$$

と表すことができる．

ベクトル場に対する微分可能性を考えるために，(10.14) により表されたベクトル場が座標変換でどのように変わるのかを調べてみよう．(U, φ) に加え，$(V, \psi) \in \mathcal{S}$ も $p \in V$ となるように選んでおき，ψ を関数 $y_1, y_2, \cdots, y_n : V \longrightarrow \mathbf{R}$ を用いて，$\psi = (y_1, y_2, \cdots, y_n)$ と表しておく．このとき，(9.45) において，f を M 上の恒等写像 1_M とおくことにより，変換則

$$\left(\frac{\partial}{\partial x_i}\right)_p = \sum_{j=1}^n \frac{\partial y_j}{\partial x_i}(p)\left(\frac{\partial}{\partial y_j}\right)_p \qquad (i = 1, 2, \cdots, n) \qquad (10.15)$$

が得られる．ここで，M は C^r 級多様体なので，関数 $\dfrac{\partial y_j}{\partial x_i}$ は C^{r-1} 級であることに注意しよう．ただし，$r = \infty$ のときは $r - 1 = \infty$ とみなす．また，C^0 級であるとは連続であることである．よって，ベクトル場の微分可能性については，次の定義 10.3 のように定める．

定義 10.3　$(M, \mathcal{S})$ を n 次元の C^r 級多様体，X を M 上のベクトル場とする．任意の $(U, \varphi) \in \mathcal{S}$ に対して，φ, X をそれぞれ (10.12)，(10.14) のように表しておく．$\xi_1, \xi_2, \cdots, \xi_n : U \longrightarrow \mathbf{R}$ が C^s 級関数となるとき，X は C^s 級であるという．ただし，$s \le r - 1$ とする．　　　　　　　　　　　　□

例題 10.4　T^2 を (10.3) のクリフォードトーラスとし，開集合 $U \subset T^2$ を $U = T^2 \setminus \{(1, 0, 1, 0)\}$ により定める．このとき，$\boldsymbol{x} \in U$ を

$$\boldsymbol{x} = (\cos y_1, \sin y_1, \cos y_2, \sin y_2) \qquad (y_1, y_2 \in (0, 2\pi)) \qquad (10.16)$$

と表しておき，U 上の局所座標系 $\varphi : U \longrightarrow (0, 2\pi) \times (0, 2\pi)$ を

$$\varphi(\boldsymbol{x}) = (y_1, y_2) \qquad (10.17)$$

により定める．また，$t \in \mathbf{R}$ に対して，R_t を原点を中心とする角 t の回転を表す写像 $R_t : \mathbf{R}^2 \longrightarrow \mathbf{R}^2$ とする．このとき，$(\alpha, \beta) \in \mathbf{R}^2$ を固定しておき，$(p, q) \in T^2$ に対して，T^2 上の C^∞ 級曲線 $\gamma : \mathbf{R} \longrightarrow T^2$ を

$$\gamma(t) = (R_{\alpha t}(p), R_{\beta t}(q)) \qquad (10.18)$$

により定め，T^2 上のベクトル場 X を $X_{(p,q)} = \boldsymbol{v}_\gamma$ により定める．ただし，$\boldsymbol{v}_\gamma$ は γ に沿う $t = 0$ における方向微分である．X の U 上への制限 $X|_U$ を (10.14) のように表せ．

【解】 $p = (\cos y_1, \sin y_1)$ $(y_1 \in (0, 2\pi))$ と表しておくと,

$$R_{\alpha t}(p) = (\cos y_1 \cos \alpha t - \sin y_1 \sin \alpha t, \cos y_1 \sin \alpha t + \sin y_1 \cos \alpha t)$$

$$= (\cos(y_1 + \alpha t), \sin(y_1 + \alpha t)). \tag{10.19}$$

同様に, $q = (\cos y_2, \sin y_2)$ $(y_2 \in (0, 2\pi))$ と表しておくと,

$$R_{\beta t}(q) = (\cos(y_2 + \beta t), \sin(y_2 + \beta t)). \tag{10.20}$$

よって,

$$X_{(p,q)} = \boldsymbol{v}_\gamma = (y_1 + \alpha t)'(0) \left(\frac{\partial}{\partial y_1} \right)_{(p,q)} + (y_2 + \beta t)'(0) \left(\frac{\partial}{\partial y_2} \right)_{(p,q)}$$

$$= \alpha \left(\frac{\partial}{\partial y_1} \right)_{(p,q)} + \beta \left(\frac{\partial}{\partial y_2} \right)_{(p,q)}. \tag{10.21}$$

したがって,

$$X|_U = \alpha \frac{\partial}{\partial y_1} + \beta \frac{\partial}{\partial y_2} \tag{10.22}$$

である. ∎

補足 10.5 例題 10.4 において, T^2 の開集合 $T^2 \setminus \{(-1, 0, -1, 0)\}$ に対しても, φ と同様に局所座標系を定めて計算すると, X は T^2 上の C^∞ 級ベクトル場となることがわかる.

α と β の比が有理数のとき, γ の像は S^1 と C^∞ 級微分同相な T^2 の部分多様体となる (**図 10.4**). 一方, α と β の比が無理数のとき, γ の像は T^2 の稠密な部分集合となり, T^2 の部分多様体とはならないことがわかる.

$(\alpha, \beta) \neq (0, 0)$ のとき, X は T^2 のどの点でも零ベクトルとならない. 一般に, 多様体上のベクトル場で, どの点でも零ベクトルとならないものは**非特異**であるという. S^n が非特異な連続ベクトル場をもつのは, n が奇数のときに限ることがホップの定理として知られている[2]. ▯

---

[2] このような話題については, J. W. Milnor, *Topology from the differentiable viewpoint*, Revised reprint of the 1965 original, Princeton Landmarks in Mathematics, Princeton University Press, 1977 を特に薦める.

178 —— 第 10 章　トーラス T^2

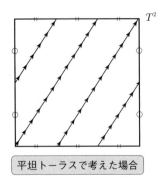

図 10.4　$(\alpha, \beta) = (2, 3)$ のときの γ の像（矢印部分）

例題 10.4 では，曲線 γ からベクトル場 X を定めたが，逆の対応を考えることができる．M を C^r 級多様体，I を開区間，$\gamma : I \longrightarrow M$ を M 上の C^r 級曲線とし，$t \in I$ に対して，

$$\gamma'(t) = \frac{d\gamma}{dt}(t) = (d\gamma)_t \left(\left(\frac{d}{dt} \right)_t \right) \in T_{\gamma(t)} M \tag{10.23}$$

とおく．例題 9.28 (2) を思い出そう．ここで，X を M 上の C^{r-1} 級ベクトル場とする．任意の $t \in I$ に対して，

$$\gamma'(t) = X_{\gamma(t)} \tag{10.24}$$

となるとき，γ を X の**積分曲線**という．

$(U, \varphi) \in \mathcal{S}$ に対して，$\gamma(I) \subset U$ であるとし，φ，$X|_U$ をそれぞれ (10.12)，(10.14) のように表しておくと，(10.24) は

$$(x_i \circ \gamma)'(t) = \xi_i(\gamma(t)) \qquad (i = 1, 2, \cdots, n) \tag{10.25}$$

と表される．(10.25) は正規形の常微分方程式なので，常微分方程式の解の存在定理より，積分曲線 γ は局所的には存在し，さらに，$r \geq 2$ ならば，γ は一意的に存在する[3]．

---

[3]　微分方程式論については，例えば，巻末の「読者のためのブックガイド」の文献 [6] を見よ．

10.3 接束

多様体の接空間をすべて集めたものは接束とよばれる多様体となる．そして，ベクトル場は多様体から接束への写像として表すことができる．このことを以下で述べる．

$(M, \mathcal{S})$ を n 次元の C^r 級多様体とし，

$$TM = \{(p, \boldsymbol{v}) \,|\, p \in M, \; \boldsymbol{v} \in T_p M\} \tag{10.26}$$

とおく．また，$\pi : TM \longrightarrow M$ を M への射影とする．すなわち，

$$\pi(p, \boldsymbol{v}) = p \qquad ((p, \boldsymbol{v}) \in TM) \tag{10.27}$$

である．$\pi : TM \longrightarrow M$ または TM を M の**接ベクトル束**または**接束**という（図 10.5）．

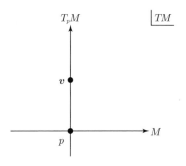

図 10.5　接束のイメージ

TM に位相を定めよう．まず，任意の $(p, \boldsymbol{v}) \in TM$ に対して，$(U, \varphi) \in \mathcal{S}$ を $p \in U$ となるように選んでおく．φ を関数 $x_1, x_2, \cdots, x_n : U \longrightarrow \mathbf{R}$ を用いて，$\varphi = (x_1, x_2, \cdots, x_n)$ と表しておくと，$\boldsymbol{v}$ は

$$\boldsymbol{v} = \sum_{i=1}^{n} a_i \left(\frac{\partial}{\partial x_i}\right)_p \qquad (a_1, a_2, \cdots, a_n \in \mathbf{R}) \tag{10.28}$$

と表すことができる．このとき，

$$\tilde{\varphi}(p, \boldsymbol{v}) = (\varphi(p), a_1, a_2, \cdots, a_n) \tag{10.29}$$

とおくと，$\tilde{\varphi}$ は全単射 $\tilde{\varphi} : \pi^{-1}(U) \longrightarrow U \times \mathbf{R}^n$ を定める．そこで，TM の位相を次の 2 つの条件を満たすものとして定める．

- 任意の (U, φ) に対して，$\pi^{-1}(U)$ は TM の開集合である． (10.30)
- 任意の (U, φ) に対して，$\tilde{\varphi}$ は同相写像である． (10.31)

このとき，TM は $\{(\pi^{-1}(U), \tilde{\varphi})\}_{(U,\varphi) \in \mathcal{S}}$ を座標近傍系とする $2n$ 次元の位相多様体となる．

次に，TM の座標近傍系 $\{(\pi^{-1}(U), \tilde{\varphi})\}_{(U,\varphi) \in \mathcal{S}}$ に関する座標変換を調べよう．上の (U, φ) に加え，$(V, \psi) \in \mathcal{S}$ も $p \in V$ となるように選んでおき，ψ を関数 $y_1, y_2, \cdots, y_n : V \longrightarrow \mathbf{R}$ を用いて，$\psi = (y_1, y_2, \cdots, y_n)$ と表しておくと，(10.15) が成り立つ．ここで，M は C^r 級多様体なので，M の座標変換は C^r 級である．よって，(10.15) より，TM の座標変換は C^{r-1} 級写像となる．したがって，TM は C^{r-1} 級多様体となる．ただし，C^0 級多様体とは位相多様体のことを意味する．このとき，π は C^{r-1} 級写像となる．

さて，X を M 上の C^s 級ベクトル場としよう．ただし，$s \leq r-1$ とする．ベクトル場の定義より，X は C^s 級写像 $X : M \longrightarrow TM$ で，$\pi \circ X = 1_M$ を満たすものに他ならない．このような見方をするとき，X を TM の**切断**ともいう（図 **10.6**）．

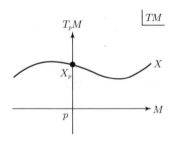

図 **10.6** 切断のイメージ

10.4 ベクトル場の演算

ベクトル場に対して，さまざまな演算を考えることができる．簡単のため，以下では，C^∞ 級多様体上の C^∞ 級ベクトル場を考えよう．M を C^∞ 級多様体とし，M 上の C^∞ 級ベクトル場全体の集合を $\mathfrak{X}(M)$[4] と表す．まず，$X, Y \in \mathfrak{X}(M)$ に対して，$X + Y \in \mathfrak{X}(M)$ を

$$(X + Y)_p = X_p + Y_p \qquad (p \in M) \tag{10.32}$$

により定める．T_pM はベクトル空間なので，和が定義されていることを思い出そう．また，座標近傍を用いて考えると，$X + Y$ は C^∞ 級となることにも注意しよう．次に，$f \in C^\infty(M)$ と $X \in \mathfrak{X}(M)$ に対して，$fX \in \mathfrak{X}(M)$ を

$$(fX)_p = f(p)X_p \qquad (p \in M) \tag{10.33}$$

により定める．ここでも，T_pM はベクトル空間なので，スカラー倍が定義されていることを思い出そう．また，座標近傍を用いて考えると，fX は C^∞ 級となることにも注意しよう．

各 $p \in M$ に対して，T_pM の零ベクトルを対応させるベクトル場は C^∞ 級である．このベクトル場を $\mathbf{0}$ と表す．また，$X \in \mathfrak{X}(M)$ のとき，$-X \in \mathfrak{X}(M)$ を

$$(-X)_p = -X_p \qquad (p \in M) \tag{10.34}$$

により定めることができる．これらの定義より，次の定理 10.6 が得られる．

定理 10.6 M を C^∞ 級多様体とし，$X, Y, Z \in \mathfrak{X}(M)$，$f, g \in C^\infty(M)$ とすると，次の (1)〜(8) が成り立つ．

(1) $X + Y = Y + X$.

(2) $(X + Y) + Z = X + (Y + Z)$.

(3) $X + \mathbf{0} = X$.

---

[4] ドイツ文字については，表見返しを参考にするとよい．

182——— 第 10 章　トーラス T^2

(4) $X + (-X) = \mathbf{0}$.

(5) $(fg)X = f(gX)$.

(6) $(f + g)X = fX + gX$.

(7) $f(X + Y) = fX + fY$.

(8) $1X = X^{5)}$.　　　　　　　　　　　　　　　　　　　　　□

補足 10.7　定理 10.6 のような構造をもつ集合を**加群**という．特に，$\mathfrak{X}(M)$ は $C^\infty(M)$ **加群**であるという．　　　　　　　　　　　　　　　□

$X \in \mathfrak{X}(M)$, $f \in C^\infty(M)$ とする．このとき，$Xf \in C^\infty(M)$ を

$$(Xf)(p) = X_p(f) \qquad (p \in M) \qquad\qquad (10.35)$$

により定めることができる．接ベクトルと関数に対しては方向微分が定義されることを思い出そう．Xf を X による f の**微分**という．

補足 10.8　X が C^s 級で，f が C^r 級のときも (10.35) の式を用いて，Xf を定めることができる．ただし，$s \leq r - 1$ とする．このとき，Xf は C^s 級となる．　　　　　　　　　　　　　　　　　　　　　　　　　□

定理 9.25 と (10.35) より，次の定理 10.9 が成り立つ．

定理 10.9　M を C^∞ 級多様体とし，$X \in \mathfrak{X}(M)$, $f, g \in C^\infty(M)$ とすると，次の (1), (2) が成り立つ．

(1) $a, b \in \mathbf{R}$ とすると，$X(af + bg) = aXf + bXg$.

(2) $X(fg) = (Xf)g + f(Xg)$.　　　　　　　　　　　　□

ベクトル場に対しては上で定めた和や関数倍，関数の微分といった演算の他にも，交換子積または括弧積とよばれる演算を定めることができる．$(M, \mathcal{S})$ を n 次元の C^∞ 級多様体とし，$X, Y \in \mathfrak{X}(M)$ とする．まず，対応

---

5)　1 は $f(p) = 1$ $(p \in M)$ により定められる定数関数を表す．

$$C^\infty(M) \ni f \longmapsto X(Yf) - Y(Xf) \in C^\infty(M) \qquad (10.36)$$

は (10.35) のように，ベクトル場による関数の微分として表されることを示そう．$(U, \varphi) \in \mathcal{S}$ とし，φ を関数 $x_1, x_2, \cdots, x_n : U \longrightarrow \mathbf{R}$ を用いて，$\varphi = (x_1, x_2, \cdots, x_n)$ と表しておき，X, Y を U 上でそれぞれ

$$X|_U = \sum_{i=1}^n \xi_i \frac{\partial}{\partial x_i}, \qquad Y|_U = \sum_{i=1}^n \eta_i \frac{\partial}{\partial x_i} \qquad (10.37)$$

と表しておく．ただし，$\xi_1, \xi_2, \cdots, \xi_n, \eta_1, \eta_2, \cdots, \eta_n : U \longrightarrow \mathbf{R}$ は C^∞ 級関数である．このとき，定理 10.9 より，

$$X|_U(Y|_U f) = X|_U \left(\sum_{i=1}^n \eta_i \frac{\partial f}{\partial x_i} \right) = \sum_{i=1}^n X|_U \left(\eta_i \frac{\partial f}{\partial x_i} \right) = \sum_{i=1}^n \sum_{j=1}^n \xi_j \frac{\partial}{\partial x_j} \left(\eta_i \frac{\partial f}{\partial x_i} \right)$$

$$= \sum_{i,j=1}^n \left(\xi_j \frac{\partial \eta_i}{\partial x_j} \frac{\partial f}{\partial x_i} + \xi_j \eta_i \frac{\partial^2 f}{\partial x_j \partial x_i} \right) \qquad (10.38)$$

となり，同様に，

$$Y|_U(X|_U f) = \sum_{i,j=1}^n \left(\eta_j \frac{\partial \xi_i}{\partial x_j} \frac{\partial f}{\partial x_i} + \xi_j \eta_i \frac{\partial^2 f}{\partial x_j \partial x_i} \right) \qquad (10.39)$$

である．(10.38), (10.39) より，

$$X|_U(Y|_U f) - Y|_U(X|_U f) = \sum_{i=1}^n \sum_{j=1}^n \left(\xi_j \frac{\partial \eta_i}{\partial x_j} - \eta_j \frac{\partial \xi_i}{\partial x_j} \right) \frac{\partial f}{\partial x_i} \qquad (10.40)$$

となり，対応 (10.36) はベクトル場による関数の微分として表されることがわかった．よって，U 上で

$$(XY - YX)|_U = \sum_{i=1}^n \sum_{j=1}^n \left(\xi_j \frac{\partial \eta_i}{\partial x_j} - \eta_j \frac{\partial \xi_i}{\partial x_j} \right) \frac{\partial}{\partial x_i} \qquad (10.41)$$

となるような $XY - YX \in \mathfrak{X}(M)$ が定められる．$XY - YX$ を $[X, Y]$ という記号で表し，X と Y の**交換子積**または**括弧積**という．括弧積に関して，次の定理 10.10 が成り立つ．

184——第 10 章　トーラス T^2

定理 10.10　M を C^∞ 級多様体とし，$X, Y, Z \in \mathfrak{X}(M)$ とすると，次の (1)～
(4) が成り立つ.

(1) $[X, Y + Z] = [X, Y] + [X, Z]$, $[X + Y, Z] = [X, Z] + [Y, Z]$. (**線形性**)

(2) $[X, Y] = -[Y, X]$. (**交代性**)

(3) $[[X, Y], Z] + [[Y, Z], X] + [[Z, X], Y] = \mathbf{0}$. (**ヤコビの恒等式**)

(4) $f, g \in C^\infty(M)$ とすると，$[fX, gY] = fg[X, Y] + f(Xg)Y - g(Yf)X$.

$\square$

定理 10.10 (1)～(4) はいずれも直接計算することにより示すことができるが，
(3)，(4) を例題としておこう.

例題 10.11　定理 10.10 (3)，(4) を示せ.

【解】　(3) $f \in C^\infty(M)$ とすると，

$$[[X, Y], Z]f = [X, Y](Zf) - Z([X, Y]f)$$
$$= X(Y(Zf)) - Y(X(Zf)) - Z(X(Yf) - Y(Xf))$$
$$= X(Y(Zf)) - Y(X(Zf)) - Z(X(Yf)) + Z(Y(Xf)). \quad (10.42)$$

同様に，

$$[[Y, Z], X]f = Y(Z(Xf)) - Z(Y(Xf)) - X(Y(Zf)) + X(Z(Yf)), \quad (10.43)$$

$$[[Z, X], Y]f = Z(X(Yf)) - X(Z(Yf)) - Y(Z(Xf)) + Y(X(Zf)). \quad (10.44)$$

(10.42)～(10.44) より，

$$([[X, Y], Z] + [[Y, Z], X] + [[Z, X], Y])f = 0. \quad (10.45)$$

よって，定理 10.10 (3) が成り立つ.

(4) $h \in C^\infty(M)$ とすると，

$$[fX, gY]h = (fX)((gY)h) - (gY)((fX)h)$$

$$
\begin{aligned}
&= (fX)(g \cdot Yh) - (gY)(f \cdot Xh)\\
&= f((Xg)(Yh) + gX(Yh)) - g((Yf)(Xh) + fY(Xh))\\
&= fg(X(Yh) - Y(Xh)) + f(Xg)Yh - g(Yf)Xh\\
&= fg[X,Y]h + f(Xg)Yh - g(Yf)Xh\\
&= (fg[X,Y] + f(Xg)Y - g(Yf)X)h. \tag{10.46}
\end{aligned}
$$

よって，定理 10.10 (4) が成り立つ． ∎

10.5　リーマン多様体*

　多様体の各点における接空間はベクトル空間であった．ここでは，各接空間において，内積が与えられている多様体を考えよう．ベクトル場の微分可能性や接束の微分構造について考えたときと同様に，変換則 (10.15) に注意して，次の定義 10.12 のように定める．

定義 10.12　M を C^r 級多様体とする．各 $p \in M$ において，T_pM の内積 $g_p(\ ,\ )$ が与えられているとし，p から $g_p(\ ,\ )$ への対応を g と表す．M 上の任意の C^{r-1} 級ベクトル場 X, Y に対して，p から $g_p(X_p, Y_p)$ への対応が M 上の C^{r-1} 級関数を定めるとき，g を M の**リーマン計量**，組 (M, g) を**リーマン多様体**という． ☐

　リーマン計量を局所座標系を用いて表してみよう．$(M, \mathcal{S})$ を n 次元の C^r 級多様体，g を M のリーマン計量とし，$p \in M$, $\boldsymbol{u}, \boldsymbol{v} \in T_pM$ とする．$(U, \varphi) \in \mathcal{S}$ を $p \in U$ となるように選んでおき，φ を関数 $x_1, x_2, \cdots, x_n : U \longrightarrow \mathbf{R}$ を用いて，$\varphi = (x_1, x_2, \cdots, x_n)$ と表しておく．このとき，$\boldsymbol{u}, \boldsymbol{v}$ は $a_1, a_2, \cdots, a_n, b_1, b_2, \cdots, b_n \in \mathbf{R}$ を用いて，

$$
\boldsymbol{u} = \sum_{i=1}^{n} a_i \left(\frac{\partial}{\partial x_i} \right)_p, \qquad \boldsymbol{v} = \sum_{i=1}^{n} b_i \left(\frac{\partial}{\partial x_i} \right)_p \tag{10.47}
$$

と表すことができる．よって，内積の性質を用いると，

$$g_p(\boldsymbol{u}, \boldsymbol{v}) = g_p\left(\sum_{i=1}^n a_i \left(\frac{\partial}{\partial x_i}\right)_p, \sum_{j=1}^n b_j \left(\frac{\partial}{\partial x_j}\right)_p\right)$$

$$= \sum_{i,j=1}^n a_i b_j g_p\left(\left(\frac{\partial}{\partial x_i}\right)_p, \left(\frac{\partial}{\partial x_j}\right)_p\right) = \sum_{i,j=1}^n a_i b_j g_{ij}(p) \quad (10.48)$$

となる. ただし,

$$g_{ij}(p) = g_p\left(\left(\frac{\partial}{\partial x_i}\right)_p, \left(\frac{\partial}{\partial x_j}\right)_p\right) \quad (10.49)$$

とおいた. 特に, $g_p(\ ,\ )$ が T_pM の内積であることに注意すると, n 次の正方行列 $(g_{ij}(p))$ は固有値がすべて正, すなわち, 正定値の対称行列である.

例 10.13（ユークリッド空間） $\mathbf{R}^n$ の各点における接空間を (9.37) のように, $\mathbf{R}^n$ 自身と同一視しておく. このとき, $\mathbf{R}^n$ の標準内積 (2.38) を用いることにより, $\mathbf{R}^n$ は C^∞ 級リーマン多様体となる. □

M を C^r 級多様体, (N, g) を C^r 級リーマン多様体とし, 補足 9.35 で述べたはめ込み $f : M \longrightarrow N$ が与えられているとしよう. すなわち, 任意の $p \in M$ に対して, p における f の微分 $(df)_p : T_pM \longrightarrow T_{f(p)}N$ は単射である. このとき,

$$(f^*g)_p(\boldsymbol{u}, \boldsymbol{v}) = g_{f(p)}((df)_p(\boldsymbol{u}), (df)_p(\boldsymbol{v})) \qquad (\boldsymbol{u}, \boldsymbol{v} \in T_pM) \quad (10.50)$$

とおくと, $g_p(\ ,\ )$ が T_pM の内積であることと $(df)_p$ が単射であることより, $(f^*g)_p$ は M のリーマン計量 f^*g を定める. f^*g を f による g の**誘導計量**という. 特に, リーマン多様体の部分多様体は包含写像による誘導計量によりリーマン多様体となる.

例 10.14（第一基本形式） C^r 級写像 $f : D \longrightarrow \mathbf{R}^3$ を正則な径数付き曲面とする. このとき, f は正則なので, はめ込みとなり, また, 例 10.13 で述べたように, $\mathbf{R}^3$ はリーマン多様体である. このはめ込みによる誘導計量は曲面論で学ぶ第一基本形式に他ならない[6]. □

――――――――――

[6] 曲線論や曲面論については, 例えば, 巻末の「読者のためのブックガイド」の文献 [9], [10] を見よ.

リーマン多様体上の曲線に対して，その長さを考えることができる．(M, g) を C^r 級リーマン多様体，$\gamma : I \longrightarrow M$ を M 上の C^r 級曲線とし，I は有界閉区間 $[a, b]$ を含むとする．このとき，γ の $[a, b]$ における長さを定積分

$$\int_a^b \sqrt{g_{\gamma(t)}(\gamma'(t), \gamma'(t))} dt \qquad (10.51)$$

により定める．$M = \mathbf{R}^n$ のとき，(10.51) は $\mathbf{R}^n$ 内の径数付き曲線に対する長さ (5.34) に他ならない．

10.6 リー群*

対応 (2.20) により，$\mathbf{R}^2$ を $\mathbf{C}$ と同一視すると，S^1 は

$$S^1 = \{z \in \mathbf{C} \, | \, |z| = 1\} \qquad (10.52)$$

と表され，定理 2.10 (1) より，S^1 は複素数の積に関して群となる．一方，S^1 は C^∞ 級多様体でもあるが，積をとる演算や逆数をとる演算は多項式や分母が 0 とならない有理関数で表されるので，C^∞ 級写像となる．このような群という代数的構造と多様体という幾何的構造が両立するものを考え，次の定義 10.15 のように定める．

定義 10.15　G を群とし，同時に C^∞ 級多様体でもあるとする．このとき，積をとる演算は積多様体 $G \times G$ から G への写像を定め，逆元をとる演算は G から G への写像を定める．これらが C^∞ 級写像となるとき，G を**リー群**という． □

なお，群が複素多様体でもある場合は正則写像を考えることにより，**複素リー群**の概念を定めることができる．また，定義 10.15 で定めたリー群を**実リー群**ともいう．

188――― 第 10 章　トーラス T^2

例 10.16（ユークリッド空間）　$\mathbf{R}^n$ はベクトル空間であり，和に関して群となる．また，$\mathbf{R}^n$ は C^∞ 級多様体でもある．このとき，和は $\mathbf{R}^n \times \mathbf{R}^n$ から $\mathbf{R}^n$ への，逆ベクトルをとる演算は $\mathbf{R}^n$ から $\mathbf{R}^n$ への C^∞ 級写像をそれぞれ定める．よって，$\mathbf{R}^n$ はリー群となる．同様に，$\mathbf{C}^n$ は複素リー群となる．　　　　　　　　　　　　□

　リー群とリー群の直積はリー群となる．特に，トーラスもリー群となる．

例 10.17（直積リー群）　G, H をリー群とする．まず，G と H の積 $G \times H$ は群となる．実際，$G \times H$ の積は

$$(g_1, h_1)(g_2, h_2) = (g_1 g_2, h_1 h_2) \quad ((g_1, h_1), (g_2, h_2) \in G \times H) \quad (10.53)$$

により定めればよい．このとき，$G \times H$ を G と H の**直積群**という．一方，G, H は C^∞ 多様体でもあるので，$G \times H$ は積多様体でもあり，積をとる演算や逆元をとる演算は C^∞ 級写像となる．よって，$G \times H$ はリー群となる．このとき，$G \times H$ を G と H の**直積リー群**という．特に，本節の始めに述べたことより，S^1 はリー群であるので，S^1 の n 個の直積である n 次元のトーラス T^n もリー群となる．　　□

例 10.18（実一般線形群など）　例 4.7 や 9.1 節で述べたように，$GL(n, \mathbf{R})$ は群であり，同時に C^∞ 級多様体でもある．ここで，行列の積は成分の 2 次多項式を用いて表され，逆行列は成分の有理関数を用いて表されるので，$GL(n, \mathbf{R})$ はリー群となる．同様に，$O(n)$, $SO(n)$, $SL(n, \mathbf{R})$, $U(n)$ もリー群となる．また，$GL(n, \mathbf{C})$, $SL(n, \mathbf{C})$ は複素リー群となる．　　　　　　　　　　　　　　　　　　　　　□

　注意 10.19　一般に，リー群の閉部分群，すなわち，閉集合となる部分群は部分多様体となり，リー群ともなることが知られている[7]．特に，$GL(n, \mathbf{R})$ や $GL(n, \mathbf{C})$ の閉部分群として表されるリー群を**線形リー群**という．例 10.18 に挙げたリー群はすべて線形リー群である．その他の重要な線形リー群の例として，行列式が 1 となる n 次のユニタリ行列全体の集合 $SU(n)$ が挙げられる．すなわち，

$$SU(n) = \{A \in U(n) \mid \det A = 1\} \quad (10.54)$$

である．$SU(n)$ を n 次の**特殊ユニタリ群**という．　　　　　　　　　　　　□

---

7)　例えば，巻末の「読者のためのブックガイド」の文献 [14] p.219，定理 3 を見よ．

10.6 リー群* ———*189*

例題 10.20 $SU(2)$ は

$$SU(2) = \left\{ \left(\begin{array}{cc} a & b \\ -\bar{b} & \bar{a} \end{array} \right) \;\middle|\; a, b \in \mathbf{C}, \; |a|^2 + |b|^2 = 1 \right\} \quad (10.55)$$

と表されることを示せ. 特に, $SU(2)$ は S^3 と C^∞ 級微分同相となる.

【解】 $A \in SU(2)$ を

$$A = \left(\begin{array}{cc} a & b \\ c & d \end{array} \right) \qquad (a, b, c, d \in \mathbf{C}, \; ad - bc = 1) \quad (10.56)$$

と表しておく. このとき,

$$E_2 = AA^* = \left(\begin{array}{cc} a & b \\ c & d \end{array} \right) \left(\begin{array}{cc} \bar{a} & \bar{c} \\ \bar{b} & \bar{d} \end{array} \right) = \left(\begin{array}{cc} |a|^2 + |b|^2 & a\bar{c} + b\bar{d} \\ c\bar{a} + d\bar{b} & |c|^2 + |d|^2 \end{array} \right).$$
$$(10.57)$$

よって,

$$|a|^2 + |b|^2 = 1, \quad a\bar{c} + b\bar{d} = 0, \quad |c|^2 + |d|^2 = 1. \quad (10.58)$$

(10.58) の第 1 式より, $(a, b) \neq (0, 0)$ なので, (10.58) の第 2 式より, ある $\lambda \in \mathbf{C}$ が存在し,

$$(c, d) = \lambda(\bar{b}, -\bar{a}). \quad (10.59)$$

(10.56) の条件式, (10.58) の第 1 式および (10.59) より,

$$1 = ad - bc = a(-\lambda \bar{a}) - b\lambda \bar{b} = -\lambda(|a|^2 + |b|^2) = -\lambda. \quad (10.60)$$

(10.59), (10.60) より,

$$(c, d) = (-\bar{b}, \bar{a}). \quad (10.61)$$

(10.58) の第 1 式より, (10.61) は (10.58) の第 3 式を満たす. よって, $SU(2)$ は (10.55) のように表される. ∎

190———第 10 章　トーラス T^2

補足 10.21　上に述べたように，S^1, S^3 はリー群となった．実は，S^n がリー群となるのは n が 1 または 3 のときに限ることが知られている[8]．　　□

================= **演習問題** =================

問題 10.1　$(M, \mathcal{S})$, $(N, \mathcal{T})$ をそれぞれ m 次元，n 次元の C^r 級多様体，$M \times N$ を M と N の積多様体，$\pi_M : M \times N \longrightarrow M$, $\pi_N : M \times N \longrightarrow N$ を射影とする．$(p, q) \in M \times N$ に対して，$(U, \varphi) \in \mathcal{S}$, $(V, \psi) \in \mathcal{T}$ を $p \in U$, $q \in V$ となるように選んでおき，φ, ψ を関数 $x_1, x_2, \cdots, x_m : U \longrightarrow \mathbf{R}$, $y_1, y_2, \cdots, y_n : V \longrightarrow \mathbf{R}$ を用いて，$\varphi = (x_1, x_2, \cdots, x_m)$, $\psi = (y_1, y_2, \cdots, y_n)$ と表しておく．このとき，T_pM, T_qN, $T_{(p,q)}(M \times N)$ の基底として，それぞれ

$$\left\{ \left(\frac{\partial}{\partial x_1}\right)_p, \left(\frac{\partial}{\partial x_2}\right)_p, \cdots, \left(\frac{\partial}{\partial x_m}\right)_p \right\}, \quad \left\{ \left(\frac{\partial}{\partial y_1}\right)_q, \left(\frac{\partial}{\partial y_2}\right)_q, \cdots, \left(\frac{\partial}{\partial y_n}\right)_q \right\},$$

$$\left\{ \left(\frac{\partial}{\partial x_1}\right)_{(p,q)}, \cdots, \left(\frac{\partial}{\partial x_m}\right)_{(p,q)}, \left(\frac{\partial}{\partial y_1}\right)_{(p,q)}, \cdots, \left(\frac{\partial}{\partial y_n}\right)_{(p,q)} \right\}$$

を選ぶことができる．

(1) $i = 1, 2, \cdots, m$, $j = 1, 2, \cdots, n$ に対して，

$$(d\pi_M)_{(p,q)}\left(\left(\frac{\partial}{\partial x_i}\right)_{(p,q)} \right), \quad (d\pi_M)_{(p,q)}\left(\left(\frac{\partial}{\partial y_j}\right)_{(p,q)} \right),$$

$$(d\pi_N)_{(p,q)}\left(\left(\frac{\partial}{\partial x_i}\right)_{(p,q)} \right), \quad (d\pi_N)_{(p,q)}\left(\left(\frac{\partial}{\partial y_j}\right)_{(p,q)} \right)$$

を求めよ．

(2) $\boldsymbol{v} \in T_{(p,q)}(M \times N)$ に対して，

$$\left((d\pi_M)_{(p,q)} \times (d\pi_N)_{(p,q)} \right)(\boldsymbol{v}) = \left((d\pi_M)_{(p,q)}(\boldsymbol{v}), (d\pi_N)_{(p,q)}(\boldsymbol{v}) \right)$$

とおくと，$(d\pi_M)_{(p,q)} \times (d\pi_N)_{(p,q)}$ は線形写像

$$(d\pi_M)_{(p,q)} \times (d\pi_N)_{(p,q)} : T_{(p,q)}(M \times N) \longrightarrow T_pM \times T_qN$$

を定める．$(d\pi_M)_{(p,q)} \times (d\pi_N)_{(p,q)}$ は線形同型写像であることを示せ．

---

[8]　H. Samelson, Über die Sphären, die als Gruppenräume auftreten, *Comment. Math. Helv.* **13** (1940), 144–155.

演習問題───*191*

補足 10.22 問題 10.1 において，g，h をそれぞれ M，N のリーマン計量とする．このとき，$(\boldsymbol{u}_1, \boldsymbol{v}_1), (\boldsymbol{u}_2, \boldsymbol{v}_2) \in T_p M \times T_q N$ に対して，

$$(g \times h)_{(p,q)}((\boldsymbol{u}_1, \boldsymbol{v}_1), (\boldsymbol{u}_2, \boldsymbol{v}_2)) = g_p(\boldsymbol{u}_1, \boldsymbol{u}_2) + h_q(\boldsymbol{v}_1, \boldsymbol{v}_2)$$

とおき，線形同型写像 $(d\pi_M)_{(p,q)} \times (d\pi_N)_{(p,q)}$ により，$T_{(p,q)}(M \times N)$ を $T_p M \times T_q N$ と同一視すると，$g \times h$ は $M \times N$ のリーマン計量となる．$(M \times N, g \times h)$ を (M, g) と (N, h) の**リーマン直積**または**リーマン積**という． $\square$

問題 10.2 $a, b \in \mathbf{R}$ に対して，$X \in \mathfrak{X}(\mathbf{R}^2)$ を

$$X = (ax + by)\frac{\partial}{\partial x} + (-bx + ay)\frac{\partial}{\partial y}$$

により定める．$(x_0, y_0) \in \mathbf{R}^2$ に対して，$\gamma(0) = (x_0, y_0)$ となる X の積分曲線 γ を求めよ．

問題 10.3 $k, l \in \mathbf{N}$ とすると，$\mathbf{R}$ 上の C^∞ 級ベクトル場について，

$$\left[x^k \frac{d}{dx}, x^l \frac{d}{dx}\right] = (l - k)x^{k+l-1}\frac{d}{dx}$$

が成り立つことを示せ．

問題 10.4 M，N を C^∞ 級多様体とし，$\varphi \in C^\infty(M, N)$ とする．このとき，写像 $\varphi^* : C^\infty(N) \longrightarrow C^\infty(M)$ を

$$\varphi^* f = f \circ \varphi \qquad (f \in C^\infty(N))$$

により定める．$\varphi^* f$ を f による φ の**引き戻し**という．

(1) $C^\infty(M)$ および $C^\infty(N)$ は自然にベクトル空間となる．φ^* は線形写像であることを示せ．

(2) φ を C^∞ 級微分同相写像とし，$X \in \mathfrak{X}(M)$ とする．このとき，$\varphi_* X \in \mathfrak{X}(N)$ を

$$(\varphi_* X)_{\varphi(p)} = (d\varphi)_p(X_p) \qquad (p \in M)$$

により定めることができる．$f \in C^\infty(N)$ とすると，

$$X(\varphi^* f) = \varphi^*((\varphi_* X)(f))$$

が成り立つことを示せ．

192———第 10 章　トーラス T^2

(3) φ を C^∞ 級微分同相写像とし，$X, Y \in \mathfrak{X}(M)$ とする．このとき，

$$\varphi_*[X, Y] = [\varphi_*X, \varphi_*Y]$$

が成り立つことを示せ．

11 余接束 T^*M

　多様体に対する接空間はベクトル空間なので，余接空間とよばれる双対空間を考えることができる．第11章では，多様体 M に対する余接空間をすべて集め，余接束とよばれる多様体 T^*M を考える[1]．また，線形代数からの準備として，双対空間の他に多重線形形式についても述べ，多様体の基本概念の1つである微分形式を扱う．さらに，余接束を例として含む多様体の重要なクラスとして，シンプレクティック多様体を紹介し，その基本的性質について述べる．

■ 11.1 微分形式（その1）

　多様体に対する接空間はベクトル空間なので，その双対空間を考えることができる．まず，双対空間について，簡単に述べておこう．V を実ベクトル空間，すなわち，$\mathbf{R}$ 上のベクトル空間とする．$\mathbf{R}$ 自身も実ベクトル空間とみなし，V から $\mathbf{R}$ への線形写像全体の集合を V^* と表す．$f, g \in V^*$，$k \in \mathbf{R}$ とし，写像 $f + g, kf : V \longrightarrow \mathbf{R}$ をそれぞれ

$$(f + g)(\boldsymbol{v}) = f(\boldsymbol{v}) + g(\boldsymbol{v}), \quad (kf)(\boldsymbol{v}) = kf(\boldsymbol{v}) \quad (\boldsymbol{v} \in V) \qquad (11.1)$$

により定めると，$f + g, kf \in V^*$ となり，V^* は実ベクトル空間となる．V^* を V の**双対ベクトル空間**または**双対空間**という．ベクトル空間が有限次元の場合には，次の定理 11.1 が成り立つ．

定理 11.1 V を n 次元の実ベクトル空間，$\{\boldsymbol{a}_1, \boldsymbol{a}_2, \cdots, \boldsymbol{a}_n\}$ を V の基底とする．このとき，

$$f_i(\boldsymbol{a}_j) = \delta_{ij} \qquad (i, j = 1, 2, \cdots, n) \qquad (11.2)$$

を満たす V^* の基底 $\{f_1, f_2, \cdots, f_n\}$ が一意的に存在する．特に，V^* の次元は

---

[1] T^*M が多様体となることについては 11.1 節で述べる．

n である. □

定理 11.1 における $\{f_1, f_2, \cdots, f_n\}$ を $\{\boldsymbol{a}_1, \boldsymbol{a}_2, \cdots, \boldsymbol{a}_n\}$ の**双対基底**という.

さて，M を C^r 級多様体としよう. $p \in M$ に対して，p における接空間 $T_p M$ の双対空間 $(T_p M)^*$ を $T_p^* M$ と表す. $T_p^* M$ を p における**余接ベクトル空間**または**余接空間**，$T_p^* M$ の元を**余接ベクトル**という. さらに，各 $p \in M$ に対して，$\omega_p \in T_p^* M$ が与えられているとする. この対応を ω と表し，M 上の**1 次微分形式**という. ベクトル場および 1 次微分形式の定義より，ω を M 上の 1 次微分形式，X を M 上のベクトル場とすると，M 上の実数値関数 $\omega(X)$ が定められる.

例 11.2（関数の微分） M を C^r 級多様体とし，$f \in C^r(M)$ とする. このとき，各 $p \in M$ に対して，線形写像 $(df)_p : T_p M \longrightarrow T_{f(p)} \mathbf{R}$ が定まる. ここで，

$$T_{f(p)} \mathbf{R} = \left\{ a \left(\frac{d}{dt} \right)_{f(p)} \middle| a \in \mathbf{R} \right\} = \{ a \in \mathbf{R} \} = \mathbf{R} \tag{11.3}$$

と自然な同一視を行うと，$(df)_p \in T_p^* M$ である. よって，df は M 上の 1 次微分形式を定める. また，X を M 上のベクトル場とすると，(9.45) およびベクトル場による関数の微分の定義 (10.35) より，

$$(df)(X) = Xf \tag{11.4}$$

が成り立つ. □

$(M, \mathcal{S})$ を n 次元の C^r 級多様体とする. $p \in M$ に対して，$(U, \varphi) \in S$ を $p \in U$ となるように選んでおく. φ を関数 $x_1, x_2, \cdots, x_n : U \longrightarrow \mathbf{R}$ を用いて，

$$\varphi = (x_1, x_2, \cdots, x_n) \tag{11.5}$$

と表しておくと，x_1, x_2, $\cdots$, x_n は U 上の C^r 級関数となるので，例 11.2 のように，U 上でこれらの微分 dx_1, dx_2, $\cdots$, dx_n を考えることができる.

11.1 微分形式（その1）———*195*

例題 11.3 $\{(dx_1)_p, (dx_2)_p, \cdots, (dx_n)_p\}$ は T_pM の基底

$$\left\{\left(\frac{\partial}{\partial x_1}\right)_p, \left(\frac{\partial}{\partial x_2}\right)_p, \cdots, \left(\frac{\partial}{\partial x_n}\right)_p\right\} \tag{11.6}$$

の双対基底であることを示せ.

【解】 $i, j = 1, 2, \cdots, n$ とすると,

$$(dx_i)_p\left(\left(\frac{\partial}{\partial x_j}\right)_p\right) = \frac{\partial x_i}{\partial x_j}(p) = \delta_{ij}. \tag{11.7}$$

よって, 題意が成り立つ. ∎

上と同じ記号を用いて, $f \in C^r(M)$ とすると, 例題 11.3 より,

$$(df)_p = \sum_{i=1}^{n}(df)_p\left(\left(\frac{\partial}{\partial x_i}\right)_p\right)(dx_i)_p = \sum_{i=1}^{n}\frac{\partial f}{\partial x_i}(p)(dx_i)_p \tag{11.8}$$

となるので, df を U 上に制限して考えると,

$$df|_U = \sum_{i=1}^{n}\frac{\partial f}{\partial x_i}dx_i \tag{11.9}$$

と表すことができる. U がユークリッド空間の開集合の場合は, (11.9) は微分積分で学ぶ全微分の式に他ならない. ここで, $(V, \psi) \in \mathcal{S}$ も $p \in V$ となるように選んでおき, ψ を関数 $y_1, y_2, \cdots, y_n : V \longrightarrow \mathbf{R}$ を用いて, $\psi = (y_1, y_2, \cdots, y_n)$ と表しておくと, (11.9) より, $j = 1, 2, \cdots, n$ に対して, 変換則

$$(dy_j)_p = \sum_{i=1}^{n}\frac{\partial y_j}{\partial x_i}(p)(dx_i)_p \tag{11.10}$$

が成り立つ. よって, ベクトル場の場合と同様に, 1 次微分形式の微分可能性については, 次の定義 11.4 のように定める.

定義 11.4 $(M, \mathcal{S})$ を n 次元の C^r 級多様体, ω を M 上の 1 次微分形式と

196——— 第 11 章 余接束 T^*M

する. 任意の $(U, \varphi) \in \mathcal{S}$ に対して, φ を (11.5) のように表しておき, ω を関数 $f_1, f_2, \cdots, f_n : U \longrightarrow \mathbf{R}$ を用いて, U 上で

$$\omega|_U = \sum_{i=1}^n f_i dx_i \tag{11.11}$$

と表しておく. $f_1, f_2, \cdots, f_n$ が C^s 級関数となるとき, ω は C^s 級であるという. ただし, $s \leq r - 1$ とする. □

10.3 節で接束を定めたように, 多様体の余接空間をすべて集めて余接束とよばれる多様体を定めることができる. M を n 次元の C^r 級多様体とし,

$$T^*M = \{(p, f) \,|\, p \in M, \ f \in T_p^*M\} \tag{11.12}$$

とおく. また, $\pi : T^*M \longrightarrow M$ を M への射影とする. すなわち,

$$\pi(p, f) = p \qquad ((p, f) \in T^*M) \tag{11.13}$$

である. $\pi : T^*M \longrightarrow M$ または T^*M を M の**余接ベクトル束**または**余接束**という. TM の場合と同様に, T^*M は $2n$ 次元の C^{r-1} 級多様体となる. また, ω を M 上の C^s 級 1 次微分形式とすると, ω は T^*M の切断, すなわち, C^s 級写像 $\omega : M \longrightarrow T^*M$ で, $\pi \circ \omega = 1_M$ を満たすものに他ならない. ただし, $s \leq r - 1$ とする.

■ 11.2 多重線形形式

11.3 節で高次の微分形式を定めるための準備として, 多重線形形式について述べておこう.

$\boxed{\text{定義 11.5}}$ V を実ベクトル空間, $\omega : V^k \longrightarrow \mathbf{R}$ を V の k 個の積から $\mathbf{R}$ への写像とする. $\omega(\boldsymbol{v}_1, \boldsymbol{v}_2, \cdots, \boldsymbol{v}_k)$ $(\boldsymbol{v}_1, \boldsymbol{v}_2, \cdots, \boldsymbol{v}_k \in V)$ が各 $\boldsymbol{v}_i$ $(i = 1, 2, \cdots, k)$ のみを変数とみなして, V から $\mathbf{R}$ への線形写像を定めるとき, ω を V 上の **k 次多重線形形式**または **k 次形式**という. V 上の k 次形式全体の集合を $\overset{k}{\bigotimes} V^*$ と表し, V の k 階の**共変テンソル空間**という. 特に, $\overset{1}{\bigotimes} V^* = V^*$ である. □

11.2 多重線形形式 —— *197*

双対空間の場合と同様に，共変テンソル空間は自然にベクトル空間となる．さらに，双対空間の元を用いて，多重線形形式を定めることができる．V を実ベクトル空間とし，$f_1, f_2, \cdots, f_k \in V^*$，$\boldsymbol{v}_1, \boldsymbol{v}_2, \cdots, \boldsymbol{v}_k \in V$ に対して，

$$(f_1 \otimes f_2 \otimes \cdots \otimes f_k)(\boldsymbol{v}_1, \boldsymbol{v}_2, \cdots, \boldsymbol{v}_k) = f_1(\boldsymbol{v}_1)f_2(\boldsymbol{v}_2) \cdots f_k(\boldsymbol{v}_k) \quad (11.14)$$

とおく．このとき，$f_1 \otimes f_2 \otimes \cdots \otimes f_k$ は V 上の k 次形式を定める．$f_1 \otimes f_2 \otimes \cdots \otimes f_k$ を $f_1, f_2, \cdots, f_k$ の**テンソル積**という．共変テンソル空間の基底や次元について，次の定理 11.6 が成り立つ．

定理 11.6 V を n 次元の実ベクトル空間，$\{f_1, f_2, \cdots, f_n\}$ を V^* の基底とする．このとき，

$$\{f_{i_1} \otimes f_{i_2} \otimes \cdots \otimes f_{i_k}\}_{i_1, i_2, \cdots, i_k = 1, 2, \cdots, n} \quad (11.15)$$

は $\overset{k}{\bigotimes} V^*$ の基底である．特に，$\overset{k}{\bigotimes} V^*$ の次元は n^k である． □

証明 V の基底 $\{\boldsymbol{a}_1, \boldsymbol{a}_2, \cdots, \boldsymbol{a}_n\}$ を $\{f_1, f_2, \cdots, f_n\}$ が $\{\boldsymbol{a}_1, \boldsymbol{a}_2, \cdots, \boldsymbol{a}_n\}$ の双対基底となるように選んでおく．まず，(11.14) より，

$$(f_{i_1} \otimes f_{i_2} \otimes \cdots \otimes f_{i_k})(\boldsymbol{a}_{j_1}, \boldsymbol{a}_{j_2}, \cdots, \boldsymbol{a}_{j_k}) = f_{i_1}(\boldsymbol{a}_{j_1})f_{i_2}(\boldsymbol{a}_{j_2}) \cdots f_{i_k}(\boldsymbol{a}_{j_k})$$

$$= \begin{cases} 1 & ((i_1, i_2, \cdots, i_k) = (j_1, j_2, \cdots, j_k)), \\ 0 & ((i_1, i_2, \cdots, i_k) \neq (j_1, j_2, \cdots, j_k)). \end{cases} \quad (11.16)$$

よって，$f_{i_1} \otimes f_{i_2} \otimes \cdots \otimes f_{i_k}$ $(i_1, i_2, \cdots, i_k = 1, 2, \cdots, n)$ は 1 次独立となる．さらに，$\omega \in \overset{k}{\bigotimes} V^*$ とすると，(11.16) より，

$$\omega = \sum_{i_1, i_2, \cdots, i_k = 1}^{n} \omega(\boldsymbol{a}_{i_1}, \boldsymbol{a}_{i_2}, \cdots, \boldsymbol{a}_{i_k})f_{i_1} \otimes f_{i_2} \otimes \cdots \otimes f_{i_k}. \quad (11.17)$$

したがって，$\overset{k}{\bigotimes} V^*$ は $f_{i_1} \otimes f_{i_2} \otimes \cdots \otimes f_{i_k}$ $(i_1, i_2, \cdots, i_k = 1, 2, \cdots, n)$ で生成されるので，$\{f_{i_1} \otimes f_{i_2} \otimes \cdots \otimes f_{i_k}\}_{i_1, i_2, \cdots, i_k = 1, 2, \cdots, n}$ は $\overset{k}{\bigotimes} V^*$ の基底である． ∎

V, W を実ベクトル空間，$\varphi : V \longrightarrow W$ を線形写像とし，$\omega \in \bigotimes^k W^*$ とする．このとき，$\boldsymbol{v}_1, \boldsymbol{v}_2, \cdots, \boldsymbol{v}_k \in V$ に対して，

$$(\varphi^* \omega)(\boldsymbol{v}_1, \boldsymbol{v}_2, \cdots, \boldsymbol{v}_k) = \omega(\varphi(\boldsymbol{v}_1), \varphi(\boldsymbol{v}_2), \cdots, \varphi(\boldsymbol{v}_k)) \quad (11.18)$$

とおくと，$\varphi^* \omega$ は V 上の k 次形式を定める．$\varphi^* \omega$ を φ による ω の **引き戻し** という．引き戻しは $\bigotimes^k W^*$ から $\bigotimes^k V^*$ への線形写像を定め，特に，$k=1$ のときは，**双対写像** ともいう（図 11.1）．

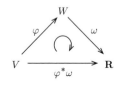

図 11.1 双対写像

微分形式を定義するには，多重線形形式に対して，交代性という条件も必要である．ここでは，交代性と対になる概念である対称性についても述べておこう．k 文字の置換全体の集合を $\mathfrak{S}_k{}^{2)}$ と表す．すなわち，$\mathfrak{S}_k$ は集合 $\{1, 2, \cdots, k\}$ から同じ集合 $\{1, 2, \cdots, k\}$ への全単射全体からなる集合である．

定義 11.7 V を実ベクトル空間とし，$\omega \in \bigotimes^k V^*$ とする．任意の $\boldsymbol{v}_1, \boldsymbol{v}_2, \cdots, \boldsymbol{v}_k \in V$ と任意の $\sigma \in \mathfrak{S}_k$ に対して，

$$\omega(\boldsymbol{v}_{\sigma(1)}, \boldsymbol{v}_{\sigma(2)}, \cdots, \boldsymbol{v}_{\sigma(k)}) = \omega(\boldsymbol{v}_1, \boldsymbol{v}_2, \cdots, \boldsymbol{v}_k) \quad (11.19)$$

が成り立つとき，ω を **対称形式** という．V 上の k 次の対称形式全体の集合を $\overset{k}{S} V^*$ と表す． □

補足 11.8 定義 11.7 において，$\overset{k}{S} V^*$ は $\bigotimes^k V^*$ の部分空間となる．また，V の次元が n のとき，$\{f_1, f_2, \cdots, f_n\}$ を V^* の基底とすると，

$$\{f_{i_1} \otimes f_{i_2} \otimes \cdots \otimes f_{i_k}\}_{1 \leq i_1 \leq i_2 \leq \cdots \leq i_k \leq n} \quad (11.20)$$

は $\overset{k}{S} V^*$ の基底となり，$\overset{k}{S} V^*$ の次元は ${}_{n+k-1}C_k$ である．また，多重線形形式の場合と同様に，対称形式に対しても引き戻しを定めることができる． □

---

2) ドイツ文字については，表見返しを参考にするとよい．

11.2 多重線形形式────*199*

例 11.9（内積） V を実ベクトル空間，ω を V 上の 2 次の対称形式とする．任意の $v \in V \setminus \{\mathbf{0}\}$ に対して，$\omega(v, v) > 0$ となるとき，ω は**正定値**であるという．V の内積は V 上の正定値対称形式とみなすことができる． □

　線形代数で学ぶように，置換に対しては，符号という 1 あるいは -1 の値が対応するのであった．置換 σ の符号を $\operatorname{sgn}\sigma$ と表す．置換の符号を用いて，交代形式を次の定義 11.10 のように定める．

定義 11.10　V を実ベクトル空間とし，$\omega \in \bigotimes^k V^*$ とする．任意の $v_1, v_2, \cdots, v_k \in V$ と任意の $\sigma \in \mathfrak{S}_k$ に対して，

$$\omega(v_{\sigma(1)}, v_{\sigma(2)}, \cdots, v_{\sigma(k)}) = (\operatorname{sgn}\sigma)\omega(v_1, v_2, \cdots, v_k) \quad (11.21)$$

が成り立つとき，ω を**交代形式**という．V 上の k 次の交代形式全体の集合を $\bigwedge^k V^*$ と表す． □

補足 11.11　定義 11.10 において，$\bigwedge^k V^*$ は $\bigotimes^k V^*$ の部分空間となる．また，

$$\bigotimes^1 V^* = \bigwedge^1 V^* = V^* \quad (11.22)$$

である．さらに，多重線形形式の場合と同様に，交代形式に対しても引き戻しを定めることができる． □

　交代形式のなす空間について詳しく調べるために，まず，次数が等しいとは限らない 2 つの交代形式に対して，外積という演算を考えよう．$\omega \in \bigwedge^k V^*$，$\theta \in \bigwedge^l V^*$，$v_1, v_2, \cdots, v_{k+l} \in V$ に対して，

$$(\omega \wedge \theta)(v_1, \cdots, v_{k+l})$$
$$= \frac{1}{k!l!} \sum_{\sigma \in \mathfrak{S}_{k+l}} (\operatorname{sgn}\sigma)\omega(v_{\sigma(1)}, \cdots, v_{\sigma(k)})\theta(v_{\sigma(k+1)}, \cdots, v_{\sigma(k+l)}) \quad (11.23)$$

とおく．このとき，$\omega \wedge \theta$ は $(k+l)$ 次の交代形式を定め，これを ω と θ の**外積**という．外積について，次の定理 11.12，定理 11.13 が成り立つことがわかる[3]．

---

3)　例えば，巻末の「読者のためのブックガイド」の文献 [15] p.285，命題 19.4，命題 19.5 を見よ．

200—————第 11 章　余接束 T^*M

定理 11.12　V を実ベクトル空間とし，$\omega, \omega_1, \omega_2 \in \bigwedge^k V^*$, $\theta, \theta_1, \theta_2 \in \bigwedge^l V^*$, $a, b \in \mathbf{R}$ とすると，次の (1), (2) が成り立つ．

(1) $(a\omega_1 + b\omega_2) \wedge \theta = a(\omega_1 \wedge \theta) + b(\omega_2 \wedge \theta)$.

(2) $\omega \wedge (a\theta_1 + b\theta_2) = a(\omega \wedge \theta_1) + b(\omega \wedge \theta_2)$. □

定理 11.13　V を実ベクトル空間とし，$\omega \in \bigwedge^k V^*$, $\theta \in \bigwedge^l V^*$, $\psi \in \bigwedge^m V^*$ とすると，次の (1), (2) が成り立つ．

(1) $\omega \wedge \theta = (-1)^{kl}\theta \wedge \omega$.

(2) $(\omega \wedge \theta) \wedge \psi = \omega \wedge (\theta \wedge \psi)$.　　**(結合律)** □

定理 11.13 (2) の結合律より，$f_1, f_2, \cdots, f_k \in V^*$ に対して，外積 $f_1 \wedge f_2 \wedge \cdots \wedge f_k$ を考えることができる．このとき，$\boldsymbol{v}_1, \boldsymbol{v}_2, \cdots, \boldsymbol{v}_k \in V$ に対して，

$$(f_1 \wedge f_2 \wedge \cdots \wedge f_k)(\boldsymbol{v}_1, \boldsymbol{v}_2, \cdots, \boldsymbol{v}_k) = \begin{vmatrix} f_1(\boldsymbol{v}_1) & f_1(\boldsymbol{v}_2) & \cdots & f_1(\boldsymbol{v}_k) \\ f_2(\boldsymbol{v}_1) & f_2(\boldsymbol{v}_2) & \cdots & f_2(\boldsymbol{v}_k) \\ \vdots & \vdots & \ddots & \vdots \\ f_k(\boldsymbol{v}_1) & f_k(\boldsymbol{v}_2) & \cdots & f_k(\boldsymbol{v}_k) \end{vmatrix}$$

(11.24)

となることがわかる[4]．ただし，(11.24) の右辺は k 次の正方行列の行列式である．さらに，定理 11.6 と同様に，次の定理 11.14 を示すことができる．

定理 11.14　V を n 次元の実ベクトル空間，$\{f_1, f_2, \cdots, f_n\}$ を V^* の基底とする．このとき，

$$\{f_{i_1} \wedge f_{i_2} \wedge \cdots \wedge f_{i_k}\}_{1 \leq i_1 < i_2 < \cdots < i_k \leq n}$$

(11.25)

は $\bigwedge^k V^*$ の基底である．特に，$\bigwedge^k V^*$ の次元は $_nC_k$ である．ただし，$k > n$ のとき，$\bigwedge^k V^*$ は零空間とみなす． □

――――――――――
[4]　例えば，巻末の「読者のためのブックガイド」の文献 [15] p.287, (19.45) 式を見よ．

11.3 微分形式 (その2)

11.2節で述べたことを用いて，多様体上の高次の微分形式や微分形式に対する演算を考えよう．M を C^r 級多様体とする．各 $p \in M$ に対して，$\omega_p \in \bigwedge^k T_p^* M$ が与えられているとする．この対応を ω と表し，M 上の **k 次微分形式**という．ω を M 上の k 次微分形式，$X_1, X_2, \cdots, X_k$ を M 上のベクトル場とすると，$\omega(X_1, X_2, \cdots, X_k)$ は M 上の実数値関数を定める．定義 11.4 と同様に，k 次微分形式の微分可能性について，次の定義 11.15 のように定める．

定義 11.15 $(M, \mathcal{S})$ を n 次元の C^r 級多様体，ω を M 上の k 次微分形式とする．任意の $(U, \varphi) \in \mathcal{S}$ に対して，φ を (11.5) のように表しておき，ω を関数 $f_{i_1 \cdots i_k} : U \longrightarrow \mathbf{R}$ $(1 \le i_1 < \cdots < i_k \le n)$ を用いて，U 上で

$$\omega|_U = \sum_{1 \le i_1 < \cdots < i_k \le n} f_{i_1 \cdots i_k} dx_{i_1} \wedge \cdots \wedge dx_{i_k} \tag{11.26}$$

と表しておく．すべての $f_{i_1 \cdots i_k}$ が C^s 級関数となるとき，ω は **C^s 級**であるという．ただし，$s \le r - 1$ とする． $\square$

微分形式に対して，さまざまな演算を考えることができる．簡単のため，以下では，C^∞ 級多様体上の C^∞ 級微分形式を考えよう．M を C^∞ 級多様体とし，M 上の C^∞ 級 k 次微分形式全体の集合を $D^k(M)$ と表す．各点ごとに考えることにより，ベクトル場の場合と同様に，微分形式の和や関数倍を定めることができる．さらに，微分形式に対しても外積を定めることができる．このとき，定理 11.12，定理 11.13 より，次の定理 11.16，定理 11.17 が成り立つ．

定理 11.16 M を C^∞ 級多様体とし，$\omega, \omega_1, \omega_2 \in D^k(M)$，$\theta, \theta_1, \theta_2 \in D^l(M)$，$a, b \in C^\infty(M)$ とすると，次の (1), (2) が成り立つ．

(1) $(a\omega_1 + b\omega_2) \wedge \theta = a(\omega_1 \wedge \theta) + b(\omega_2 \wedge \theta)$.

(2) $\omega \wedge (a\theta_1 + b\theta_2) = a(\omega \wedge \theta_1) + b(\omega \wedge \theta_2)$. $\square$

202———第 11 章　余接束 T^*M

定理 11.17　M を C^∞ 級多様体とし，$\omega \in D^k(M)$，$\theta \in D^l(M)$，$\psi \in D^m(M)$ とすると，次の (1)，(2) が成り立つ.

(1) $\omega \wedge \theta = (-1)^{kl}\theta \wedge \omega$.

(2) $(\omega \wedge \theta) \wedge \psi = \omega \wedge (\theta \wedge \psi)$.　（**結合律**）　　　□

M，N を C^∞ 級多様体，$\varphi : M \longrightarrow N$ を C^∞ 級写像とする．このとき，各 $p \in M$ に対して，線形写像 $(d\varphi)_p : T_pM \longrightarrow T_{\varphi(p)}N$ が定まる．よって，$\omega \in D^k(N)$ とすると，各 $p \in M$ に対して，$(d\varphi)_p$ による $\omega_{\varphi(p)}$ の引き戻し $(d\varphi)_p^*\omega_{\varphi(p)}$ が定まるが，これを $(\varphi^*\omega)_p$ と表す．$(\varphi^*\omega)_p$ はさらに写像 $\varphi^* : D^k(N) \longrightarrow D^k(M)$ を定めるが，これも**引き戻し**という．また，$D^0(N)$ は $C^\infty(N)$ とみなすことができるが，この場合の関数の引き戻しは問題 10.4 のように，写像の合成により定める．すなわち，$f \in D^0(N)$ とすると，$\varphi^*f = f \circ \varphi$ である．微分形式に対する引き戻しと外積の定義より，次の定理 11.18 が成り立つ.

定理 11.18　M，N を C^∞ 級多様体，$\varphi : M \longrightarrow N$ を C^∞ 級写像とし，$\omega \in D^k(N)$，$\theta \in D^l(N)$ とすると，

$$\varphi^*(\omega \wedge \theta) = (\varphi^*\omega) \wedge (\varphi^*\theta) \tag{11.27}$$

が成り立つ.　　　□

11.4 外微分

外微分という操作により，微分形式は次数を 1 つ上げたものを対応させることができる．$(M, \mathcal{S})$ を C^∞ 級多様体とし，$\omega \in D^k(M)$ とする．まず，$k = 0$ のときは，例 11.2 のように，関数の微分として，$d\omega \in D^1(M)$ を定める．

次に，$k \geq 1$ とする．$(U, \varphi) \in \mathcal{S}$ に対して，φ を (11.5) のように表しておき，ω を関数 $f_{i_1 \cdots i_k} : U \longrightarrow \mathbf{R}$ $(1 \leq i_1 < \cdots < i_k \leq n)$ を用いて，U 上で (11.26) のように表しておく．そこで，U 上で

$$d\omega|_U = \sum_{1 \leq i_1 < \cdots < i_k \leq n} df_{i_1 \cdots i_k} \wedge dx_{i_1} \wedge \cdots \wedge dx_{i_k} \qquad (11.28)$$

とおく．合成関数の微分法および (11.9)，(11.10) より，(11.28) の右辺は座標近傍の選び方に依存しない．よって，(11.28) は $D^{k+1}(M)$ の元 $d\omega$ を定める．$d\omega$ を ω の**外微分**という．$d\omega = 0$ となるとき，ω を**閉形式**という．

外微分は $X_1, X_2, \cdots, X_{k+1} \in \mathfrak{X}(M)$ に対して，

$$(d\omega)(X_1, X_2, \cdots, X_{k+1}) = \sum_{i=1}^{k+1} (-1)^{i-1} X_i(\omega(X_1, X_2, \cdots, \hat{X}_i, \cdots, X_{k+1}))$$

$$+ \sum_{i < j} (-1)^{i+j} \omega([X_i, X_j], X_1, \cdots, \hat{X}_i, \cdots, \hat{X}_j, \cdots, X_{k+1}) \qquad (11.29)$$

とおき，座標近傍を用いずに大域的に定めることもできる[5]．実際，ω および $X_1, X_2, \cdots, X_{k+1}$ をそれぞれ局所的に (11.26)，(10.14) のように表しておき，(11.29) に代入して計算すると，両辺は一致することがわかる．

外微分の基本的な性質として，次の定理 11.19 が成り立つ．

定理 11.19　M を C^∞ 級多様体とすると，次の (1)～(3) が成り立つ．

(1) $\omega \in D^k(M)$，$\theta \in D^l(M)$ とすると，

$$d(\omega \wedge \theta) = (d\omega) \wedge \theta + (-1)^k \omega \wedge d\theta \qquad (11.30)$$

---

[5]　(11.29) の右辺において，「$\hat{}$」を付けているのは，その部分を除くことを意味する．

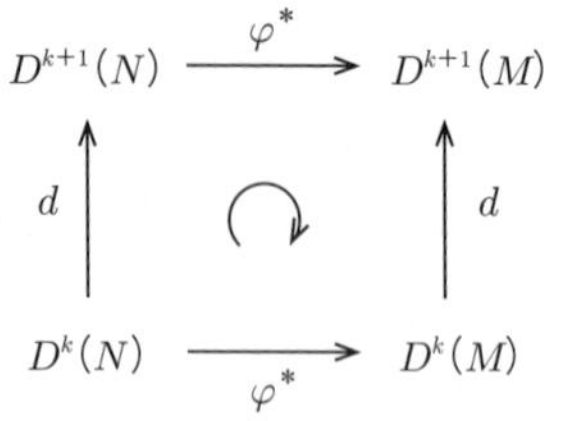

204 —— 第 11 章 　余接束 T^*M

$$
\begin{array}{ccc}
D^{k+1}(N) & \xrightarrow{\ \varphi^*\ } & D^{k+1}(M) \\
\Big\uparrow{\scriptstyle d} & \circlearrowright & \Big\uparrow{\scriptstyle d} \\
D^{k}(N) & \xrightarrow[\ \varphi^*\ ]{} & D^{k}(M)
\end{array}
$$

図 11.2 　外微分と引き戻しの可換性

が成り立つ.

(2) $d^2 = 0$. すなわち, 任意の $\omega \in D^k(M)$ に対して, $d(d\omega) = 0$.

(3) N を C^∞ 級多様体, $\varphi : M \longrightarrow N$ を C^∞ 級写像とし, $\omega \in D^k(N)$ とすると,

$$
\varphi^*(d\omega) = d(\varphi^*\omega) \tag{11.31}
$$

が成り立つ (**図 11.2**). 　　　　　　　　　　　　　　　　　　　　□

証明 　M の座標近傍 (U, φ) に対して, ω を U 上で (11.26) のように表しておく.

(1) ω と同様に, θ を C^∞ 級関数 $g_{j_1 \cdots j_l} : U \longrightarrow \mathbf{R}$ $(1 \le j_1 < \cdots < j_l \le n)$ を用いて,

$$
\theta|_U = \sum_{1 \le j_1 < \cdots < j_l \le n} g_{j_1 \cdots j_l} dx_{j_1} \wedge \cdots \wedge dx_{j_l} \tag{11.32}
$$

と表しておく. 外微分の定義および外積の性質を用いて計算すると,

$$
\begin{aligned}
d(\omega \wedge \theta)|_U &= d\Bigg(\sum_{1 \le i_1 < \cdots < i_k \le n} f_{i_1 \cdots i_k} dx_{i_1} \wedge \cdots \wedge dx_{i_k} \\
&\qquad\qquad\qquad \wedge \sum_{1 \le j_1 < \cdots < j_l \le n} g_{j_1 \cdots j_l} dx_{j_1} \wedge \cdots \wedge dx_{j_l} \Bigg) \\
&= d \sum_{\substack{1 \le i_1 < \cdots < i_k \le n \\ 1 \le j_1 < \cdots < j_l \le n}} f_{i_1 \cdots i_k} g_{j_1 \cdots j_l} dx_{i_1} \wedge \cdots \wedge dx_{i_k} \wedge dx_{j_1} \wedge \cdots \wedge dx_{j_l} \\
&= \sum_{\substack{1 \le i_1 < \cdots < i_k \le n \\ 1 \le j_1 < \cdots < j_l \le n}} d(f_{i_1 \cdots i_k} g_{j_1 \cdots j_l}) \wedge dx_{i_1} \wedge \cdots \wedge dx_{i_k} \wedge dx_{j_1} \wedge \cdots \wedge dx_{j_l}
\end{aligned}
$$

$$
= \sum_{\substack{1 \le i_1 < \cdots < i_k \le n \\ 1 \le j_1 < \cdots < j_l \le n}} \{(df_{i_1 \cdots i_k})g_{j_1 \cdots j_l} + f_{i_1 \cdots i_k}(dg_{j_1 \cdots j_l})\}
$$

$$
\wedge dx_{i_1} \wedge \cdots \wedge dx_{i_k} \wedge dx_{j_1} \wedge \cdots \wedge dx_{j_l}
$$

$$
= \sum_{1 \le i_1 < \cdots < i_k \le n} df_{i_1 \cdots i_k} \wedge dx_{i_1} \wedge \cdots \wedge dx_{i_k} \wedge \sum_{1 \le j_1 < \cdots < j_l \le n} g_{j_1 \cdots j_l} dx_{j_1} \wedge \cdots \wedge dx_{j_l}
$$

$$
+ (-1)^{1 \cdot k} \sum_{1 \le i_1 < \cdots < i_k \le n} f_{i_1 \cdots i_k} dx_{i_1} \wedge \cdots \wedge dx_{i_k} \wedge \sum_{1 \le j_1 < \cdots < j_l \le n} dg_{j_1 \cdots j_l} \wedge dx_{j_1} \wedge \cdots \wedge dx_{j_l}
$$

$$
= d\omega|_U \wedge \theta_U + (-1)^k \omega|_U \wedge d\theta|_U. \tag{11.33}
$$

よって，(11.30) が成り立つ.

(2) (1) および (11.28) より，$f \in D^0(M)$ に対して，$d(df) = 0$ が成り立つことを示せばよい．(11.9) より，

$$
d(df|_U) = d\left(\sum_{i=1}^n \frac{\partial f}{\partial x_i} dx_i\right) = \sum_{i=1}^n d\left(\frac{\partial f}{\partial x_i}\right) \wedge dx_i = \sum_{i=1}^n \sum_{j=1}^n \frac{\partial^2 f}{\partial x_j \partial x_i} dx_j \wedge dx_i
$$

$$
= \sum_{i<j} \left(\frac{\partial^2 f}{\partial x_i \partial x_j} - \frac{\partial^2 f}{\partial x_j \partial x_i}\right) dx_i \wedge dx_j = 0. \tag{11.34}
$$

よって，$d(df) = 0$ となり，(2) が成り立つ.

(3) 引き戻しの定義（(11.18)）と定理 9.29（連鎖律）より，

$$
\varphi|_U{}^*(d\omega|_U) = d(\varphi|_U{}^* \omega|_U). \tag{11.35}
$$

よって，(11.31) が成り立つ. ∎

11.5　シンプレクティック形式*

余接束はシンプレクティック多様体とよばれる特別な多様体の典型的な例となる．そのことについて理解するための準備として，ベクトル空間上のシンプレクティック形式について述べよう.

定義 11.20　V を実ベクトル空間とし，$\omega \in \bigwedge^2 V^*$，$\boldsymbol{u} \in V$ とする．任意の $\boldsymbol{v} \in V$ に対して，$\omega(\boldsymbol{u}, \boldsymbol{v}) = 0$ ならば，$\boldsymbol{u} = \boldsymbol{0}$ となるとき，ω は**非退化**であるという．このとき，ω を V 上の**シンプレクティック形式**，組 (V, ω) を**シンプレクティックベクトル空間**という.　□

206 —— 第 11 章 余接束 T^*M

例題 11.21 V を実ベクトル空間とし，$\omega \in \overset{2}{\bigwedge} V^*$ とする．このとき，$\boldsymbol{u}, \boldsymbol{v} \in V$ に対して，

$$\iota_\omega(\boldsymbol{u})(\boldsymbol{v}) = \omega(\boldsymbol{u}, \boldsymbol{v}) \tag{11.36}$$

とおくと，$\iota_\omega(\boldsymbol{u}) \in V^*$ となり，さらに，ι_ω は線形写像 $\iota_\omega : V \longrightarrow V^*$ を定める．V が有限次元で，ω が非退化ならば，$\iota_\omega : V \longrightarrow V^*$ は線形同型写像であることを示せ．

【解】 V が有限次元のとき，定理 11.1 より，V と V^* の次元は等しいので，ι_ω が単射であることを示せばよい．$\boldsymbol{u} \in V$ に対して，$\iota_\omega(\boldsymbol{u}) = 0$，すなわち，$\iota_\omega(\boldsymbol{u})$ が零写像であると仮定する．このとき，任意の $\boldsymbol{v} \in V$ に対して，$\iota_\omega(\boldsymbol{u})(\boldsymbol{v}) = 0$，すなわち，(11.36) より，$\omega(\boldsymbol{u}, \boldsymbol{v}) = 0$．$\omega$ は非退化なので，$\boldsymbol{u} = \boldsymbol{0}$．よって，$\iota_\omega$ は単射となり，$\iota_\omega : V \longrightarrow V^*$ は線形同型写像である． ∎

有限次元のシンプレクティックベクトル空間に対して，次の定理 11.22 が成り立つ．

定理 11.22 (V, ω) を有限次元のシンプレクティックベクトル空間とする．このとき，次の (1)，(2) が成り立つ．

(1) V の次元は偶数となり，V の基底 $\{\boldsymbol{a}_1, \boldsymbol{a}_2, \cdots, \boldsymbol{a}_n, \boldsymbol{b}_1, \boldsymbol{b}_2, \cdots, \boldsymbol{b}_n\}$ で，

$$\omega(\boldsymbol{a}_i, \boldsymbol{a}_j) = \omega(\boldsymbol{b}_i, \boldsymbol{b}_j) = 0, \quad \omega(\boldsymbol{a}_i, \boldsymbol{b}_j) = \delta_{ij} \quad (i, j = 1, 2, \cdots, n) \tag{11.37}$$

となるものが存在する．

(2) $\{f_1, f_2, \cdots, f_n, g_1, g_2, \cdots, g_n\}$ を (1) の V の基底の双対基底とすると，

$$\omega = f_1 \wedge g_1 + f_2 \wedge g_2 + \cdots + f_n \wedge g_n \tag{11.38}$$

が成り立つ． □

11.5 シンプレクティック形式* ———207

証明 (1) まず, ω は非退化なので, $\omega(\boldsymbol{a}_1, \boldsymbol{b}_1) = 1$ となる $\boldsymbol{a}_1, \boldsymbol{b}_1 \in V$ が存在する. ここで,

$$W = \{\boldsymbol{v} \in V \,|\, \omega(\boldsymbol{v}, \boldsymbol{a}_1) = \omega(\boldsymbol{v}, \boldsymbol{b}_1) = 0\} \tag{11.39}$$

とおく. このとき, W は V の部分空間となり, ω の W への制限 $\omega|_W$ は W 上のシンプレクティック形式を定める. すなわち, $(W, \omega|_W)$ はシンプレクティックベクトル空間となる. 以下, 同様の操作を繰り返していくと, 題意の基底が得られ, V の次元は偶数となる.

(2) (11.24) より, $j, k = 1, 2, \cdots, n$ のとき,

$$\left(\sum_{i=1}^{n} f_i \wedge g_i\right)(\boldsymbol{a}_j, \boldsymbol{a}_k) = \left(\sum_{i=1}^{n} f_i \wedge g_i\right)(\boldsymbol{b}_j, \boldsymbol{b}_k) = 0, \tag{11.40}$$

$$\left(\sum_{i=1}^{n} f_i \wedge g_i\right)(\boldsymbol{a}_j, \boldsymbol{b}_k) = \delta_{jk} \tag{11.41}$$

となる. (11.37), (11.40), (11.41) より, (11.38) が成り立つ. ∎

定理 11.22 において, V の基底 $\{\boldsymbol{a}_1, \boldsymbol{a}_2, \cdots, \boldsymbol{a}_n, \boldsymbol{b}_1, \boldsymbol{b}_2, \cdots, \boldsymbol{b}_n\}$ を**シンプレクティック基底**という.

例題 11.23 V を $2n$ 次元の実ベクトル空間とし, $\omega \in \bigwedge^2 V^*$ とする. このとき,

$$\omega \text{ は非退化である} \iff \omega^n \neq 0 \tag{11.42}$$

を示せ. ただし, ω^n は ω の n 個の外積を表す.

【解】 必要性 ($\Rightarrow$): ω が非退化であると仮定する. このとき, 定理 11.22 (2) より, ω は (11.38) のように表すことができる. また, ω^n は

$$\omega^n = a \, f_1 \wedge g_1 \wedge \cdots \wedge f_n \wedge g_n \qquad (a \in \mathbf{R}) \tag{11.43}$$

と表すことができる. $i, j = 1, 2, \cdots, n, \ i \neq j$ のとき,

208——第 11 章 余接束 T^*M

$$(f_i \wedge g_i) \wedge (f_j \wedge g_j) = (-1)^{2 \cdot 2}(f_j \wedge g_j) \wedge (f_i \wedge g_i) = (f_j \wedge g_j) \wedge (f_i \wedge g_i)$$
$$(11.44)$$

となり，また，

$$(f_i \wedge g_i) \wedge (f_i \wedge g_i) = 0 \tag{11.45}$$

であることに注意すると，

$$\omega^n = n!\, f_1 \wedge g_1 \wedge \cdots \wedge f_n \wedge g_n \neq 0. \tag{11.46}$$

十分性（$\Leftarrow$）：対偶を示す．ω が非退化でないと仮定する．このとき，ある $\boldsymbol{u} \in V \setminus \{\boldsymbol{0}\}$ が存在し，任意の $\boldsymbol{v} \in V$ に対して，$\omega(\boldsymbol{u}, \boldsymbol{v}) = 0$ となる．ここで，V の基底 $\{\boldsymbol{a}_1, \boldsymbol{a}_2, \cdots, \boldsymbol{a}_{2n}\}$ を $\boldsymbol{a}_1 = \boldsymbol{u}$ となるように選んでおくと，外積の定義より，

$$\omega^n(\boldsymbol{a}_1, \boldsymbol{a}_2, \cdots, \boldsymbol{a}_{2n}) = 0. \tag{11.47}$$

よって，$\omega^n = 0$ となる．∎

■ 11.6 シンプレクティック多様体*

それでは，シンプレクティック多様体を定義し，多様体の余接束がシンプレクティック多様体となることを示そう．

定義 11.24 M を C^∞ 級多様体とし，$\omega \in D^2(M)$ とする．ω が閉形式で，さらに，M 上で非退化，すなわち，任意の $p \in M$ に対して，ω_p が非退化なとき，ω を M 上の**シンプレクティック形式**，組 (M, ω) を**シンプレクティック多様体**という． □

補足 11.25 定理 11.22 (1) より，シンプレクティック多様体の次元は偶数である． □

M を C^∞ 級多様体，$\pi : T^*M \longrightarrow M$ を余接束とし，$(p, f) \in T^*M$ とする．π の微分は線形写像 $d\pi : T_{(p,f)}T^*M \longrightarrow T_pM$ を定めるので，$\boldsymbol{v} \in T_{(p,f)}T^*M$

とすると，$d\pi(\boldsymbol{v}) \in T_p M$ となる．さらに，$f \in T_p^* M$ なので，$f(d\pi(\boldsymbol{v})) \in \mathbf{R}$ となる．よって，

$$\theta(\boldsymbol{v}) = f(d\pi(\boldsymbol{v})) \qquad ((p, f) \in T^* M, \ \boldsymbol{v} \in T_{(p,f)} T^* M) \qquad (11.48)$$

とおくと，θ は $T^* M$ 上の 1 次微分形式を定める．θ を $T^* M$ の **標準形式** または **リュービル形式** という．

例題 11.26　$(M, \mathcal{S})$ を n 次元の C^∞ 級多様体とする．$(p, f) \in T^* M$ に対して，$(U, \varphi) \in \mathcal{S}$ を $p \in U$ となるように選んでおき，φ を (11.5) のように表しておくと，f は

$$f = \sum_{i=1}^n y_i (dx_i)_p \qquad (y_1, y_2, \cdots, y_n \in \mathbf{R}) \qquad (11.49)$$

と表すことができる．このとき，

$$\tilde{\varphi}(p, f) = (\varphi(p), y_1, y_2, \cdots, y_n) = (x_1, x_2, \cdots, x_n, y_1, y_2, \cdots, y_n) \tag{11.50}$$

とおくと，$\tilde{\varphi}$ は $\pi^{-1}(U)$ 上の局所座標系を定める．

(1) θ を $T^* M$ の標準形式とする．θ は $\pi^{-1}(U)$ 上で

$$\theta|_{\pi^{-1}(U)} = y_1 dx_1 + y_2 dx_2 + \cdots + y_n dx_n \qquad (11.51)$$

と表されることを示せ．

(2) $\omega = -d\theta$ とおく．ω は $T^* M$ 上のシンプレクティック形式であることを示せ．

【解】　(1) $\boldsymbol{v} \in T_{(p,f)} T^* M$ とすると，

$$\boldsymbol{v} = \sum_{i=1}^n a_i \left(\frac{\partial}{\partial x_i}\right)_{(p,f)} + \sum_{i=1}^n b_i \left(\frac{\partial}{\partial y_i}\right)_{(p,f)} (a_1, a_2, \cdots, a_n, b_1, b_2, \cdots, b_n \in \mathbf{R})$$

$$\tag{11.52}$$

210────第 11 章　余接束 T^*M

と表すことができる．ここで，

$$(\varphi \circ \pi \circ \tilde{\varphi}^{-1})(x_1, x_2, \cdots, x_n, y_1, y_2, \cdots, y_n) = (x_1, x_2, \cdots, x_n) \quad (11.53)$$

なので，

$$(d\pi)(\boldsymbol{v}) = \sum_{i=1}^{n} a_i \left(\frac{\partial}{\partial x_i} \right)_p \quad (11.54)$$

となる．(11.48), (11.49), (11.54) より，

$$\theta(\boldsymbol{v}) = \left(\sum_{i=1}^{n} y_i (dx_i)_p \right) \left(\sum_{j=1}^{n} a_j \left(\frac{\partial}{\partial x_j} \right)_p \right) = \sum_{i,j=1}^{n} a_j y_i (dx_i)_p \left(\left(\frac{\partial}{\partial x_j} \right)_p \right)$$

$$= \sum_{i,j=1}^{n} a_j y_i \delta_{ij} = \sum_{i=1}^{n} a_i y_i. \quad (11.55)$$

一方，

$$\left(\sum_{i=1}^{n} y_i (dx_i)_{(p,f)} \right)(\boldsymbol{v})$$

$$= \left(\sum_{i=1}^{n} y_i (dx_i)_{(p,f)} \right) \left(\sum_{j=1}^{n} a_j \left(\frac{\partial}{\partial x_j} \right)_{(p,f)} + \sum_{j=1}^{n} b_j \left(\frac{\partial}{\partial y_j} \right)_{(p,f)} \right)$$

$$= \sum_{i=1}^{n} a_i y_i. \quad (11.56)$$

よって，(11.51) が成り立つ．

(2) まず，定理 11.19 (2) より，ω は閉形式である．

次に，(11.51) を用いて，$\pi^{-1}(U)$ 上で計算すると，

$$\omega|_{\pi^{-1}(U)} = -d\theta|_{\pi^{-1}(U)} = -\sum_{i=1}^{n} dy_i \wedge dx_i = -(-1)^{1 \cdot 1} \sum_{i=1}^{n} dx_i \wedge dy_i = \sum_{i=1}^{n} dx_i \wedge dy_i.$$

$$(11.57)$$

よって，(11.46) と同様に，

$$(\omega|_{\pi^{-1}(U)})^n = n! \, dx_1 \wedge dy_1 \wedge \cdots \wedge dx_n \wedge dy_n \neq 0 \quad (11.58)$$

となり，(11.42) より，ω は非退化である．

したがって，ω は T^*M 上のシンプレクティック形式である．　∎

11.6 シンプレクティック多様体* ― 211

シンプレクティック多様体上の関数に対しては，ハミルトンベクトル場とよばれるベクトル場を考えることができる．(M, ω) をシンプレクティック多様体とし，$f \in C^\infty(M)$ とする．このとき，例題 11.21 より，ある $X_f \in \mathfrak{X}(M)$ が一意的に存在し，任意の $Y \in \mathfrak{X}(M)$ に対して，

$$\omega(X_f, Y) = df(Y) \tag{11.59}$$

が成り立つ．X_f を f の生成する**ハミルトンベクトル場**という．このとき，f を**ハミルトン関数**という．

例題 11.27 (M, ω) をシンプレクティック多様体とする．$f \in C^\infty(M)$ に対して，γ を X_f の積分曲線とする．f は γ に沿って定数であることを示せ（図 **11.3**）．

図 11.3 ハミルトンベクトル場の積分曲線のイメージ

【解】 積分曲線の定義 (10.24) より，

$$\gamma'(t) = (X_f)_{\gamma(t)}. \tag{11.60}$$

よって，

$$\frac{d}{dt} f(\gamma(t)) = (df)(\gamma'(t)) = (df)(X_f) = \omega(X_f, X_f) = 0. \tag{11.61}$$

したがって，f は γ に沿って定数である． ∎

M を C^∞ 級多様体とし，$X \in \mathfrak{X}(M)$，$\omega \in D^k(M)$ とする．まず，$k = 0$ のとき，$i(X)\omega = 0$ と定める．次に，$k \geq 1$ のとき，$X_1, X_2, \cdots, X_{k-1} \in \mathfrak{X}(M)$ に対して，

212———第 11 章　余接束 T^*M

$$(i(X)\omega)(X_1, X_2, \cdots, X_{k-1}) = \omega(X, X_1, X_2, \cdots, X_{k-1}) \qquad (11.62)$$

とおく．このとき，$i(X)\omega$ は M 上の $(k-1)$ 次微分形式を定める．$i(X)\omega$ を ω の X による**内部積**という．内部積を用いると，(11.59) は

$$i(X_f)\omega = df \qquad (11.63)$$

と表すことができる．

================= **演習問題** =================

問題 11.1　V を実ベクトル空間とし，$\omega \in \bigwedge^k V^*$ とする．k が奇数ならば，$\omega \wedge \omega = 0$ であることを示せ．

問題 11.2　V を n 次元の実ベクトル空間，φ を V の線形変換とする．$\bigwedge^n V^*$ は 1 次元のベクトル空間なので，φ による引き戻しの定める $\bigwedge^n V^*$ の線形変換 φ^* はスカラー倍で表される．φ^* は φ の行列式倍に一致することを示せ．

問題 11.3　$N = (0, 1)$，$S = (0, -1)$ とおき，$f_N : \mathbf{R} \longrightarrow S^1 \setminus \{N\}$，$f_S : \mathbf{R} \longrightarrow S^1 \setminus \{S\}$ を北極，南極を中心とする立体射影を用いて得られる (3.15)，(3.17) の全単射とする．すなわち，

$$f_N(t) = \left(\frac{2t}{t^2+1}, \frac{t^2-1}{t^2+1} \right), \quad f_S(t) = \left(\frac{2t}{t^2+1}, \frac{1-t^2}{t^2+1} \right) \quad (t \in \mathbf{R})$$

である．また，$\iota : S^1 \longrightarrow \mathbf{R}^2$ を包含写像とし，$\omega \in D^1(\mathbf{R}^2)$ を

$$\omega = -ydx + xdy$$

により定める．

(1) $(\iota^*\omega)|_{S^1 \setminus \{N\}}$ および $(\iota^*\omega)|_{S^1 \setminus \{S\}}$ を計算せよ．

(2) C^∞ 級微分同相写像 $\varphi : S^1 \longrightarrow S^1$ を

$$\varphi(x, y) = (x, -y) \qquad ((x, y) \in S^1)$$

により定める．$\varphi^*(\iota^*\omega) = -\iota^*\omega$ となることを示せ．

演習問題——*213*

(3) $\theta \in D^1(S^1)$ が (2) の φ に対して，$\varphi^*\theta = \theta$ を満たすとする．このとき，$\theta_{(\pm1,0)} = 0$ であることを示せ．

問題 11.4 M を C^∞ 級多様体とし，$X \in \mathfrak{X}(M)$，$\omega \in D^k(M)$ とする．まず，$k = 0$ のとき，$L_X\omega = X\omega$ と定める．次に，$k \geq 1$ のとき，$X_1, X_2, \cdots, X_k \in \mathfrak{X}(M)$ に対して，

$$(L_X\omega)(X_1, X_2, \cdots, X_k)$$
$$= X\omega(X_1, X_2, \cdots, X_k) - \sum_{i=1}^{k} \omega(X_1, \cdots, X_{i-1}, [X, X_i], X_{i+1}, \cdots, X_k)$$

とおく．$L_X\omega$ は M 上の k 次微分形式を定めることを示せ．$L_X\omega$ を X による ω の**リー微分**という．

補足 11.28 M を C^∞ 級多様体とし，$X, Y \in \mathfrak{X}(M)$ とする．このとき，内部積およびリー微分に関して，次の (1)〜(3) が成り立つことがわかる[6]．
(1) $L_X i(Y) - i(Y)L_X = i([X, Y])$．
(2) $L_X L_Y - L_Y L_X = L_{[X,Y]}$．
(3) $di(X) + i(X)d = L_X$．
これらを**カルタンの公式**という． □

問題 11.5 (M, ω) をシンプレクティック多様体とする．このとき，写像 $\{\ ,\ \}$: $C^\infty(M) \times C^\infty(M) \longrightarrow C^\infty(M)$ を

$$\{f, g\} = -\omega(X_f, X_g) \qquad (f, g \in C^\infty(M))$$

により定める．ただし，X_f，X_g はそれぞれ f，g の生成するハミルトンベクトル場である．$\{\ ,\ \}$ を**ポアソン括弧積**という．$f, g, h \in C^\infty(M)$ とすると，

$$\{f, gh\} = \{f, g\}h + g\{f, h\}$$

が成り立つことを示せ．

―――――――――
[6] 例えば，巻末の「読者のためのブックガイド」の文献 [14] p.129 の (6)，(7) 式，p.130 の (8) 式を見よ．

214 —— 第 11 章　余接束 T^*M

補足 11.29　(M, ω) をシンプレクティック多様体，$f, g, h \in C^\infty(M)$ とする．補足 11.28 で述べたカルタンの公式 (1)，(3) を用いると，

$$i([X_f, X_g])\omega = d\{f, g\}$$

が成り立つことがわかる．すなわち，

$$X_{\{f,g\}} = [X_f, X_g] \qquad\qquad (*)$$

である．さらに，$d\omega = 0$，(11.29) および $(*)$ より，**ヤコビの恒等式**

$$\{\{f, g\}, h\} + \{\{g, h\}, f\} + \{\{h, f\}, g\} = 0$$

が成り立つことがわかる．　　　　　　　　　　　　　　　　　　　　　　□

12 複素射影空間 $\mathbf{C}P^n$

第 12 章では，複素射影空間 $\mathbf{C}P^n$ を例に考えながら，ケーラー多様体とよばれる複素多様体の重要なクラスについて述べる[1]．また，多様体論のさまざまな場面で現れるリー環とよばれる代数的対象についても紹介し，最後に，第 11 章で扱った微分形式を多様体上で積分することについて考える．

■ 12.1 複素化と複素構造*

11.6 節で述べたシンプレクティック多様体の重要な例として，ケーラー多様体とよばれる特別な複素多様体が挙げられる．そして，例 8.22 で述べた複素射影空間 $\mathbf{C}P^n$ はケーラー多様体の例を与える．ここでは，複素多様体を調べるための準備として，実ベクトル空間の複素化や複素多様体の複素構造について述べよう．

V を実ベクトル空間とする．$\boldsymbol{u}, \boldsymbol{v} \in V$ に対して，$\boldsymbol{u} + \boldsymbol{v}i$ と表されるもの全体の集合を $V^{\mathbf{C}}$ と表し，V の**複素化**という．ただし，i は虚数単位である．$V^{\mathbf{C}}$ は自然に複素ベクトル空間，すなわち，$\mathbf{C}$ 上のベクトル空間となる．実際，$\boldsymbol{u} + \boldsymbol{v}i, \boldsymbol{u}' + \boldsymbol{v}'i \in V^{\mathbf{C}}$ $(\boldsymbol{u}, \boldsymbol{v}, \boldsymbol{u}', \boldsymbol{v}' \in V)$，$a + bi \in \mathbf{C}$ $(a, b \in \mathbf{R})$ に対して，

$$(\boldsymbol{u} + \boldsymbol{v}i) + (\boldsymbol{u}' + \boldsymbol{v}'i) = (\boldsymbol{u} + \boldsymbol{u}') + (\boldsymbol{v} + \boldsymbol{v}')i, \tag{12.1}$$

$$(a + bi)(\boldsymbol{u} + \boldsymbol{v}i) = (a\boldsymbol{u} - b\boldsymbol{v}) + (a\boldsymbol{v} + b\boldsymbol{u})i \tag{12.2}$$

とおくことにより，和およびスカラー倍を定めればよい．また，

$$\overline{\boldsymbol{u} + \boldsymbol{v}i} = \boldsymbol{u} - \boldsymbol{v}i \qquad (\boldsymbol{u}, \boldsymbol{v} \in V) \tag{12.3}$$

とおき，これを $\boldsymbol{u} + \boldsymbol{v}i$ の**共役元**という．

---

[1] $\mathbf{C}P^n$ が複素多様体となることについては例 8.22 ですでに述べた．

216———— 第 12 章 複素射影空間 $\mathbf{C}P^n$

$(M, \mathcal{S})$ を n 次元の複素多様体とし, $p \in M$ に対して, T_pM, T_p^*M をそれぞれ実多様体としての M の p における接空間, 余接空間とする. このとき, $(T_pM)^{\mathbf{C}}$, $(T_p^*M)^{\mathbf{C}}$ の元をそれぞれ**複素接ベクトル**, **複素余接ベクトル**という. また, 各 $p \in M$ に対して, p における複素接ベクトル, 複素余接ベクトルが与えられているとき, この対応をそれぞれ M 上の**複素ベクトル場**, **複素 1 次微分形式**という. 同様に, 高次の複素微分形式についても定めることができる. これらに対して, 第 11 章までに扱ってきたベクトル場, 微分形式をそれぞれ**実ベクトル場**, **実微分形式**ともいう. 実ベクトル場や実微分形式に対するさまざまな演算は, 複素ベクトル場や複素微分形式に対しても自然に拡張して定めることができる.

$p \in M$ に対して, 正則座標近傍 $(U, \varphi) \in \mathcal{S}$ を $p \in U$ となるように選んでおき, 複素局所座標系 φ を関数 $z_1, z_2, \cdots, z_n : U \longrightarrow \mathbf{C}$ を用いて, $\varphi = (z_1, z_2, \cdots, z_n)$ と表しておく. このとき, z_1, z_2, $\cdots$, z_n を

$$z_j = x_j + y_j i \qquad (j = 1, 2, \cdots, n) \tag{12.4}$$

と実部と虚部に分けておくと, $(x_1, y_1, x_2, y_2, \cdots, x_n, y_n)$ は実多様体としての M の U における局所座標系となる. また, (12.4) より,

$$dz_j = dx_j + idy_j, \qquad d\bar{z}_j = dx_j - idy_j \tag{12.5}$$

となり, これらは U 上の複素 1 次微分形式となる. 一方, (8.51) およびコーシー–リーマンの関係式 (8.52) より, $f : U \longrightarrow \mathbf{C}$ を正則関数とすると,

$$\frac{\partial f}{\partial z_j} = \frac{1}{2}\left(\frac{\partial f}{\partial x_j} - i\frac{\partial f}{\partial y_j}\right) \tag{12.6}$$

が成り立つ. そこで, U 上の複素ベクトル場 $\dfrac{\partial}{\partial z_j}$, $\dfrac{\partial}{\partial \bar{z}_j}$ をそれぞれ

$$\frac{\partial}{\partial z_j} = \frac{1}{2}\left(\frac{\partial}{\partial x_j} - i\frac{\partial}{\partial y_j}\right), \qquad \frac{\partial}{\partial \bar{z}_j} = \frac{1}{2}\left(\frac{\partial}{\partial x_j} + i\frac{\partial}{\partial y_j}\right) \tag{12.7}$$

により定める. このとき, $j, k = 1, 2, \cdots, n$ に対して,

$$(dz_j)\left(\frac{\partial}{\partial z_k}\right) = (d\bar{z}_j)\left(\frac{\partial}{\partial \bar{z}_k}\right) = \delta_{jk}, \qquad (dz_j)\left(\frac{\partial}{\partial \bar{z}_k}\right) = (d\bar{z}_j)\left(\frac{\partial}{\partial z_k}\right) = 0$$

$$(12.8)$$

が成り立つ. 実際,

$$\begin{aligned}
(dz_j)\left(\frac{\partial}{\partial z_k}\right) &= (dx_j + idy_j)\left(\frac{1}{2}\left(\frac{\partial}{\partial x_k} - i\frac{\partial}{\partial y_k}\right)\right) \\
&= \frac{1}{2}\left(\frac{\partial x_j}{\partial x_k} + \frac{\partial y_j}{\partial y_k}\right) + \frac{i}{2}\left(-\frac{\partial x_j}{\partial y_k} + \frac{\partial y_j}{\partial x_k}\right) \\
&= \frac{1}{2}(\delta_{jk} + \delta_{jk}) + \frac{i}{2}(-0 + 0) = \delta_{jk}
\end{aligned} \qquad (12.9)$$

のように計算すればよい.

さらに, 線形変換 $J_p : T_pM \longrightarrow T_pM$ を

$$J_p\left(\left(\frac{\partial}{\partial x_j}\right)_p\right) = \left(\frac{\partial}{\partial y_j}\right)_p, \quad J_p\left(\left(\frac{\partial}{\partial y_j}\right)_p\right) = -\left(\frac{\partial}{\partial x_j}\right)_p \quad (j = 1, 2, \cdots, n)$$

$$(12.10)$$

により定めることができる. 実際, 次の定理 12.1 が成り立つ.

定理 12.1 (12.10) は正則座標近傍の選び方に依存しない. □

証明 (U, φ) に加え, $(V, \psi) \in \mathcal{S}$ も $p \in V$ となるように選んでおき, ψ を関数 $w_1, w_2, \cdots, w_n : V \longrightarrow \mathbf{C}$ を用いて, $\psi = (w_1, w_2, \cdots, w_n)$ と表しておく. さらに, $w_1, w_2, \cdots, w_n$ を

$$w_j = u_j + v_j i \qquad (j = 1, 2, \cdots, n) \qquad (12.11)$$

と実部と虚部に分けておく. 複素多様体の座標変換は正則写像なので, コーシー–リーマンの関係式 (8.52) より, $j, k = 1, 2, \cdots, n$ とすると,

$$\frac{\partial x_k}{\partial u_j} = \frac{\partial y_k}{\partial v_j}, \qquad \frac{\partial x_k}{\partial v_j} = -\frac{\partial y_k}{\partial u_j} \qquad (12.12)$$

が成り立つ. 変換則 (10.15), (12.10), (12.12) より,

218——第 12 章　複素射影空間 $\mathbf{C}P^n$

$$
J_p\left(\left(\frac{\partial}{\partial u_j}\right)_p\right) = J_p\left(\sum_{k=1}^n \frac{\partial x_k}{\partial u_j}(p)\left(\frac{\partial}{\partial x_k}\right)_p + \sum_{k=1}^n \frac{\partial y_k}{\partial u_j}(p)\left(\frac{\partial}{\partial y_k}\right)_p\right)
$$

$$
= \sum_{k=1}^n \frac{\partial y_k}{\partial v_j}(p)\left(\frac{\partial}{\partial y_k}\right)_p + \sum_{k=1}^n \frac{\partial x_k}{\partial v_j}(p)\left(\frac{\partial}{\partial x_k}\right)_p = \left(\frac{\partial}{\partial v_j}\right)_p. \tag{12.13}
$$

よって，(12.10) の第 1 式は正則座標近傍の選び方に依存しない．(12.10) の第 2 式についても同様である．

定理 12.1 より，J_p は C^∞ 級写像 $J : TM \longrightarrow TM$ を定め，$J^2 = -1_{TM}$ が成り立つ．J を M の**複素構造**という．

例題 12.2　正則座標近傍の開集合 U 上で，等式

$$
J\left(\frac{\partial}{\partial z_j}\right) = i\frac{\partial}{\partial z_j}, \qquad J\left(\frac{\partial}{\partial \bar{z}_j}\right) = -i\frac{\partial}{\partial \bar{z}_j} \tag{12.14}
$$

が成り立つことを示せ．

【解】　(12.7)，(12.10) より，

$$
J\left(\frac{\partial}{\partial z_j}\right) = J\left(\frac{1}{2}\left(\frac{\partial}{\partial x_j} - i\frac{\partial}{\partial y_j}\right)\right) = \frac{1}{2}J\left(\frac{\partial}{\partial x_j}\right) - \frac{i}{2}J\left(\frac{\partial}{\partial y_j}\right)
$$

$$
= \frac{1}{2}\frac{\partial}{\partial y_j} + \frac{i}{2}\frac{\partial}{\partial x_j} = \frac{i}{2}\left(\frac{\partial}{\partial x_j} - i\frac{\partial}{\partial y_j}\right) = i\frac{\partial}{\partial z_j}. \tag{12.15}
$$

よって，(12.14) の第 1 式が成り立つ．また，(12.14) の第 2 式は (12.15) の共役元を取ることにより得られる．

■ 12.2　フビニ-スタディ計量*

10.5 節ではリーマン多様体について述べたが，$\mathbf{C}P^n$ に対してはフビニ-スタディ計量とよばれるリーマン計量を考えることが多い．

問題 8.1 で $\mathbf{R}P^n$ について述べたときと同様に，$z, w \in \mathbf{C}^{n+1} \setminus \{0\}$ に対して，ある $\lambda \in \mathbf{C} \setminus \{0\}$ が存在し，$w = \lambda z$ となるとき，$z \sim w$ と表すと，$\sim$ は

$\mathbf{C}^{n+1} \setminus \{\mathbf{0}\}$ 上の同値関係となり，$\mathbf{C}P^n$ は $\mathbf{C}^{n+1} \setminus \{\mathbf{0}\}$ の $\sim$ による商集合として表される．$\pi : \mathbf{C}^{n+1} \setminus \{\mathbf{0}\} \longrightarrow \mathbf{C}P^n$ を自然な射影とし，$p \in \mathbf{C}P^n$ を

$$p = \pi(\boldsymbol{z}) = [z_1 : z_2 : \cdots : z_{n+1}] \quad (\boldsymbol{z} = (z_1, z_2, \cdots, z_{n+1}) \in \mathbf{C}^{n+1} \setminus \{\mathbf{0}\}) \tag{12.16}$$

と表しておく．$j = 1, 2, \cdots, n+1$ とすると，開集合 $U_j \subset \mathbf{C}P^n$ を

$$U_j = \{\pi(\boldsymbol{z}) \,|\, \boldsymbol{z} = (z_1, z_2, \cdots, z_{n+1}) \in \mathbf{C}^{n+1} \setminus \{\mathbf{0}\},\ z_j \neq 0\} \tag{12.17}$$

により定めることができる．$p \in U_j$ のとき，写像 $\varphi_j : U_j \longrightarrow \mathbf{C}^n$ を

$$\varphi_j(p) = \left(\frac{z_1}{z_j}, \cdots, \frac{z_{j-1}}{z_j}, \frac{z_{j+1}}{z_j}, \cdots, \frac{z_{n+1}}{z_j} \right) \tag{12.18}$$

により定めると，$\{(U_j, \varphi_j)\}_{j=1}^{n+1}$ は $\mathbf{C}P^n$ の正則座標近傍系となる．以下，

$$w_1 = \frac{z_1}{z_j}, \quad \cdots, \quad w_{j-1} = \frac{z_{j-1}}{z_j}, \quad w_j = \frac{z_{j+1}}{z_j}, \quad \cdots, \quad w_n = \frac{z_{n+1}}{z_j} \tag{12.19}$$

とおく．

例題 12.3 関数 $K_j : U_j \longrightarrow \mathbf{R}$ を

$$K_j(p) = \log \left(\sum_{k=1}^n |w_k|^2 + 1 \right) \tag{12.20}$$

により定め，U_j 上の複素 2 次微分形式 ω_j を

$$\omega_j = \frac{i}{2} \sum_{k,l=1}^n \frac{\partial^2 K_j}{\partial w_k \partial \bar{w}_l} dw_k \wedge d\bar{w}_l \tag{12.21}$$

により定める．

(1) ω_j は実微分形式であることを示せ．

220───第 12 章　複素射影空間 $\mathbf{C}P^n$

(2) ω_j は閉形式であることを示せ.

(3) ω_j は $\mathbf{C}P^n$ 上の微分形式を定めることを示せ.

【解】　(1) K_j は実数値であることに注意すると，(12.21) より，

$$\bar{\omega}_j = -\frac{i}{2}\sum_{k,l=1}^{n}\frac{\partial^2 K_j}{\partial\bar{w}_k\partial w_l}d\bar{w}_k\wedge dw_l = \frac{i}{2}\sum_{k,l=1}^{n}\frac{\partial^2 K_j}{\partial w_l\partial\bar{w}_k}dw_l\wedge d\bar{w}_k = \omega_j. \quad (12.22)$$

よって，ω_j は実微分形式である.

(2) (12.5)，(12.7) より，

$$d\omega_j = \frac{i}{2}\sum_{k,l,m=1}^{n}\frac{\partial^3 K_j}{\partial w_m\partial\bar{w}_k\partial w_l}dw_m\wedge d\bar{w}_k\wedge dw_l$$

$$+\frac{i}{2}\sum_{k,l,m=1}^{n}\frac{\partial^3 K_j}{\partial\bar{w}_m\partial\bar{w}_k\partial w_l}d\bar{w}_m\wedge d\bar{w}_k\wedge dw_l. \quad (12.23)$$

ここで，(12.23) の右辺の第 1 項は

$$\frac{i}{2}\sum_{k=1}^{n}\sum_{l<m}\left(\frac{\partial^3 K_j}{\partial w_m\partial\bar{w}_k\partial w_l}-\frac{\partial^3 K_j}{\partial w_l\partial\bar{w}_k\partial w_m}\right)dw_m\wedge d\bar{w}_k\wedge dw_l = 0. \quad (12.24)$$

同様に，(12.23) の右辺の第 2 項も 0 となるので，ω_j は閉形式である.

(3) $j, j' = 1, 2, \cdots, n+1$，$j < j'$ とし，

$$w_1' = \frac{z_1}{z_{j'}}, \quad \cdots, \quad w_{j'-1}' = \frac{z_{j'-1}}{z_{j'}}, \quad w_{j'}' = \frac{z_{j'+1}}{z_{j'}}, \quad \cdots, \quad w_n' = \frac{z_{n+1}}{z_{j'}}$$

$$(12.25)$$

とおくと，

$$K_j(p) = \log\frac{\displaystyle\sum_{k=1}^{n+1}|z_k|^2}{|z_j|^2} = \log\frac{|z_{j'}|^2}{|z_j|^2}\frac{\displaystyle\sum_{k=1}^{n+1}|z_k|^2}{|z_{j'}|^2} = -\log|w_j'|^2 + K_{j'}(p). \quad (12.26)$$

よって，$U_j\cap U_{j'}$ 上で，

$$\frac{\partial^2 K_j}{\partial w_k'\partial\bar{w}_l'} = \frac{\partial^2 K_{j'}}{\partial w_k'\partial\bar{w}_l'} \quad (12.27)$$

が成り立つ. さらに, (12.27) の左辺に対して, 変換則 (11.10) および合成関数の微分法を用いると,

$$\sum_{k,l=1}^{n} \frac{\partial^2 K_j}{\partial w_k \partial \bar{w}_l} dw_k \wedge d\bar{w}_l = \sum_{k,l=1}^{n} \frac{\partial^2 K_{j'}}{\partial w_k' \partial \bar{w}_l'} dw_k' \wedge d\bar{w}_l'. \tag{12.28}$$

よって, ω_j は $\mathbf{C}P^n$ 上の微分形式を定める. ∎

定理 12.4 ω を例題 12.3 により定められる $\mathbf{C}P^n$ 上の 2 次微分形式とする. このとき, $(\mathbf{C}P^n, \omega)$ はシンプレクティック多様体である. □

証明 例題 12.3 より, ω の非退化性のみを示せばよい. 上と同じ記号を用いて, $p \in U_j$ とすると, (12.20) より,

$$\frac{\partial^2 K_j}{\partial w_k \partial \bar{w}_l} = \frac{\delta_{kl}}{\Phi_j} - \frac{\bar{w}_k w_l}{\Phi_j^2} \qquad (k,l = 1, 2, \cdots, n) \tag{12.29}$$

である. ただし,

$$\Phi_j = \sum_{k=1}^{n} |w_k|^2 + 1 \tag{12.30}$$

とおいた. また, $\boldsymbol{v} \in T_p \mathbf{C}P^n$ とすると, $\boldsymbol{v}$ は $\alpha_1, \alpha_2, \cdots, \alpha_n \in \mathbf{C}$ を用いて,

$$\boldsymbol{v} = \sum_{k=1}^{n} \alpha_k \left(\frac{\partial}{\partial w_k} \right)_p + \sum_{k=1}^{n} \bar{\alpha}_k \left(\frac{\partial}{\partial \bar{w}_k} \right)_p \tag{12.31}$$

と表すことができる. J を $\mathbf{C}P^n$ の複素構造とすると, (12.14) より,

$$J_p(\boldsymbol{v}) = i \sum_{k=1}^{n} \alpha_k \left(\frac{\partial}{\partial w_k} \right)_p - i \sum_{k=1}^{n} \bar{\alpha}_k \left(\frac{\partial}{\partial \bar{w}_k} \right)_p \tag{12.32}$$

となる. (12.21), (12.29), (12.31), (12.32) およびコーシー-シュワルツの不等式より,

$$\omega_p(\boldsymbol{v}, J_p(\boldsymbol{v})) = \sum_{k=1}^{n} \frac{|\alpha_k|^2}{\Phi_j} - \sum_{k,l=1}^{n} \frac{\alpha_k \bar{w}_k \bar{\alpha}_l w_l}{\Phi_j^2}$$

$$= \frac{1}{\Phi_j^2} \left(\sum_{k=1}^{n} |\alpha_k|^2 \sum_{l=1}^{n} |w_l|^2 + \sum_{k=1}^{n} |\alpha_k|^2 - \left| \sum_{k=1}^{n} \alpha_k \bar{w}_k \right|^2 \right) \geq \frac{1}{\Phi_j^2} \sum_{k=1}^{n} |\alpha_k|^2.$$

$$\tag{12.33}$$

222—————第 12 章　複素射影空間 $\mathbf{C}P^n$

(12.33) より，$\omega_p(\boldsymbol{v}, J_p(\boldsymbol{v})) = 0$ とすると，$\boldsymbol{v} = \boldsymbol{0}$ となる．よって，ω は非退化である．∎

定理 12.4 により得られた $\mathbf{C}P^n$ 上のシンプレクティック形式 ω を用いて，

$$g(X, Y) = \omega(X, JY) \qquad (X, Y \in \mathfrak{X}(\mathbf{C}P^n)) \qquad (12.34)$$

とおく．X，JY を (12.31)，(12.32) のように表して計算すると，

$$g(JX, JY) = g(X, Y) \qquad (12.35)$$

が成り立つ．さらに，(12.33) より，g は $\mathbf{C}P^n$ のリーマン計量を定める．g を $\mathbf{C}P^n$ の**フビニ-スタディ計量**という．

12.3　ケーラー多様体*

それでは，ケーラー多様体を定義しよう．M を複素多様体，J を M の複素構造，g を M のリーマン計量とし，任意の $X, Y \in \mathfrak{X}(M)$ に対して，(12.35) が成り立つと仮定する．このとき，g を**エルミート計量**という．そこで，$X, Y \in \mathfrak{X}(M)$ に対して，

$$\omega(X, Y) = g(JX, Y) \qquad (12.36)$$

とおく．

例題 12.5　(12.36) で定めた ω について，次の (1)，(2) が成り立つことを示せ．

(1) $\omega(X, Y) = -\omega(Y, X)$．特に，$\omega$ は $D^2(M)$ の元を定める．

(2) ω は非退化である．

【解】　(1) (12.35)，(12.36) および $J^2 = -1_{TM}$ より，

$$\omega(X, Y) = g(JX, Y) = g(J^2 X, JY) = g(-X, JY) = -g(X, JY)$$

$$= -g(JY, X) = -\omega(Y, X). \tag{12.37}$$

(2) (12.35), (12.36) より,

$$\omega(X, JX) = g(JX, JX) = g(X, X). \tag{12.38}$$

g はリーマン計量なので, (12.38) より, $\omega(X, JX) = 0$ とすると, $X = \mathbf{0}$ となる. よって, ω は非退化である.　∎

(12.36) で定めた ω が閉形式となるとき, M, g, ω をそれぞれ**ケーラー多様体**, **ケーラー計量**, **ケーラー形式**という. 定義より, ケーラー多様体はケーラー形式をシンプレクティック形式とするシンプレクティック多様体である.

例 12.6（フビニ-スタディ計量） 12.2 節で述べたことより, $\mathbf{C}P^n$ はフビニ-スタディ計量をケーラー計量とすることによりケーラー多様体となる.　□

例 12.7（複素ユークリッド空間） $z = (z_1, z_2, \cdots, z_n) \in \mathbf{C}^n$ に対して, z_1, z_2, $\cdots$, z_n を (12.4) のように実部と虚部に分けておき, $\mathbf{C}^n$ を $\mathbf{R}^{2n}$ と同一視する. すなわち,

$$\mathbf{C}^n = \{(z_1, z_2, \cdots, z_n) \,|\, z_1, z_2, \cdots, z_n \in \mathbf{C}\}$$
$$= \{(x_1, y_1, x_2, y_2, \cdots, x_n, y_n) \,|\, x_1, y_1, x_2, y_2, \cdots, x_n, y_n \in \mathbf{R}\} \tag{12.39}$$

である. このとき, 例 10.13 より, $\mathbf{R}^{2n}$ は自然に C^∞ 級リーマン多様体となるので, $\mathbf{C}^n$ も C^∞ 級リーマン多様体となる. このリーマン計量を g とおくと, $j, k = 1, 2, \cdots, n$ のとき,

$$g\left(\frac{\partial}{\partial x_j}, \frac{\partial}{\partial x_k}\right) = g\left(\frac{\partial}{\partial y_j}, \frac{\partial}{\partial y_k}\right) = \delta_{jk}, \qquad g\left(\frac{\partial}{\partial x_j}, \frac{\partial}{\partial y_k}\right) = 0 \tag{12.40}$$

なので, (12.10) より, g はエルミート計量である. 次に, J を $\mathbf{C}^n$ の複素構造とし, $\omega \in D^2(\mathbf{C}^n)$ を (12.36) により定めると,

$$\omega\left(\frac{\partial}{\partial x_j}, \frac{\partial}{\partial x_k}\right) = g\left(J\left(\frac{\partial}{\partial x_j}\right), \frac{\partial}{\partial x_k}\right) = g\left(\frac{\partial}{\partial y_j}, \frac{\partial}{\partial x_k}\right) = 0. \tag{12.41}$$

同様に計算すると,

$$\omega\left(\frac{\partial}{\partial y_j}, \frac{\partial}{\partial y_k}\right) = 0, \qquad \omega\left(\frac{\partial}{\partial x_j}, \frac{\partial}{\partial y_k}\right) = \delta_{jk} \tag{12.42}$$

224———第 12 章　複素射影空間 $\mathbf{C}P^n$

が得られる. (12.41), (12.42) より,

$$\omega = \sum_{j=1}^{n} dx_j \wedge dy_j \tag{12.43}$$

となり, ω は例題 11.26 で述べた余接束に対するシンプレクティック形式の局所的な表示 (11.57) に一致する. よって, $\mathbf{C}^n$ は g, ω をそれぞれケーラー計量, ケーラー形式とするケーラー多様体となる. 　　　　　　　　　　　　　　　　　　　　　　　□

12.4　リー環*

多様体上のベクトル場全体やシンプレクティック多様体上の関数全体はリー環とよばれる代数的構造をもつ.

定義 12.8　$\mathfrak{g}^{2)}$ を実ベクトル空間とし, $X, Y, Z \in \mathfrak{g}$, $k \in \mathbf{R}$ とする. $\mathfrak{g}$ に**交換子積**または**括弧積**とよばれる演算 $[X, Y] \in \mathfrak{g}$ が定められ, 次の (L1)〜(L3) が成り立つとき, $\mathfrak{g}$ を**リー環**という.

(L1) $[X + Y, Z] = [X, Z] + [Y, Z]$, $[kX, Y] = k[X, Y]$. (**線形性**)

(L2) $[X, Y] = -[Y, X]$. (**交代性**)

(L3) $[[X, Y], Z] + [[Y, Z], X] + [[Z, X], Y] = \mathbf{0}$. (**ヤコビの恒等式**) 　□

補足 12.9　定義 12.8 で定めたリー環を**実リー環**ともいう. 一方, $\mathfrak{g}$ を複素ベクトル空間としたとき, 同様に定められるリー環を**複素リー環**ともいう. 　　□

例 12.10　M を C^∞ 級多様体とする. このとき, $\mathfrak{x}(M)$ は無限次元の実ベクトル空間となる. さらに, 10.4 節で定めた括弧積 $[\,,\,]$ に関して, $\mathfrak{x}(M)$ はリー環となる. □

例 12.11（ポアソン括弧積）　(M, ω) をシンプレクティック多様体とする. このとき, $C^\infty(M)$ は無限次元の実ベクトル空間となる. さらに, 補足 11.29 より, 問題 11.5 で定めたポアソン括弧積 $\{\,,\,\}$ に関して, $C^\infty(M)$ はリー環となる. 　　　□

---

2)　ドイツ文字については, 表見返しを参考にするとよい.

12.4 リー環* ──── 225

例題 12.12 n 次の実正方行列全体の集合 $M_n(\mathbf{R})$ は n^2 次元の実ベクトル空間となる. ここで, $X, Y \in M_n(\mathbf{R})$ に対して, $[X, Y] \in M_n(\mathbf{R})$ を

$$[X, Y] = XY - YX \tag{12.44}$$

により定める. $[\ ,\ ]$ はヤコビの恒等式を満たすことを示せ. 特に, この括弧積に関して, $M_n(\mathbf{R})$ はリー環となる.

【解】 $X, Y, Z \in M_n(\mathbf{R})$ とすると,

$[[X, Y], Z] + [[Y, Z], X] + [[Z, X], Y]$

$\quad = [XY - YX, Z] + [YZ - ZY, X] + [ZX - XZ, Y]$

$\quad = (XY - YX)Z - Z(XY - YX) + (YZ - ZY)X$

$\qquad - X(YZ - ZY) + (ZX - XZ)Y - Y(ZX - XZ)$

$\quad = O. \tag{12.45}$

ただし, O は零行列である. よって, ヤコビの恒等式が成り立つ. ∎

例 12.13（リー群のリー環） 10.6 節で述べたリー群に対しては, 左不変ベクトル場という特別なベクトル場を考えることにより, 有限次元のリー環を対応させることができる. G をリー群とし, $g \in G$ とする. このとき,

$$L_g(x) = gx \qquad (x \in G) \tag{12.46}$$

とおくと, L_g は G から G 自身への C^∞ 級微分同相写像となる. L_g を g による**左移動**という. 次に, 問題 10.4 を思い出そう. X を G 上のベクトル場で, 任意の $g \in G$ に対して,

$$(L_g)_* X = X \tag{12.47}$$

を満たすものとする. このような X を**左不変ベクトル場**という. G 上の左不変ベクトル場全体の集合を $\mathfrak{g}$ と表す. 左不変ベクトル場は C^∞ 級ベクトル場となることがわかる[3]. すなわち, $\mathfrak{g} \subset \mathfrak{X}(G)$ である. さらに, 問題 10.4 (3) より, $X, Y \in \mathfrak{g}$ とすると,

[3] 例えば, 文献 [14] p.174, 定理 1 を見よ.

226——— 第 12 章　複素射影空間 $\mathbf{C}P^n$

$$(L_g)_*[X, Y] = [(L_g)_*X, (L_g)_*Y] = [X, Y] \tag{12.48}$$

なので，$\mathfrak{X}(G)$ の括弧積に関して，$\mathfrak{g}$ はリー環となる．$\mathfrak{g}$ をリー群 G の**リー環**という．$\mathfrak{g}$ の定義より，$X \in \mathfrak{g}$ とすると，任意の $g \in G$ に対して，

$$X_g = (dL_g)_e(X_e) \tag{12.49}$$

が成り立つ．ただし，e は G の単位元である．よって，対応

$$\mathfrak{g} \ni X \longmapsto X_e \in T_e G \tag{12.50}$$

は $\mathfrak{g}$ から $T_e G$ への線形同型写像を定める．特に，$\mathfrak{g}$ の次元は G の次元に等しい．また，対応 (12.50) により，$\mathfrak{g}$ と $T_e G$ を同一視することが多い．　　　　□

12.5　微分形式の積分

多様体上の微分形式について，その積分を考えることができる．簡単のため，n 次元の多様体上の n 次微分形式の積分について述べることにしよう．まず，多様体上の微分形式を座標近傍に制限して積分することを考える．$(M, \mathcal{S})$ を n 次元の C^∞ 級多様体とし，$\omega \in D^n(M)$，$(U, \varphi) \in \mathcal{S}$ とする．φ を関数 $x_1, x_2, \cdots, x_n : U \longrightarrow \mathbf{R}$ を用いて，

$$\varphi = (x_1, x_2, \cdots, x_n) \tag{12.51}$$

と表しておくと，ω は U 上で関数 $f : U \longrightarrow \mathbf{R}$ を用いて，

$$\omega|_U = f \, dx_1 \wedge dx_2 \wedge \cdots \wedge dx_n \tag{12.52}$$

と表すことができる．そこで，ω の U 上の積分を多重積分を用いて，

$$\int_U \omega = \int_{\varphi(U)} f \, dx_1 dx_2 \cdots dx_n \tag{12.53}$$

により定める．

12.5 微分形式の積分———227

例 12.14 $\mathbb{C}P^n$ のフビニ-スタディ計量を定めるシンプレクティック形式 ω を考えよう．12.2 節と同じ記号を用いて，ω_j を (12.21) で定めた U_j 上の 2 次微分形式とし，$k, l = 1, 2, \cdots, n$ に対して，

$$\varphi_{kl} = \frac{\partial^2 K_j}{\partial w_k \partial \bar{w}_l} \tag{12.54}$$

とおく．行列式の定義や性質および外積の性質より，

$$\omega_j^n = \left(\frac{i}{2} \sum_{k_1, l_1 = 1}^{n} \varphi_{k_1 l_1} dw_{k_1} \wedge d\bar{w}_{l_1} \right) \wedge \cdots \wedge \left(\frac{i}{2} \sum_{k_n, l_n = 1}^{n} \varphi_{k_n l_n} dw_{k_n} \wedge d\bar{w}_{l_n} \right)$$

$$= \frac{i^n}{2^n} \sum_{k_1, \cdots, k_n = 1}^{n} \det(\varphi_{k_\alpha \beta}) dw_{k_1} \wedge d\bar{w}_1 \wedge \cdots \wedge dw_{k_n} \wedge d\bar{w}_n$$

$$= \frac{i^n}{2^n} n! \det(\varphi_{kl}) dw_1 \wedge d\bar{w}_1 \wedge \cdots \wedge dw_n \wedge d\bar{w}_n \tag{12.55}$$

となる．$w_1, w_2, \cdots, w_n$ を

$$w_k = x_k + y_k i \qquad (k = 1, 2, \cdots, n) \tag{12.56}$$

と実部と虚部に分けておくと，

$$dw_k \wedge d\bar{w}_k = (dx_k + idy_k) \wedge (dx_k - idy_k) = -2idx_k \wedge dy_k \tag{12.57}$$

なので，(12.55) より，

$$\omega_j^n = n! \det(\varphi_{kl}) dx_1 \wedge dy_1 \wedge \cdots \wedge dx_n \wedge dy_n \tag{12.58}$$

である．

次に，$\det(\varphi_{kl})$ を計算しよう．(12.29) より，$\boldsymbol{w} = (w_1, w_2, \cdots, w_n)$ とおくと，

$$(\varphi_{kl}) = \frac{1}{\Phi_j} E_n - {}^t\left(\frac{1}{\Phi_j} \bar{\boldsymbol{w}} \right) \left(\frac{1}{\Phi_j} \boldsymbol{w} \right) \tag{12.59}$$

である．ここで，等式

$$\begin{pmatrix} E_n & \mathbf{0} \\ \frac{1}{\Phi_j} \boldsymbol{w} & 1 \end{pmatrix} \begin{pmatrix} (\varphi_{kl}) & -{}^t\left(\frac{1}{\Phi_j} \bar{\boldsymbol{w}} \right) \\ \mathbf{0} & \frac{1}{\Phi_j} \end{pmatrix} \begin{pmatrix} E_n & \mathbf{0} \\ -\frac{1}{\Phi_j} \boldsymbol{w} & 1 \end{pmatrix}$$

$$= \begin{pmatrix} \frac{1}{\Phi_j} E_n & -{}^t\left(\frac{1}{\Phi_j} \bar{\boldsymbol{w}} \right) \\ \mathbf{0} & -\frac{1}{\Phi_j^2} \|\boldsymbol{w}\|^2 + \frac{1}{\Phi_j} \end{pmatrix} \tag{12.60}$$

228———第 12 章　複素射影空間 $\mathbf{C}P^n$

が成り立つことに注意し，(12.60) の両辺の行列式を取ると，

$$\frac{1}{\Phi_j}\det(\varphi_{kl}) = \frac{1}{\Phi_j^n}\left(-\frac{1}{\Phi_j^2}\|\boldsymbol{w}\|^2 + \frac{1}{\Phi_j}\right) \tag{12.61}$$

なので，

$$\det(\varphi_{kl}) = \frac{1}{\Phi_j^{n+1}} = \frac{1}{(\|\boldsymbol{w}\|^2 + 1)^{n+1}} \tag{12.62}$$

が得られる．

さらに，ω_j^n を積分しよう．まず，(12.53), (12.58), (12.62) より，

$$\int_{U_j}\omega^n = \int_{\mathbf{C}^n}\omega_j^n = n!\int_{\mathbf{R}^{2n}}\frac{dx_1\cdots dx_n dy_1\cdots dy_n}{(1 + x_1^2 + \cdots + x_n^2 + y_1^2 + \cdots + y_n^2)^{n+1}} \tag{12.63}$$

である．x_1, y_1 に対して，極座標変換

$$x_1 = r\cos\theta, \qquad y_1 = r\sin\theta \tag{12.64}$$

を行うと，

$$
\begin{aligned}
\int_{U_j}\omega^n &= n!\int_{\mathbf{R}^{2n-2}}\int_0^{2\pi}\int_0^{+\infty}\frac{r\,dr\,d\theta\,dx_2\cdots dx_n dy_2\cdots dy_n}{(1 + r^2 + x_2^2 + \cdots + x_n^2 + y_2^2 + \cdots + y_n^2)^{n+1}} \\
&= n!\int_{\mathbf{R}^{2n-2}}2\pi\left[-\frac{1}{2n}(1 + r^2 + x_2^2 + \cdots + y_n^2)^{-n}\right]_0^{+\infty}dx_2\cdots dy_n \\
&= (n-1)!\,\pi\int_{\mathbf{R}^{2n-2}}\frac{dx_2\cdots dy_n}{(1 + x_2^2 + \cdots + y_n^2)^n} \\
&= \cdots = \pi^{n-1}\int_{\mathbf{R}^2}\frac{dx_n dy_n}{(1 + x_n^2 + y_n^2)^2} = \pi^n
\end{aligned}
\tag{12.65}
$$

となる． □

12.6　多様体上の積分

12.5 節では，座標近傍に制限して微分形式の積分を定めたが，ここでは，多様体全体の上で積分するために必要となるものについて考えていこう．$(M,\mathcal{S})$ を n 次元の C^∞ 級多様体とし，$\omega \in D^n(M)$，$(U,\varphi) \in \mathcal{S}$ とする．φ を (12.51) のように表しておき，ω を U 上で (12.52) のように表しておくと，ω の U 上の積分は

(12.53) により定義された. まず, (12.53) の右辺は座標近傍の選び方に依存する式であることに注意しよう. そこで, $(V, \psi) \in \mathcal{S}$ を $U \cap V \neq \varnothing$ となるように選んでおき, ψ を関数 $y_1, y_2, \cdots, y_n : V \longrightarrow \mathbf{R}$ を用いて, $\psi = (y_1, y_2, \cdots, y_n)$ と表しておく. このとき, ω は V 上で関数 $g : V \longrightarrow \mathbf{R}$ を用いて,

$$\omega|_V = g \, dy_1 \wedge dy_2 \wedge \cdots \wedge dy_n \tag{12.66}$$

と表すことができる. ここで, 変換則 (11.10) より, $U \cap V$ 上で

$$
\begin{aligned}
&dy_1 \wedge dy_2 \wedge \cdots \wedge dy_n \\
&= \left(\sum_{i_1=1}^n \frac{\partial y_1}{\partial x_{i_1}} dx_{i_1} \right) \wedge \left(\sum_{i_2=1}^n \frac{\partial y_2}{\partial x_{i_2}} dx_{i_2} \right) \wedge \cdots \wedge \left(\sum_{i_n=1}^n \frac{\partial y_n}{\partial x_{i_n}} dx_{i_n} \right) \\
&= \sum_{i_1, i_2, \cdots, i_n=1}^n \frac{\partial y_1}{\partial x_{i_1}} \frac{\partial y_2}{\partial x_{i_2}} \cdots \frac{\partial y_n}{\partial x_{i_n}} dx_{i_1} \wedge dx_{i_2} \wedge \cdots \wedge dx_{i_n}
\end{aligned}
\tag{12.67}
$$

となる. さらに, 行列式の定義や性質および外積の性質より, (12.67) は座標変換のヤコビアンを用いて表され, $U \cap V$ 上で

$$dy_1 \wedge dy_2 \wedge \cdots \wedge dy_n = \det(\psi \circ \varphi^{-1})' dx_1 \wedge dx_2 \wedge \cdots \wedge dx_n \quad (12.68)$$

が得られる. よって, (12.52), (12.66), (12.68) より, $U \cap V$ 上で

$$g \det(\psi \circ \varphi^{-1})' = f \tag{12.69}$$

が成り立つ. 一方, 微分積分で学ぶ変数変換の公式より,

$$\int_{\psi(U \cap V)} g \, dy_1 dy_2 \cdots dy_n = \int_{\varphi(U \cap V)} g \left| \det(\psi \circ \varphi^{-1})' \right| dx_1 dx_2 \cdots dx_n$$

$$\tag{12.70}$$

である. したがって, $\det(\psi \circ \varphi^{-1})' > 0$ ならば, ω の $U \cap V$ 上の積分は座標近傍の選び方に依存しない. そこで, 多様体の "向き" というものについて, 次の定義 12.15 のように定める.

定義 12.15 M を C^∞ 級多様体とする．$\mathcal{S}$ を M の C^∞ 級座標近傍系とし，$U \cap V \neq \varnothing$ となる $(U,\varphi),(V,\psi) \in \mathcal{S}$ に対して，$U \cap V$ 上で $\det(\psi \circ \varphi^{-1})' > 0$ が成り立つとき，(U,φ) と (V,ψ) は**同じ向き**であるという．また，M のある C^∞ 級座標近傍系 $\mathcal{S}$ が存在し，$U \cap V \neq \varnothing$ となる任意の $(U,\varphi),(V,\psi) \in \mathcal{S}$ に対して，(U,φ) と (V,ψ) が同じ向きとなるとき，M は**向き付け可能**であるという．このような座標近傍系が与えられているとき，M は**向き付けられている**という． □

例 12.16 $\mathbf{R}^n$ は 1 つの座標近傍 $(\mathbf{R}^n, 1_{\mathbf{R}^n})$ からなる C^∞ 級座標近傍系をもつ．よって，$\mathbf{R}^n$ は向き付け可能である． □

例 12.17 2 つの座標近傍からなる C^∞ 級座標近傍系をもつ多様体は向き付け可能である．実際，座標近傍 $(U,\varphi),(V,\psi)$ に対して，$U \cap V$ 上で $\det(\psi \circ \varphi^{-1})' < 0$ となっていても，どちらかの局所座標系の成分のうちの 1 つを -1 倍してしまえばよい．例えば，S^n は北極，南極を中心とする立体射影を用いて，2 つの座標近傍からなる C^∞ 級座標近傍系をもつ．よって，S^n は向き付け可能である． □

例 12.18（メビウスの帯） メビウスの帯とは**図 12.1** のように，長方形を一度ねじってから，端を繋ぎ合わせて得られる 2 次元の多様体である．メビウスの帯上のある 1 点の周りで局所座標系を選んでおき，それを帯に沿って連続的に一周させると，元に戻ってきたときには最初のものとは向きが異なってしまう（**図 12.2**）．よって，メビウスの帯は向き付け可能ではない． □

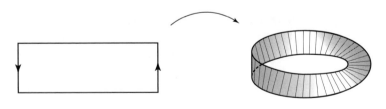

図 12.1 メビウスの帯

向き付けられた多様体上の微分形式を積分するには，(12.53) のように局所的に定めた積分を多様体全体上の積分へと繋ぎ合わせる仕組みが必要である．

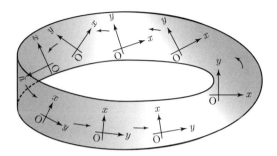

図 12.2　メビウスの帯の向き付け不可能性

これは1の分割というものを用いて行うことができる．まず，X を位相空間，$\{U_\alpha\}_{\alpha \in A}$ を X の部分集合族とする．任意の $p \in X$ に対して，p の近傍 U が存在し，$U \cap U_\alpha \neq \emptyset$ となる $\alpha \in A$ の個数が有限個であるとき，$\{U_\alpha\}_{\alpha \in A}$ は**局所有限**であるという（図 12.3）．

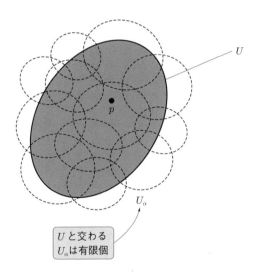

図 12.3　局所有限性のイメージ

そして，1の分割を次の定義 12.19 のように定める．

232———第 12 章　複素射影空間 $\mathbb{C}P^n$

> **定義 12.19**　M を C^r 級多様体，$\{U_\alpha\}_{\alpha \in A}$ を M の局所有限な開被覆とする．M 上の C^r 級関数の族 $\{f_\alpha\}_{\alpha \in A}$ で，次の (U1)〜(U3) を満たすものを $\{U_\alpha\}_{\alpha \in A}$ に従属する **1 の分割**，**1 の分解**，**単位の分割**または**単位の分解**という．

(U1) 任意の $\alpha \in A$ および任意の $p \in M$ に対して，$0 \le f_\alpha(p) \le 1$.

(U2) 任意の $\alpha \in A$ に対して，$\mathrm{supp}\,(f_\alpha) \subset U_\alpha$. ただし，$\mathrm{supp}\,(f_\alpha)$ は f_α の台，すなわち，f_α の値が 0 とはならない点全体の閉包である．

(U3) 任意の $p \in M$ に対して，$\displaystyle\sum_{\alpha \in A} f_\alpha(p) = 1$. □

> **注意 12.20**　定義 12.19 において，$\{U_\alpha\}_{\alpha \in A}$ の局所有限性と (U2) より，各 $p \in M$ に対して，$f_\alpha(p)$ は有限個の $\alpha \in A$ を除いて 0 である．よって，(U3) の和は実質的には有限和である． □

　さて，M を向き付けられた n 次元の C^∞ 級多様体，$\{(U_\alpha, \varphi_\alpha)\}_{\alpha \in A}$ を M の向き付けを与える座標近傍系とし，$\omega \in D^n(M)$ とする．まず，ω が 0 とはならない点全体の閉包を $\mathrm{supp}\,(\omega)$ と表し，ω の**台**という．そして，積分の発散を避けるために，$\mathrm{supp}\,(\omega)$ はコンパクトであると仮定する．さらに，$\{U_\alpha\}_{\alpha \in A}$ は局所有限で，$\{U_\alpha\}_{\alpha \in A}$ に従属する 1 の分割 $\{f_\alpha\}_{\alpha \in A}$ が存在すると仮定する．このとき，ω の積分を

$$\int_M \omega = \sum_{\alpha \in A} \int_{U_\alpha} f_\alpha \omega \tag{12.71}$$

により定める．(12.71) の右辺は座標近傍系や 1 の分割の選び方に依存せず，ω の積分の定義は well-defined である．実際，$\{(V_\beta, \psi_\beta)\}_{\beta \in B}$ を $\{(U_\alpha, \varphi_\alpha)\}_{\alpha \in A}$ と同じ向き付けを与える座標近傍系とし，$\{g_\beta\}_{\beta \in B}$ を $\{V_\beta\}_{\beta \in B}$ に従属する 1 の分割とすると，

$$\sum_{\alpha \in A} \int_{U_\alpha} f_\alpha \omega = \sum_{\alpha \in A} \int_{U_\alpha} f_\alpha \left(\sum_{\beta \in B} g_\beta \right) \omega = \sum_{\alpha \in A, \beta \in B} \int_{U_\alpha \cap V_\beta} f_\alpha g_\beta \omega$$

$$= \sum_{\beta \in B} \int_{V_\beta} g_\beta \left(\sum_{\alpha \in A} f_\alpha \right) \omega = \sum_{\beta \in B} \int_{V_\beta} g_\beta \omega \tag{12.72}$$

となる．

最後に，1 の分割が存在するための位相的条件について，簡単に注意しておこう．X を位相空間，$\{U_\alpha\}_{\alpha \in A}$, $\{V_\beta\}_{\beta \in B}$ をともに X の被覆とする．任意の $\beta \in B$ に対して，$V_\beta \subset U_\alpha$ となる $\alpha \in A$ が存在するとき，$\{V_\beta\}_{\beta \in B}$ を $\{U_\alpha\}_{\alpha \in A}$ の**細分**という（図 12.4）．

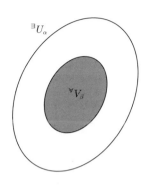

図 12.4　細分のイメージ

X がハウスドルフであり，さらに，任意の開被覆に対して，その細分となる局所有限な開被覆が存在するとき，X は**パラコンパクト**であるという．M をパラコンパクトな多様体，$\{U_\alpha\}_{\alpha \in A}$ を M の局所有限な開被覆とし，任意の $\alpha \in A$ に対して，U_α の閉包 $\bar{U}_\alpha$ はコンパクトであるとする．このとき，$\{U_\alpha\}_{\alpha \in A}$ に従属する 1 の分割が存在することが知られている[4]．

===== **演習問題** =====

問題 12.1　次の問に答えよ．
(1) A, B を n 次の正方行列とすると，
$$\det \begin{pmatrix} A & -B \\ B & A \end{pmatrix} = |\det(A + iB)|^2$$
が成り立つことを示せ．
(2) 複素多様体は向き付け可能であることを示せ．

問題 12.2　リー群 $GL(n, \mathbf{R})$ は $M_n(\mathbf{R})$ の開部分多様体なので，$x = (x_{ij}) \in GL(n, \mathbf{R})$ に対して，その成分 $(x_{ij})_{i,j=1,2,\cdots,n}$ を局所座標系とすることができる．
(1) X を $GL(n, \mathbf{R})$ の左不変ベクトル場とする．X は $a_{ij} \in \mathbf{R}\ (i, j = 1, 2 \cdots, n)$ を用いて，
$$X = \sum_{i,j,k=1}^{n} a_{kj} x_{ik} \frac{\partial}{\partial x_{ij}}$$
と表されることを示せ．

---

[4] 例えば，巻末の「読者のためのブックガイド」の文献 [14] p.85, 定理 1 を見よ．

234———第 12 章　複素射影空間 $\mathbf{C}P^n$

(2) (1) の X に加え，さらに，Y を $b_{ij} \in \mathbf{R}$ $(i, j = 1, 2, \cdots, n)$ を用いて，

$$Y = \sum_{i,j,k=1}^{n} b_{kj} x_{ik} \frac{\partial}{\partial x_{ij}}$$

と表される $GL(n, \mathbf{R})$ の左不変ベクトル場とする．このとき，

$$[X, Y] = \sum_{i,j,k,l=1}^{n} (a_{kl} b_{lj} - b_{kl} a_{lj}) x_{ik} \frac{\partial}{\partial x_{ij}}$$

となることを示せ．

補足 12.21　$GL(n, \mathbf{R})$ のリー環は $\mathfrak{gl}(n, \mathbf{R})$[5] と表すことが多い．問題 12.2 より，$\mathfrak{gl}(n, \mathbf{R})$ を E_n における接空間とみなし，さらに，$M_n(\mathbf{R})$ とみなすと，$\mathfrak{gl}(n, \mathbf{R})$ の括弧積は例題 12.12 で定めた括弧積に一致する．

また，$SL(n, \mathbf{R})$，$O(n)$，$SO(n)$ のリー環はそれぞれ $\mathfrak{sl}(n, \mathbf{R})$，$\mathfrak{o}(n)$，$\mathfrak{so}(n)$[6] と表すことが多い．これらは行列を用いて，それぞれ

$$\mathfrak{sl}(n, \mathbf{R}) = \{X \in M_n(\mathbf{R}) \mid \mathrm{tr}\, X = 0\},$$

$$\mathfrak{o}(n) = \mathfrak{so}(n) = \{X \in M_n(\mathbf{R}) \mid X + {}^t X = O\}$$

と表されることが知られている[7]．また，いずれの場合も行列の指数関数は，リー環の元である零行列の近傍からリー群の元である単位行列の近傍への C^∞ 級微分同相写像を定めることがわかる[8]．さらに，複素線形リー群についても同様のことが成り立つ．　　　　　　　　　　　　　　　　　　　　　　　　　　　　　　□

問題 12.3　$\mathrm{N} = (0, 0, 1)$ とおき，$f_{\mathrm{N}} : \mathbf{R}^2 \longrightarrow S^2 \setminus \{\mathrm{N}\}$ を北極を中心とする立体射影を用いて得られる (6.15) の全単射とする．すなわち，

$$f_{\mathrm{N}}(u, v) = \left(\frac{2u}{u^2 + v^2 + 1}, \frac{2v}{u^2 + v^2 + 1}, \frac{u^2 + v^2 - 1}{u^2 + v^2 + 1} \right) \qquad ((u, v) \in \mathbf{R}^2)$$

である．また，$\iota : S^2 \longrightarrow \mathbf{R}^3$ を包含写像とし，$\omega \in D^2(\mathbf{R}^3)$ を

[5)6)]　ドイツ文字については，表見返しを参考にするとよい．

[7)]　例えば，巻末の「読者のためのブックガイド」の文献 [14] IV，§13 を見よ．

[8)]　例えば，巻末の「読者のためのブックガイド」の文献 [14] p.187，定理 1 を見よ．

演習問題 ——— *235*

$$\omega = xdy \wedge dz + ydz \wedge dx + zdx \wedge dy$$

により定める. 積分 $\displaystyle\int_{S^2 \setminus \{N\}} \iota^*\omega$ の値を求めよ.

問題 12.4　連結リー群は向き付け可能であることを示せ.

補足 12.22　リー群 G の単位元を含む連結成分を G_0 とすると, $g \in G$ を含む連結成分は

$$gG_0 = \{gx \mid x \in G_0\}$$

と表されることがわかる. よって, 連結とは限らなくともリー群は向き付け可能となる.　　　□

おわりに

本書は多様体論の入門書として難易度を低めに設定し，多様体の定義に至るまでの背景も丁寧に述べ，全体を通してあまり他書を参照せずとも本書だけで読み進められるような記述を心掛けた．筆者の力不足のせいもあるが，そういった事情により当初は予定していたが詳しく書けなかった内容として，次の3点が挙げられる．

- 積分に関して

パラコンパクト空間，1の分割の存在証明，境界付き多様体，ストークスの定理など

- リー群に関して

指数写像，リー群の閉部分群がリー群となることの証明，線形リー群のリー環，等質空間など

- シンプレクティック幾何に関して

ポアソン構造，リー環の余随伴軌道，ハミルトン作用，モーメント写像など

これらに関しては他書に譲ることとし，読者の必要や興味に応じて学んでいってほしい．また，次の「読者のためのブックガイド」も参照されたい．

読者のためのブックガイド

● 微分積分に関しては，

[1] 杉浦光夫,『解析入門 I』，東京大学出版会（1980 年）

[2] 杉浦光夫,『解析入門 II』，東京大学出版会（1985 年）

の 2 冊を挙げておく．筆者の同級生には [1] の問題をすべて解いた強者もいるが，手元にあるだけでも辞書のように使えて重宝する．[2] では，径数付き部分多様体や複素関数論についても述べられている．なお，本書とは異なり「径数付き多様体」という言葉が用いられている．

● 線形代数に関しては，

[3] 佐武一郎,『線型代数学』（新装版），裳華房（2015 年）

[4] 藤岡　敦,『手を動かしてまなぶ 線形代数』，裳華房（2015 年）

の 2 冊を挙げておく．[3] は [1]，[2] と同様に是非手元に置いておきたい線形代数の本格的な教科書である．[4] は対称行列の対角化までを扱った線形代数の標準的な教科書である．手前味噌ではあるが，いろいろな工夫が施されており，初学者に配慮したものになっているかと思う．

● 集合論，位相空間論に関しては，

[5] 内田伏一,『集合と位相』，裳華房（1986 年）

を挙げておく．筆者が学生時代に履修した集合と位相の講義はこの本が教科書であった．ただし，集合論は自習ということで飛ばして，[5] で扱われていないパラコンパクト空間については，担当教官が手作りで講義ノートを用意して講義をされていた．

読者のためのブックガイド —— *239*

- 微分方程式論，複素関数論，群論に関しては，本書ではそれほど多くのことは用いられていないが，例えば，それぞれ

  [6] 森本芳則・浅倉史興,『基礎課程 微分方程式』，サイエンス社（2014 年）

  [7] 神保道夫,『複素関数入門』，岩波書店（2003 年）

  [8] 堀田良之,『代数入門—群と加群—』，裳華房（1987 年）

を挙げておく．

- 曲線論，曲面論に関しては，

  [9] 梅原雅顕・山田光太郎,『曲線と曲面—微分幾何的アプローチ—』（改訂版），裳華房（2015 年）

  [10] 小林昭七,『曲線と曲面の微分幾何』（改訂版），裳華房（1995 年）

の 2 冊を挙げておく．曲線論，曲面論に関する良書は多く存在するが，その中でも [9] はとても良く書かれた教科書である．[10] は著者の語りかけるかのような文章が特徴的で，幾何的，物理的な直観も交えた説明がとても読み易い．多様体論を学習する前に，是非これらの本で曲線論，曲面論を学んでほしい．

- 多様体論に関しては，

  [11] 坪井　俊,『幾何学 I　多様体入門』，東京大学出版会（2005 年）

  [12] 坪井　俊,『幾何学 III　微分形式』，東京大学出版会（2008 年）

  [13] 服部晶夫,『多様体』（増補版），岩波書店（1989 年）

  [14] 松島与三,『多様体入門』（新装版），裳華房（2017 年）

  [15] 松本幸夫,『多様体の基礎』，東京大学出版会（1988 年）

  [16] 村上信吾,『多様体』，共立出版（1989 年）

を挙げておく．[11] は多様体の入門書であるが，微分形式については [12] で補うとよい．[13] は接束や余接束の一般化といえるベクトル束とよばれるものに重点をおいているのが特徴的である．[14] は多様体論に関する本格的な教科書で，リー群についても詳しい．[15] はその他の文献と比較すれば，多様体論の

教科書としては易しめである．[16] は微分形式についても詳しいが，複素多様体についても多くの紙数を割いている．

- 位相幾何学に関しては，

 [17] 坪井 俊，『幾何学 II ホモロジー入門』，東京大学出版会（2016 年）

を挙げておこう．[11]，[12] と [17] を合わせれば，数学系の学科の 3 年次までに学ぶべき標準的内容は十分カバーできるであろう．

- 多様体論の後にはさまざまな幾何学の世界が広がっている．それらに関する文献をすべて公平に挙げるのは困難であるので，ここでは「おわりに」に述べたことと関連する文献として，

 [18] 深谷賢治，『シンプレクティック幾何学』，岩波書店（2008 年）

を挙げるに留めておこう．

演習問題解答

第1章

1.1 (1) 二項定理より，

$$a_n = \left(1 + \frac{1}{n}\right)^n = \sum_{k=0}^{n} \binom{n}{k} 1^{n-k} \left(\frac{1}{n}\right)^k$$

$$= 1 + n\frac{1}{n} + \frac{n(n-1)}{2!}\frac{1}{n^2} + \cdots + \frac{n(n-1)\cdots 1}{n!}\frac{1}{n^n}$$

$$= 1 + 1 + \frac{1}{2!}\left(1 - \frac{1}{n}\right) + \cdots + \frac{1}{n!}\left(1 - \frac{1}{n}\right)\left(1 - \frac{2}{n}\right)\cdots\left(1 - \frac{n-1}{n}\right) \quad (*)$$

$$< 1 + 1 + \frac{1}{2!}\left(1 - \frac{1}{n+1}\right) + \cdots$$

$$+ \frac{1}{n!}\left(1 - \frac{1}{n+1}\right)\left(1 - \frac{2}{n+1}\right)\cdots\left(1 - \frac{n-1}{n+1}\right)$$

$$+ \frac{1}{(n+1)!}\left(1 - \frac{1}{n+1}\right)\left(1 - \frac{2}{n+1}\right)\cdots\left(1 - \frac{n}{n+1}\right) = a_{n+1}.$$

よって，$a_n < a_{n+1}$ となるので，$\{a_n\}_{n=1}^{\infty}$ は単調増加である．

(2) $(*)$ より，$a_n \leq 1 + 1 + \frac{1}{2!} + \cdots + \frac{1}{n!}$. ここで，不等式 $2^{n-1} \leq n!$ $(n \in \mathbf{N})$ が成り立つので，$n \geq 4$ のとき，

$$a_n \leq 1 + 1 + \frac{1}{2!} + \frac{1}{3!} + \frac{1}{2^3} + \cdots + \frac{1}{2^{n-1}}$$

$$= 2 + \frac{1}{2} + \frac{1}{6} + \frac{1}{2^3}\left(1 + \frac{1}{2^1} + \frac{1}{2^2} + \cdots + \frac{1}{2^{n-4}}\right) < 2 + \frac{2}{3} + \frac{1}{8}\cdot 2$$

$$= 2 + \frac{11}{12}.$$

(1) と合わせると，題意の不等式が成り立つ．

(3) まず，(1), (2) より，$2 < e < 3$ であることに注意する．以下，e が無理数であることを背理法により示す．e が有理数であると仮定する．このとき，$e = \frac{m}{n}$ $(m, n \in \mathbf{N})$ と表すことができる．e^x に対するマクローリンの定理より，$e = \sum_{k=0}^{n} \frac{1}{k!} + \frac{e^{\theta}}{(n+1)!}$ となる $\theta \in (0, 1)$ が存在する．両辺に $n!$ を掛けて整理すると，$n!e - \sum_{k=0}^{n} \frac{n!}{k!} = \frac{e^{\theta}}{n+1}$. 左辺は整数で，$0 < \theta < 1$，$e < 3$ なので，$1 \leq \frac{e^{\theta}}{n+1} < \frac{3}{n+1}$. よって，$n = 1$ となるので，e は自然数となる．これは最初の注意に矛盾する．したがって，e は無理数である．

1.2 (1) 任意の $\varepsilon > 0$ に対して，ある $N \in \mathbf{N}$ が存在し，$m, n \in \mathbf{N}$, $m, n \geq N$ ならば，$d(a_m, a_n) < \varepsilon$ となるとき，$\{a_n\}_{n=1}^{\infty}$ をコーシー列という．

(2) a を $\{a_n\}_{n=1}^{\infty}$ の極限とする．このとき，$\varepsilon > 0$ に対して，ある $N \in \mathbf{N}$ が存在し，$n \in \mathbf{N}$,

242───── 演習問題解答

$n \geq N$ ならば,$d(a_n, a) < \frac{\varepsilon}{2}$.よって,$m, n \in \mathbf{N}$,$m, n \geq N$ とすると,三角不等式より,

$$d(a_m, a_n) \leq d(a_m, a) + d(a, a_n) = d(a_m, a) + d(a_n, a) < \frac{\varepsilon}{2} + \frac{\varepsilon}{2} = \varepsilon.$$

したがって,$\{a_n\}_{n=1}^{\infty}$ はコーシー列である.

第2章

2.1 $(m, n), (m', n'), (m'', n'') \in X$ とする.$\sim$ が反射律,対称律および推移律を満たすことを示す.反射律:$mn = nm$ なので,$(m, n) \sim (m, n)$.よって,$\sim$ は反射律を満たす.対称律:$(m, n) \sim (m', n')$ とすると,$mn' = nm'$.よって,$m'n = n'm$ なので,$(m', n') \sim (m, n)$.したがって,$\sim$ は対称律を満たす.推移律:$(m, n) \sim (m', n')$ かつ $(m', n') \sim (m'', n'')$ とすると,$mn' = nm'$,$m'n'' = n'm''$.2式を掛けると,$mn'm'n'' = nm'n'm''$.$n' \neq 0$ に注意すると,$mn'' = nm''$.よって,$(m, n) \sim (m'', n'')$ なので,$\sim$ は推移律を満たす.以上より,$\sim$ は X 上の同値関係である.

2.2 (1) 定義 2.18 (I1), (I2)(内積の対称性,線形性)および (2.29) より,

$$(右辺) = \frac{1}{2}\langle \boldsymbol{a} + \boldsymbol{b}, \boldsymbol{a} + \boldsymbol{b} \rangle - \frac{1}{2}\langle \boldsymbol{a}, \boldsymbol{a} \rangle - \frac{1}{2}\langle \boldsymbol{b}, \boldsymbol{b} \rangle = \frac{1}{2}\langle \boldsymbol{a}, \boldsymbol{b} \rangle + \frac{1}{2}\langle \boldsymbol{b}, \boldsymbol{a} \rangle = (左辺).$$

よって,与式が成り立つ.

(2) (1) において,$\boldsymbol{b}$ を $-\boldsymbol{b}$ に置き換えると,定義 2.18 (I2)(内積の線形性)および定理 2.20 (1) より,

$$-\langle \boldsymbol{a}, \boldsymbol{b} \rangle = \frac{1}{2}(\|\boldsymbol{a} - \boldsymbol{b}\|^2 - \|\boldsymbol{a}\|^2 - \|\boldsymbol{b}\|^2).$$

この式と (1) の等式を加えると,中線定理が得られる.

2.3 1次の正方行列 (a) を a と同一視すると,$\langle \boldsymbol{a}, \boldsymbol{b} \rangle = \boldsymbol{a}\,{}^t\boldsymbol{b}$ と表すことができる.よって,$(右辺) = \boldsymbol{a}\,{}^t(\boldsymbol{b}\,{}^tA) = \boldsymbol{a}\,{}^t({}^tA)\,{}^t\boldsymbol{b} = \boldsymbol{a}A\,{}^t\boldsymbol{b} = (左辺).$

第3章

3.1 (1) まず,$U_1^+ \cup U_1^- \cup U_2^+ = S^1 \setminus \{(0, -1)\}$.よって,$S^1 \setminus (U_1^+ \cup U_1^- \cup U_2^+) = \{(0, -1)\}$.

(2) U_1^+,U_1^-,U_2^+,U_2^- の定義より,$S^1 = U_1^+ \cup U_1^- \cup U_2^+ \cup U_2^-$.また,$O_1^+, O_1^-, O_2^+, O_2^- \subset \mathbf{R}^2$ をそれぞれ $O_1^+ = \{(x, y) \in \mathbf{R}^2 \mid x > 0\}$,$O_1^- = \{(x, y) \in \mathbf{R}^2 \mid x < 0\}$,$O_2^+ = \{(x, y) \in \mathbf{R}^2 \mid y > 0\}$,$O_2^- = \{(x, y) \in \mathbf{R}^2 \mid y < 0\}$ により定めると,O_1^+,O_1^-,O_2^+,O_2^- は $\mathbf{R}^2$ の開集合で,$U_1^+ = O_1^+ \cap S^1$,$U_1^- = O_1^- \cap S^1$,$U_2^+ = O_2^+ \cap S^1$,$U_2^- = O_2^- \cap S^1$.よって,相対位相の定義 (1.20) より,U_1^+,U_1^-,U_2^+,U_2^- は S^1 の開集合である.したがって,$\{U_1^+, U_1^-, U_2^+, U_2^-\}$ は S^1 の開被覆である.

(3) まず,

$$V = f_1^+((-1, 1)) \cap f_2^+((-1, 1)) = U_1^+ \cap U_2^+ = \{(x, y) \in S^1 \mid x > 0,\ y > 0\}.$$

よって,$(f_1^+)^{-1}(V) = (0, 1)$.

演習問題解答 ——— *243*

(4) (3) より，$t \in (0,1)$ なので，

$$((f_2^+)^{-1} \circ f_1^+)(t) = (f_2^+)^{-1}(\sqrt{1-t^2}, t)$$
$$= (f_2^+)^{-1}\left(\sqrt{1-t^2}, \sqrt{1-\left(\sqrt{1-t^2}\right)^2}\right) = \sqrt{1-t^2}.$$

(5) $f_1^+(0) = (1,0)$ なので，$(f_1^+)^{-1}(1,0) = 0$. また，$t \in (-1,1)$ とすると，$(f \circ f_1^+)(t) = f(\sqrt{1-t^2}, t) = \sqrt{1-t^2}$. よって，$(f \circ f_1^+)'(t) = \frac{-t}{\sqrt{1-t^2}}$. したがって，$(f \circ f_1^+)'(0) = 0$ である．

3.2 Q の座標を (X,Y) とおくと，反転の定義より，

$$(X,Y) = k(x,y) \tag{$*$}$$

となる $k > 0$ が存在し，さらに，$\mathrm{OP} \cdot \mathrm{OQ} = 1$ なので，

$$(x^2 + y^2)(X^2 + Y^2) = 1. \tag{$**$}$$

$(*)$ より，$X = kx$, $Y = ky$. これらを $(**)$ に代入して，k について解くと，$k = \frac{1}{x^2+y^2}$. よって，$(*)$ より，Q の座標は $(X,Y) = \left(\frac{x}{x^2+y^2}, \frac{y}{x^2+y^2}\right)$.

第4章

4.1 $(\Rightarrow)$：$a,b \in H$ とする．定義 4.5 (G3) の条件より，$b^{-1} \in H$. よって，仮定より，H の元 a と H の元 b^{-1} の積 ab^{-1} は H の元である．$(\Leftarrow)$：$a \in H$ とする．仮定より，$e = aa^{-1} \in H$ となり，定義 4.5 (G2) の条件が成り立つ．よって，再び仮定より，$a^{-1} = ea^{-1} \in H$ となり，定義 4.5 (G3) の条件が成り立つ．さらに，$b \in H$ とする．このとき，$b^{-1} \in H$ なので，仮定より，$ab = a(b^{-1})^{-1} \in H$. また，定義 4.5 (G1) の条件も成り立つので，H は G の部分群となる．

4.2 (1) $e^2 = e$ で，f は準同型写像なので，$f(e) = f(e^2) = f(e)f(e)$. すなわち，$f(e)f(e) = f(e)$. 両辺に $f(e)^{-1}$ を掛けると，$f(e) = e'$ となる．

(2) $aa^{-1} = e$ なので，(1) と f が準同型写像であることより，$e' = f(e) = f(aa^{-1}) = f(a)f(a^{-1})$. すなわち，$f(a)f(a^{-1}) = e'$. よって，$f(a^{-1}) = f(a)^{-1}$ である．

(3) まず，(1) より，$\mathrm{Ker}\, f$ は空でないことに注意する．$a,b \in \mathrm{Ker}\, f$ とすると，f は準同型写像なので，(2) より，$f(ab^{-1}) = f(a)f(b^{-1}) = f(a)f(b)^{-1} = e'(e')^{-1} = e'$. よって，$ab^{-1} \in \mathrm{Ker}\, f$. したがって，問題 4.1 より，$\mathrm{Ker}\, f$ は G の部分群である．

(4) 必要性 $(\Rightarrow)$：f が単射であると仮定する．$a \in \mathrm{Ker}\, f$ とすると，$f(a) = f(e) = e'$. f は単射なので，$a = e$. よって，$\mathrm{Ker}\, f$ は単位群である．十分性 $(\Leftarrow)$：$\mathrm{Ker}\, f$ が単位群であると仮定する．$a,b \in G$ が $f(a) = f(b)$ を満たすとすると，f は準同型写像なので，(2) より，$f(ab^{-1}) = f(a)f(b)^{-1} = f(a)f(a)^{-1} = e'$. 仮定より，$ab^{-1} = e$. すなわち，$a = b$. よって，$f$ は単射である．

(5) $f(a), f(b) \in \mathrm{Im}\, f$ $(a,b \in G)$ とする．f は準同型写像なので，(2) より，$f(a)f(b)^{-1} =$

$f(ab^{-1}) \in \operatorname{Im} f$. よって，$\operatorname{Im} f$ は G' の部分群である．

4.3 P の座標を (x, y) とする．P と $(p, 0)$ の距離を d とおくと，

$$d^2 = (x - p)^2 + (y - 0)^2 = x^2 - 2px + p^2 + y^2 = x^2 - 2px + p^2 + 4px = (x + p)^2.$$

よって，d は P と題意の直線の距離に等しい．

第 5 章

5.1 (1) まず，

$$(\text{第 1 式の右辺}) = \frac{e^s + e^{-s}}{2} \frac{e^t + e^{-t}}{2} + \frac{e^s - e^{-s}}{2} \frac{e^t - e^{-t}}{2} = \frac{e^{s+t} + e^{-(s+t)}}{2}$$
$$= (\text{第 1 式の左辺}).$$

次に，

$$(\text{第 2 式の右辺}) = \frac{e^s + e^{-s}}{2} \frac{e^t - e^{-t}}{2} + \frac{e^s - e^{-s}}{2} \frac{e^t + e^{-t}}{2} = \frac{e^{s+t} - e^{-(s+t)}}{2}$$
$$= (\text{第 2 式の左辺}).$$

(2) $x = \sinh t$ を変形すると，$(e^t)^2 - 2xe^t - 1 = 0$. $e^t > 0$ に注意して，これを解くと，$e^t = x + \sqrt{x^2 + 1}$. よって，$t = \log\left(x + \sqrt{x^2 + 1}\right)$.

(3) (1) において，$s = t$ とおき，(5.7) を用いると，倍角の公式

$$\cosh 2t = 2\cosh^2 t - 1, \qquad \sinh 2t = 2\cosh t \sinh t$$

を得る．よって，(2) を用いると，

$$\int \sqrt{x^2 + 1}\, dx = \int \sqrt{\sinh^2 t + (\cosh^2 t - \sinh^2 t)}(\sinh t)' dt = \int \cosh^2 t\, dt$$
$$= \int \frac{\cosh 2t + 1}{2} dt = \frac{1}{4}\sinh 2t + \frac{1}{2}t = \frac{1}{2}(\cosh t \sinh t + t)$$
$$= \frac{1}{2}(\sinh t \sqrt{\sinh^2 t + 1} + t) = \frac{1}{2}\left\{x\sqrt{x^2 + 1} + \log\left(x + \sqrt{x^2 + 1}\right)\right\}.$$

5.2 γ の $t = t_0$ における接線の径数表示 $l : \mathbf{R} \longrightarrow \mathbf{R}^2$ は (5.21), (5.37) および (5.38) より，

$$l(t) = (a\cos t_0, b\sin t_0) + (-a\sin t_0, b\cos t_0)(t - t_0) \qquad (t \in \mathbf{R})$$

となる．ここで，$l(t) = (x(t), y(t))$ とおくと，

$$(x(t), y(t)) = (a\cos t_0 - (a\sin t_0)(t - t_0), b\sin t_0 + (b\cos t_0)(t - t_0))$$

となる．t を消去すると，求める陰関数表示は

$$\left\{(x, y) \in \mathbf{R}^2 \ \middle|\ \frac{\cos t_0}{a}x + \frac{\sin t_0}{b}y = 1\right\}$$

演習問題解答 ———245

となる.

5.3 (1) まず, $\gamma'(t) = (a(1 - \cos t), a\sin t)$. よって, $\gamma'(t) = \mathbf{0}$ とすると, $1 - \cos t = \sin t = 0$. これを解くと, $t = 0, 2\pi$.

(2) γ の長さは

$$\int_0^{2\pi} \|\gamma'(t)\| dt = \int_0^{2\pi} \sqrt{\{a(1 - \cos t)\}^2 + (a\sin t)^2}\, dt$$

$$= a\int_0^{2\pi} \sqrt{2(1 - \cos t)}\, dt = 2a\int_0^{2\pi} \sin\frac{t}{2} dt = 2a\left[-2\cos\frac{t}{2}\right]_0^{2\pi} = 2a(2 + 2)$$

$$= 8a.$$

第6章

6.1 (1) まず,

$$\bigcup_{i=1}^{n+1} U_i^+ \cup \bigcup_{i=1}^{n} U_i^-$$

$$= \{(x_1, x_2, \cdots, x_{n+1}) \in S^n \mid \text{ある } i = 1, 2, \cdots, n+1 \text{ に対して, } x_i > 0\}$$

$$\cup \{(x_1, x_2, \cdots, x_{n+1}) \in S^n \mid \text{ある } i = 1, 2, \cdots, n \text{ に対して, } x_i < 0\}$$

$$= \left\{(x_1, x_2, \cdots, x_{n+1}) \in S^n \, \middle| \begin{array}{l} \text{ある } i = 1, 2, \cdots, n \text{ に対して, } x_i \neq 0 \\ \text{または } x_{n+1} > 0 \end{array}\right\}$$

$$= S^n \setminus \{(0, 0, \cdots, 0, -1)\}.$$

よって,

$$S^n \setminus \left(\bigcup_{i=1}^{n+1} U_i^+ \cup \bigcup_{i=1}^{n} U_i^-\right) = \{(0, 0, \cdots, 0, -1)\}.$$

(2) U_i^+, U_i^- の定義より, $S^n = \bigcup_{i=1}^{n+1} U_i^+ \cup \bigcup_{i=1}^{n+1} U_i^-$. また, $O_i^+, O_i^- \subset \mathbf{R}^{n+1}$ を

$$O_i^+ = \{(x_1, x_2, \cdots, x_{n+1}) \in \mathbf{R}^{n+1} \mid x_i > 0\},$$

$$O_i^- = \{(x_1, x_2, \cdots, x_{n+1}) \in \mathbf{R}^{n+1} \mid x_i < 0\}$$

により定めると, O_i^+, O_i^- は $\mathbf{R}^{n+1}$ の開集合で, $U_i^+ = O_i^+ \cap S^n$, $U_i^- = O_i^- \cap S^n$. よって, 相対位相の定義 (1.20) より, U_i^+, U_i^- は S^n の開集合である. したがって, $\{U_i^+, U_i^-\}_{i=1}^{n+1}$ は S^n の開被覆である.

(3) まず,

$$V = f_1^+(D) \cap f_2^+(D) = U_1^+ \cap U_2^+ = \{(x_1, x_2, \cdots, x_{n+1}) \in S^n \mid x_1 > 0,\ x_2 > 0\}.$$

246 —— 演習問題解答

よって,
$$(f_1^+)^{-1}(V) = \{ \boldsymbol{x} = (x_1, x_2, \cdots, x_n) \in \mathbf{R}^n \mid \|\boldsymbol{x}\| < 1, \ x_1 > 0 \}.$$

(4) (3) より, $x_1 > 0$ なので,

$$((f_2^+)^{-1} \circ f_1^+)(\boldsymbol{x}) = (f_2^+)^{-1}(\sqrt{1 - \|\boldsymbol{x}\|^2}, x_1, x_2, \cdots, x_n)$$

$$= (f_2^+)^{-1} \left(\sqrt{1 - \|\boldsymbol{x}\|^2}, \sqrt{1 - \left\{ \left(\sqrt{1 - \|\boldsymbol{x}\|^2} \right)^2 + x_2^2 + \cdots + x_n^2 \right\}}, x_2, \cdots, x_n \right)$$

$$= (\sqrt{1 - \|\boldsymbol{x}\|^2}, x_2, \cdots, x_n).$$

(5) $f_1^+(\mathbf{0}) = (1, 0, \cdots, 0)$ なので, $(f_1^+)^{-1}(1, 0, \cdots, 0) = \mathbf{0}$. また, $\boldsymbol{x} = (x_1, x_2, \cdots, x_n) \in D$ とすると, $(f \circ f_1^+)(\boldsymbol{x}) = f(\sqrt{1 - \|\boldsymbol{x}\|^2}, x_1, x_2, \cdots, x_n) = \sqrt{1 - \|\boldsymbol{x}\|^2}$. よって, $\frac{\partial(f \circ f_1^+)}{\partial x_i}(\boldsymbol{x}) = \frac{-x_i}{\sqrt{1 - \|\boldsymbol{x}\|^2}}$. したがって, $\frac{\partial(f \circ f_1^+)}{\partial x_i}(\mathbf{0}) = 0$ である.

第7章

7.1 $P \in SO(n)$, $\boldsymbol{q} \in \mathbf{R}^n$ に対して, $\boldsymbol{x} = \boldsymbol{y}P + \boldsymbol{q}$ により $\boldsymbol{y} \in \mathbf{R}^n$ を定め, この式を $(*)$ の条件式に代入すると,

$$(\boldsymbol{y}P + \boldsymbol{q})A\,{}^t(\boldsymbol{y}P + \boldsymbol{q}) + 2\boldsymbol{b}\,{}^t(\boldsymbol{y}P + \boldsymbol{q}) + c = 0.$$

A が対称行列であることと 1 次行列は転置を取っても変わらないことより, $\boldsymbol{y}PA\,{}^t\boldsymbol{q} = \boldsymbol{q}A\,{}^tP\,{}^t\boldsymbol{y}$. よって,

$$\boldsymbol{y}(PA\,{}^tP)\,{}^t\boldsymbol{y} + 2(\boldsymbol{q}A + \boldsymbol{b})\,{}^tP\,{}^t\boldsymbol{y} + \boldsymbol{q}A\,{}^t\boldsymbol{q} + 2\boldsymbol{b}\,{}^t\boldsymbol{q} + c = 0.$$

A は正則な対称行列なので, P, $\boldsymbol{q}$ を

$$PA\,{}^tP = \begin{pmatrix} \lambda_1 & & & \mathbf{0} \\ & \lambda_2 & & \\ & & \ddots & \\ \mathbf{0} & & & \lambda_n \end{pmatrix}, \qquad \boldsymbol{q}A + \boldsymbol{b} = \mathbf{0} \qquad (**)$$

となるように選ぶことができる. このとき, $\boldsymbol{y} = (y_1, y_2, \cdots, y_n)$ とおくと,

$$\lambda_1 y_1^2 + \lambda_2 y_2^2 + \cdots + \lambda_n y_n^2 + \boldsymbol{q}A\,{}^t\boldsymbol{q} + 2\boldsymbol{b}\,{}^t\boldsymbol{q} + c = 0.$$

ここで, A が対称行列であることと $(**)$ の第 2 式より,

$$\begin{pmatrix} A & {}^t\boldsymbol{b} \\ \boldsymbol{b} & c \end{pmatrix} \begin{pmatrix} E_n & {}^t\boldsymbol{q} \\ 0 & 1 \end{pmatrix} = \begin{pmatrix} A & A\,{}^t\boldsymbol{q} + {}^t\boldsymbol{b} \\ \boldsymbol{b} & \boldsymbol{b}\,{}^t\boldsymbol{q} + c \end{pmatrix} = \begin{pmatrix} A & \mathbf{0} \\ \boldsymbol{b} & \boldsymbol{b}\,{}^t\boldsymbol{q} + c \end{pmatrix}.$$

最初と最後の式の行列式を取ると, $\det \tilde{A} = (\det A)(\boldsymbol{b}\,{}^t\boldsymbol{q} + c)$. A は正則なので, $\det A \neq 0$ であることに注意すると,

演習問題解答 ——— 247

$$q A\,{}^t\!\boldsymbol{q} + 2\boldsymbol{b}\,{}^t\!\boldsymbol{q} + c = -\boldsymbol{b}\,{}^t\!\boldsymbol{q} + 2\boldsymbol{b}\,{}^t\!\boldsymbol{q} + c = \boldsymbol{b}\,{}^t\!\boldsymbol{q} + c = \frac{\det \tilde{A}}{\det A}.$$

よって，変数を改めて置き換えると，求める標準形は

$$\left\{ (x_1, x_2, \cdots, x_n) \in \mathbf{R}^n \ \middle| \ \lambda_1 x_1^2 + \lambda_2 x_2^2 + \cdots + \lambda_n x_n^2 + \frac{\det \tilde{A}}{\det A} = 0 \right\}.$$

7.2 $i, j = 1, 2, \cdots, n$ とすると，

$$\frac{\partial}{\partial x_i} \frac{2x_j}{\|\boldsymbol{x}\|^2 + 1} = \frac{2\delta_{ij}}{\|\boldsymbol{x}\|^2 + 1} - \frac{4x_i x_j}{\left(\|\boldsymbol{x}\|^2 + 1\right)^2}.$$

また，

$$\frac{\partial}{\partial x_i} \frac{\|\boldsymbol{x}\|^2 - 1}{\|\boldsymbol{x}\|^2 + 1} = \frac{2x_i \left(\|\boldsymbol{x}\|^2 + 1\right) - \left(\|\boldsymbol{x}\|^2 - 1\right) \cdot 2x_i}{\left(\|\boldsymbol{x}\|^2 + 1\right)^2} = \frac{4x_i}{\left(\|\boldsymbol{x}\|^2 + 1\right)^2}.$$

よって，列に関する基本変形を行うと，

$$(\iota \circ f_{\mathrm{N}})'(\boldsymbol{x}) = \left(\left(\frac{2\delta_{ij}}{\|\boldsymbol{x}\|^2 + 1} - \frac{4x_i x_j}{\left(\|\boldsymbol{x}\|^2 + 1\right)^2} \right), \left(\frac{4x_i}{\left(\|\boldsymbol{x}\|^2 + 1\right)^2} \right) \right)$$

$$\xrightarrow[\substack{(j = 1, 2, \cdots, n)}]{\text{第 } j \text{ 列} + \text{第 } (n+1) \text{ 列} \times x_j} \left(\left(\frac{2\delta_{ij}}{\|\boldsymbol{x}\|^2 + 1} \right), \left(\frac{4x_i}{\left(\|\boldsymbol{x}\|^2 + 1\right)^2} \right) \right)$$

$$\xrightarrow[\substack{(j = 1, 2, \cdots, n)}]{\text{第 } j \text{ 列} \times \frac{1}{2} \left(\|\boldsymbol{x}\|^2 + 1 \right)} \left(E_n, \left(\frac{4x_i}{\left(\|\boldsymbol{x}\|^2 + 1\right)^2} \right) \right).$$

したがって，$\mathrm{rank}\,(\iota \circ f_{\mathrm{N}})'(\boldsymbol{x}) = n$.

第 8 章

8.1 (1) U_i の定義より，

$$\pi^{-1}(U_i) = \{(x_1, x_2, \cdots, x_{n+1}) \in \mathbf{R}^{n+1} \setminus \{\boldsymbol{0}\} \,|\, x_i \neq 0\}$$

となり，$\pi^{-1}(U_i)$ は $\mathbf{R}^{n+1} \setminus \{\boldsymbol{0}\}$ の開集合となる．よって，商位相の定義 (8.1) より，U_i は $\mathbf{R}P^n$ の開集合である．

(2) まず，$\boldsymbol{x} = (x_1, x_2, \cdots, x_{n+1}) \in \mathbf{R}^{n+1} \setminus \{\boldsymbol{0}\}$ とすると，ある $i = 1, 2, \cdots, n+1$ に対して，$x_i \neq 0$. このとき，$\pi(\boldsymbol{x}) \in U_i$ となる．よって，$\mathbf{R}P^n = \bigcup_{i=1}^{n+1} U_i$ である．また，対応

$$\pi^{-1}(U_i) \ni (x_1, x_2, \cdots, x_{n+1}) \longmapsto \left(\frac{x_1}{x_i}, \cdots, \frac{x_{i-1}}{x_i}, \frac{x_{i+1}}{x_i}, \cdots, \frac{x_{n+1}}{x_i} \right) \in \mathbf{R}^n$$

は $\pi^{-1}(U_i)$ から $\mathbf{R}^n$ への連続写像を定める．よって，商位相の定義 (8.1) より，φ_i は連続写像である．一方，対応

$$\mathbf{R}^n \ni (y_1, y_2, \cdots, y_n) \longmapsto (y_1, \cdots, y_{i-1}, 1, y_i, \cdots, y_n) \in \pi^{-1}(U_i)$$

248———演習問題解答

は $\mathbf{R}^n$ から $\pi^{-1}(U_i)$ への連続写像を定め，連続写像 π との合成写像は φ_i の逆写像 φ_i^{-1} となる．よって，$\varphi_i : U_i \longrightarrow \mathbf{R}^n$ は同相写像である．したがって，$\mathbf{R}P^n$ は $\{(U_i, \varphi_i)\}_{i=1}^{n+1}$ を座標近傍系とする n 次元の位相多様体となる．

(3) $p \in U_i \cap U_j$, $i < j$ とし，$\varphi_i(p) = (y_1, y_2, \cdots, y_n) \in \mathbf{R}^n$ と表しておく．このとき，$p \in U_j$ なので，$y_{j-1} \neq 0$ である．よって，

$$(\varphi_j|_{U_i \cap U_j} \circ \varphi_i|_{U_i \cap U_j}{}^{-1})(y_1, y_2, \cdots, y_n)$$
$$= \varphi_j|_{U_i \cap U_j}([y_1 : \cdots : y_{i-1} : 1 : y_i : \cdots : y_n])$$
$$= \left(\frac{y_1}{y_{j-1}}, \cdots, \frac{y_{i-1}}{y_{j-1}}, \frac{1}{y_{j-1}}, \frac{y_i}{y_{j-1}}, \cdots, \frac{y_{j-2}}{y_{j-1}}, \frac{y_j}{y_{j-1}}, \cdots, \frac{y_n}{y_{j-1}} \right)$$

となり，(U_i, φ_i) から (U_j, φ_j) への座標変換は C^∞ 級である．したがって，$\{(U_i, \varphi_i)\}_{i=1}^{n+1}$ は $\mathbf{R}P^n$ の C^∞ 級座標近傍系となるので，$\mathbf{R}P^n$ は C^∞ 級多様体となる．

8.2 f の実部，虚部をそれぞれ u, v とおくと，$u(x, y) = e^x \cos y$, $v(x, y) = e^x \sin y$．よって，$\frac{\partial u}{\partial x} = \frac{\partial v}{\partial y}$, $\frac{\partial u}{\partial y} = -\frac{\partial v}{\partial x}$ となり，コーシー-リーマンの関係式が成り立つ．したがって，f は $\mathbf{C}$ で正則である．

第 9 章

9.1 (1) $\mathrm{Sym}(n)$ は $M_n(\mathbf{R})$ の部分空間なので，補足 9.1 より，$\mathrm{Sym}(n)$ は C^∞ 級多様体となる．ここで，

$$\mathrm{Sym}(n) = \{(x_{ij}) \in M_n(\mathbf{R}) \,|\, x_{ij} = x_{ji} \ (i, j = 1, 2, \cdots, n)\}$$

なので，$\mathrm{Sym}(n)$ のベクトル空間としての次元は $1 + 2 + \cdots + n = \frac{n(n+1)}{2}$ である．よって，$\mathrm{Sym}(n)$ の多様体としての次元も $\frac{n(n+1)}{2}$ である．

(2) $M_n(\mathbf{R})$, $\mathrm{Sym}(n)$ はベクトル空間なので，(9.37) のように，接空間をそれぞれ $M_n(\mathbf{R})$, $\mathrm{Sym}(n)$ 自身とみなしておく．$X \in f^{-1}(E_n)$, $Y \in M_n(\mathbf{R})$ とする．写像の微分の定義より，

$$(df)_X(Y) = \frac{d}{dt}\Big|_{t=0} f(X + tY) = \frac{d}{dt}\Big|_{t=0} {}^t(X + tY)(X + tY) = {}^tXY + {}^tYX.$$

ここで，$Z \in \mathrm{Sym}(n)$ とすると，${}^tXX = E_n$, ${}^tZ = Z$ なので，

$$(df)_X \left(\frac{1}{2}XZ \right) = {}^tX \cdot \frac{1}{2}XZ + {}^t\left(\frac{1}{2}XZ \right) X = Z.$$

よって，$(df)_X$ は全射となるので，E_n は f の正則値である．

(3) まず，

$$O(n) = \{X \in M_n(\mathbf{R}) \,|\, {}^tXX = E_n\} = f^{-1}(E_n)$$

である．条件式 ${}^tXX = E_n$ より，$O(n)$ は $\mathbf{R}^{n^2}$ の有界閉集合とみなすことができるので，$O(n)$ はコンパクトである．また，(2) および定理 9.32（正則値定理）より，$O(n)$ は $M_n(\mathbf{R})$ の C^∞ 級部分多様体で，(1) より，

$$\dim O(n) = \dim M_n(\mathbf{R}) - \dim \mathrm{Sym}(n) = n^2 - \frac{n(n+1)}{2} = \frac{n(n-1)}{2}$$

となる.

9.2 $M \subset \mathbf{R}^n$ を空でない固有 2 次超曲面とする. このとき, M は n 次の対称行列 A と $\boldsymbol{b} \in \mathbf{R}^n,\ c \in \mathbf{R}$ を用いて,

$$M = \{\boldsymbol{x} \in \mathbf{R}^n \mid \boldsymbol{x}A\,{}^t\boldsymbol{x} + 2\boldsymbol{b}\,{}^t\boldsymbol{x} + c = 0\} \neq \varnothing$$

と表すことができる. ただし,

$$\tilde{A} = \begin{pmatrix} A & {}^t\boldsymbol{b} \\ \boldsymbol{b} & c \end{pmatrix}$$

とおくと, $\mathrm{rank}\,\tilde{A} = n+1$ である. $f(\boldsymbol{x}) = \boldsymbol{x}A\,{}^t\boldsymbol{x} + 2\boldsymbol{b}\,{}^t\boldsymbol{x} + c$ $(\boldsymbol{x} = (x_1, x_2, \cdots, x_n) \in \mathbf{R}^n)$ とおくと, $i = 1, 2, \cdots, n$ のとき, A が対称行列であることより, $\frac{\partial f}{\partial x_i} = \boldsymbol{e}_i A\,{}^t\boldsymbol{x} + \boldsymbol{x}A\,{}^t\boldsymbol{e}_i + 2\boldsymbol{b}\,{}^t\boldsymbol{e}_i = 2\boldsymbol{e}_i\,{}^t(\boldsymbol{x}A + \boldsymbol{b})$ となり,

$$\mathrm{rank}\,f'(\boldsymbol{x}) = \mathrm{rank}\,2\,{}^t(\boldsymbol{x}A + \boldsymbol{b}) = \begin{cases} 1 & (\boldsymbol{x}A + \boldsymbol{b} \neq \boldsymbol{0}), \\ 0 & (\boldsymbol{x}A + \boldsymbol{b} = \boldsymbol{0}) \end{cases} \tag{$*$}$$

である. ここで, 0 が f の臨界値であると仮定する. このとき, $(*)$ より, $f(\boldsymbol{x}_0) = 0,\ \boldsymbol{x}_0 A + \boldsymbol{b} = \boldsymbol{0}$ となる $\boldsymbol{x}_0 \in \mathbf{R}^n$ が存在する. よって, $f(\boldsymbol{x}_0) = -\boldsymbol{b}\,{}^t\boldsymbol{x}_0 + 2\boldsymbol{b}\,{}^t\boldsymbol{x}_0 + c = \boldsymbol{x}_0\,{}^t\boldsymbol{b} + c$ より,

$$\begin{pmatrix} \boldsymbol{x}_0 & 1 \end{pmatrix} \begin{pmatrix} A & {}^t\boldsymbol{b} \\ \boldsymbol{b} & c \end{pmatrix} = \begin{pmatrix} \boldsymbol{x}_0 A + \boldsymbol{b} & \boldsymbol{x}_0\,{}^t\boldsymbol{b} + c \end{pmatrix} = \boldsymbol{0}$$

となり, これは $\mathrm{rank}\,\tilde{A} = n+1$ であることに矛盾する. したがって, 0 は f の正則値なので, 定理 9.8（正則値定理）より, $M = f^{-1}(0)$ は $(n-1)$ 次元の C^∞ 級多様体となる.

9.3 (1) $\mathbf{R}^{n+1} \setminus \{\boldsymbol{0}\}$ は $(n+1)$ 次元の C^∞ 級多様体 $\mathbf{R}^{n+1}$ の開集合なので, $\mathbf{R}^{n+1}$ の開部分多様体となる. よって, $\mathbf{R}^{n+1} \setminus \{\boldsymbol{0}\}$ は $(n+1)$ 次元の C^∞ 級多様体となる.

(2) $\iota' : \mathbf{R}^{n+1} \setminus \{\boldsymbol{0}\} \longrightarrow \mathbf{R}^{n+1}$ を包含写像とする. また, 問題 8.1 のように, $i = 1, 2, \cdots, n+1$ とし, $\mathbf{R}P^n$ の開集合 U_i を

$$U_i = \{\pi(\boldsymbol{x}) \mid \boldsymbol{x} = (x_1, x_2, \cdots, x_{n+1}) \in \mathbf{R}^{n+1} \setminus \{\boldsymbol{0}\},\ x_i \neq 0\}$$

により定め, U_i 上の局所座標系 $\varphi_i : U_i \longrightarrow \mathbf{R}^n$ を

$$\varphi_i(p) = \left(\frac{x_1}{x_i}, \cdots, \frac{x_{i-1}}{x_i}, \frac{x_{i+1}}{x_i}, \cdots, \frac{x_{n+1}}{x_i} \right)$$

$$(p = \pi(\boldsymbol{x}) \in U_i,\ \boldsymbol{x} = (x_1, x_2, \cdots, x_{n+1}) \in \mathbf{R}^{n+1} \setminus \{\boldsymbol{0}\},\ x_i \neq 0)$$

により定める. このとき,

$$(\varphi_i \circ \pi \circ \iota'^{-1})(\boldsymbol{x}) = \left(\frac{x_1}{x_i}, \cdots, \frac{x_{i-1}}{x_i}, \frac{x_{i+1}}{x_i}, \cdots, \frac{x_{n+1}}{x_i} \right)$$

で, $x_i \neq 0$ なので, $\varphi_i \circ \pi \circ \iota'^{-1}$ は C^∞ 級写像である. よって, $\pi \in C^\infty(\mathbf{R}^{n+1} \setminus \{\boldsymbol{0}\}, \mathbf{R}P^n)$ である.

250 —— 演習問題解答

(3) まず，例 9.10 より，S^n は $\mathbf{R}^{n+1}$ の C^∞ 級部分多様体である．よって，例 9.22 より，$\iota \in C^\infty(S^n, \mathbf{R}^{n+1})$ である．したがって，(2) および定理 9.19 より，$\pi \circ \iota \in C^\infty(S^n, \mathbf{R}P^n)$ である．

9.4 $\pi(x, y) \in U_1 \cap U_2$ とする．このとき，

$$f(\pi(x,y)) = f_{\mathrm{N}}\left(\frac{y}{x}\right) = \left(\frac{2\dfrac{y}{x}}{\left(\dfrac{y}{x}\right)^2 + 1}, \frac{\left(\dfrac{y}{x}\right)^2 - 1}{\left(\dfrac{y}{x}\right)^2 + 1}\right) = \left(\frac{2xy}{x^2 + y^2}, \frac{y^2 - x^2}{x^2 + y^2}\right),$$

$$g(\pi(x,y)) = f_{\mathrm{S}}\left(\frac{x}{y}\right) = \left(\frac{2\dfrac{x}{y}}{\left(\dfrac{x}{y}\right)^2 + 1}, \frac{1 - \left(\dfrac{x}{y}\right)^2}{\left(\dfrac{x}{y}\right)^2 + 1}\right) = \left(\frac{2xy}{x^2 + y^2}, \frac{y^2 - x^2}{x^2 + y^2}\right).$$

よって，$f|_{U_1 \cap U_2} = g|_{U_1 \cap U_2}$ である．

9.5 $t \in (-\varepsilon, \varepsilon)$ とすると，

$$(\varphi \circ \gamma)(t) = \varphi(\sin\theta_0 \cos t, \sin\theta_0 \sin t, \cos\theta_0) = \left(\frac{\sin\theta_0 \cos t}{1 - \cos\theta_0}, \frac{\sin\theta_0 \sin t}{1 - \cos\theta_0}\right).$$

よって，

$$\begin{aligned}
\boldsymbol{v}_\gamma &= \left(\frac{d}{dt}\Big|_{t=0} \frac{\sin\theta_0 \cos t}{1 - \cos\theta_0}\right)\left(\frac{\partial}{\partial x_1}\right)_{\boldsymbol{p}} + \left(\frac{d}{dt}\Big|_{t=0} \frac{\sin\theta_0 \sin t}{1 - \cos\theta_0}\right)\left(\frac{\partial}{\partial x_2}\right)_{\boldsymbol{p}} \\
&= \frac{-\sin\theta_0 \sin 0}{1 - \cos\theta_0}\left(\frac{\partial}{\partial x_1}\right)_{\boldsymbol{p}} + \frac{\sin\theta_0 \cos 0}{1 - \cos\theta_0}\left(\frac{\partial}{\partial x_2}\right)_{\boldsymbol{p}} = \frac{\sin\theta_0}{1 - \cos\theta_0}\left(\frac{\partial}{\partial x_2}\right)_{\boldsymbol{p}}.
\end{aligned}$$

9.6 まず，

$$S^n = \{\boldsymbol{x} \in \mathbf{R}^{n+1} \mid \|\boldsymbol{x}\| = 1\}$$

より，S^n は $\mathbf{R}^{n+1}$ の有界閉集合となり，S^n はコンパクトである．ここで，$f \in C^r(S^n, \mathbf{R}^n)$ を関数 $f_1, f_2, \cdots, f_n : S^n \longrightarrow \mathbf{R}$ を用いて，$f = (f_1, f_2, \cdots, f_n)$ と表しておく．このとき，S^n はコンパクトなので，f_1 はある $\boldsymbol{p} \in S^n$ において最大値をとる．(U, φ) を $\boldsymbol{p} \in U$ となる S^n の座標近傍とし，関数 $x_1, x_2, \cdots, x_n : U \longrightarrow \mathbf{R}$ を用いて，$\varphi = (x_1, x_2, \cdots, x_n)$ と表しておく．このとき，任意の $i = 1, 2, \cdots, n$ に対して，$\frac{\partial f_1}{\partial x_i}(\boldsymbol{p}) = 0$ となる．よって，この局所座標系に関する f のヤコビ行列の階数は n より小さくなる．したがって，$(df)_{\boldsymbol{p}}$ は単射ではない．

第 10 章

10.1 まず，

$$\left(\varphi \circ \pi_M|_{U \times V} \circ (\varphi \times \psi)^{-1}\right)(x_1, \cdots, x_m, y_1, \cdots, y_n) = (x_1, \cdots, x_m).$$

また，関数 $f_1, f_2, \cdots, f_m : U \times V \longrightarrow \mathbf{R}$ を用いて，$\varphi \circ \pi_M|_{U \times V} = (f_1, f_2, \cdots, f_m)$ と表し

ておき，$(\varphi \times \psi)(p,q) = (a,b)$ とおく．このとき，

$$(d\pi_M)_{(p,q)}\left(\left(\frac{\partial}{\partial x_i}\right)_{(p,q)}\right) = \sum_{k=1}^m \frac{\partial f_k}{\partial x_i}(p,q)\left(\frac{\partial}{\partial x_k}\right)_p = \sum_{k=1}^m \frac{\partial x_k}{\partial x_i}(a,b)\left(\frac{\partial}{\partial x_k}\right)_p$$

$$= \sum_{k=1}^m \delta_{ik}\left(\frac{\partial}{\partial x_k}\right)_p = \left(\frac{\partial}{\partial x_i}\right)_p.$$

また，

$$(d\pi_M)_{(p,q)}\left(\left(\frac{\partial}{\partial y_j}\right)_{(p,q)}\right) = \sum_{k=1}^m \frac{\partial f_k}{\partial y_j}(p,q)\left(\frac{\partial}{\partial x_k}\right)_p = \sum_{k=1}^m \frac{\partial x_k}{\partial y_j}(a,b)\left(\frac{\partial}{\partial x_k}\right)_p$$

$$= \mathbf{0}.$$

同様に，$(d\pi_N)_{(p,q)}\left(\left(\frac{\partial}{\partial x_i}\right)_{(p,q)}\right) = \mathbf{0}$, $(d\pi_N)_{(p,q)}\left(\left(\frac{\partial}{\partial y_j}\right)_{(p,q)}\right) = \left(\frac{\partial}{\partial y_j}\right)_q$.

(2) $T_{(p,q)}(M \times N)$ の基底を問題文のように選んでおき，$T_pM \times T_qN$ の基底として，

$$\left\{\left(\left(\frac{\partial}{\partial x_1}\right)_p, \mathbf{0}\right), \cdots, \left(\left(\frac{\partial}{\partial x_m}\right)_p, \mathbf{0}\right), \quad \left(\mathbf{0}, \left(\frac{\partial}{\partial y_1}\right)_q\right), \cdots, \left(\mathbf{0}, \left(\frac{\partial}{\partial y_n}\right)_q\right)\right\}$$

を選んでおく．このとき，(1) より，これらの基底に関する $(d\pi_M)_{(p,q)} \times (d\pi_N)_{(p,q)}$ の表現行列は単位行列となる．よって，$(d\pi_M)_{(p,q)} \times (d\pi_N)_{(p,q)}$ は線形同型写像である．

10.2 $\gamma = (x,y)$ と表しておくと，$(x',y') = (ax+by, -bx+ay)$. すなわち，

$$\left(\begin{array}{c} x' \\ y' \end{array}\right) = \left(\begin{array}{cc} a & b \\ -b & a \end{array}\right)\left(\begin{array}{c} x \\ y \end{array}\right).$$

よって，$t \in \mathbf{R}$ とすると，

$$\left(\begin{array}{c} x(t) \\ y(t) \end{array}\right) = \left(\exp\left(\begin{array}{cc} at & bt \\ -bt & at \end{array}\right)\right)\left(\begin{array}{c} x_0 \\ y_0 \end{array}\right)$$

$$= \left(\begin{array}{cc} e^{at}\cos bt & e^{at}\sin bt \\ -e^{at}\sin bt & e^{at}\cos bt \end{array}\right)\left(\begin{array}{c} x_0 \\ y_0 \end{array}\right).$$

したがって，$\gamma(t) = (e^{at}(x_0\cos bt + y_0\sin bt), e^{at}(-x_0\sin bt + y_0\cos bt))$.

補足 正方行列 A に対して，

$$\exp A = E + A + \frac{1}{2!}A^2 + \cdots + \frac{1}{k!}A^k + \cdots = \sum_{k=1}^{\infty}\frac{1}{k!}A^k$$

とおき，$\exp A$ を A の**指数関数**という．A, B を n 次の正方行列とすると，行列の指数関数について，次の (1)〜(5) が成り立つ．

(1) A と B が可換ならば，$\exp(A+B) = (\exp A)(\exp B)$.

252 —— 演習問題解答

(2) $\exp A$ は正則で，$(\exp A)^{-1} = \exp(-A)$.

(3) $\exp {}^t A = {}^t(\exp A)$.

(4) $\exp \overline{A} = \overline{\exp A}$. ただし，$\overline{A}$ は A の各成分の共役複素数を取ることにより得られる行列である.

(5) P を n 次の正則行列とすると，$\exp(PAP^{-1}) = P(\exp A)P^{-1}$.

1 階の定数係数同次線形常微分方程式の解は問題 10.2 のように，行列の指数関数を用いて表すことができる. ∎

10.3 $f \in C^\infty(\mathbf{R})$ とすると，

$$\left[x^k \frac{d}{dx}, x^l \frac{d}{dx}\right] f = \left(x^k \frac{d}{dx}\right)(x^l f') - \left(x^l \frac{d}{dx}\right)(x^k f') = x^k(x^l f')' - x^l(x^k f')'$$
$$= x^k(lx^{l-1}f' + x^l f'') - x^l(kx^{k-1}f' + x^k f'') = (l-k)x^{k+l-1}f'$$

よって，$\left[x^k \frac{d}{dx}, x^l \frac{d}{dx}\right] = (l-k)x^{k+l-1}\frac{d}{dx}$.

10.4 (1) $f, g \in C^\infty(N)$ とすると，$\varphi^*(f+g) = (f+g) \circ \varphi = f \circ \varphi + g \circ \varphi = \varphi^* f + \varphi^* g$. さらに，$c \in \mathbf{R}$ とすると，$\varphi^*(cf) = (cf) \circ \varphi = c(f \circ \varphi) = c(\varphi^* f)$. よって，$\varphi^*$ は線形写像である.

(2) $p \in M$ とすると，$(X(\varphi^* f))(p) = X_p(\varphi^* f) = X_p(f \circ \varphi) = ((d\varphi)_p(X_p))(f) = (\varphi_* X)_{\varphi(p)}(f) = ((\varphi_* X)(f))(\varphi(p)) = (\varphi^*((\varphi_* X)(f)))(p)$. よって，$X(\varphi^* f) = \varphi^*((\varphi_* X)(f))$.

(3) $f \in C^\infty(N)$ とすると，(1), (2) より，

$$\varphi^*((\varphi_*[X,Y])(f)) = [X,Y](\varphi^* f) = X(Y(\varphi^* f)) - Y(X(\varphi^* f))$$
$$= X(\varphi^*((\varphi_* Y)(f))) - Y(\varphi^*((\varphi_* X)(f)))$$
$$= \varphi^*((\varphi_* X)((\varphi_* Y)(f))) - \varphi^*((\varphi_* Y)((\varphi_* X)(f)))$$
$$= \varphi^*((\varphi_* X)((\varphi_* Y)(f)) - (\varphi_* Y)((\varphi_* X)(f)))$$
$$= \varphi^*([\varphi_* X, \varphi_* Y](f)).$$

ここで，φ は C^∞ 級微分同相写像なので，φ^* は全単射である. よって，$(\varphi_*[X,Y])(f) = [\varphi_* X, \varphi_* Y](f)$. したがって，$\varphi_*[X,Y] = [\varphi_* X, \varphi_* Y]$.

第 11 章

11.1 k は奇数なので，$\omega \wedge \omega = (-1)^{k \cdot k} \omega \wedge \omega = -\omega \wedge \omega$. よって，$2(\omega \wedge \omega) = 0$ となるので，$\omega \wedge \omega = 0$ である.

11.2 $\{\boldsymbol{a}_1, \boldsymbol{a}_2, \cdots, \boldsymbol{a}_n\}$ を V の基底，$\{f_1, f_2, \cdots, f_n\}$ を $\{\boldsymbol{a}_1, \boldsymbol{a}_2, \cdots, \boldsymbol{a}_n\}$ の双対基底とする. 外積の性質および双対基底の定義より，

$$(f_1 \wedge f_2 \cdots \wedge f_n)(\boldsymbol{a}_1, \boldsymbol{a}_2, \cdots, \boldsymbol{a}_n) = \det(f_i(\boldsymbol{a}_j)) = \det(\delta_{ij}) = 1.$$

一方，(p_{ij}) を基底 $\{\boldsymbol{a}_1, \boldsymbol{a}_2, \cdots, \boldsymbol{a}_n\}$ に関する φ の表現行列とすると，

$$(\varphi^*(f_1 \wedge f_2 \wedge \cdots \wedge f_n))(\boldsymbol{a}_1, \boldsymbol{a}_2, \cdots, \boldsymbol{a}_n)$$

$$= (f_1 \wedge f_2 \wedge \cdots \wedge f_n)(\varphi(\boldsymbol{a}_1), \varphi(\boldsymbol{a}_2), \cdots, \varphi(\boldsymbol{a}_n)) = \det\left(f_i(\varphi(\boldsymbol{a}_j))\right)$$

$$= \det\left(f_i\left(\sum_{k=1}^n p_{kj}\boldsymbol{a}_k\right)\right) = \det\left(\sum_{k=1}^n p_{kj}f_i(\boldsymbol{a}_k)\right) = \det\left(\sum_{k=1}^n p_{kj}\delta_{ik}\right)$$

$$= \det(p_{ij}).$$

よって，φ^* は φ の行列式倍に一致する．

11.3　(1) まず，

$$f_{\mathrm{N}}'(t) = \left(\frac{2(t^2+1) - 2t \cdot 2t}{(t^2+1)^2}, \frac{2t(t^2+1) - (t^2-1) \cdot 2t}{(t^2+1)^2}\right)$$

$$= \left(\frac{2(1-t^2)}{(t^2+1)^2}, \frac{4t}{(t^2+1)^2}\right)$$

なので，

$$(\iota^*\omega)|_{S^1 \setminus \{\mathrm{N}\}}\left(\frac{d}{dt}\right) = \omega\left((d\iota|_{S^1 \setminus \{\mathrm{N}\}})\left(\frac{d}{dt}\right)\right) = \omega\left(\frac{d(\iota \circ f_{\mathrm{N}})}{dt}\right)$$

$$= \left(-\frac{t^2-1}{t^2+1}dx + \frac{2t}{t^2+1}dy\right)\left(\frac{2(1-t^2)}{(t^2+1)^2}\frac{\partial}{\partial x} + \frac{4t}{(t^2+1)^2}\frac{\partial}{\partial y}\right)$$

$$= \frac{2(t^2-1)^2}{(t^2+1)^3} + \frac{8t^2}{(t^2+1)^3} = \frac{2}{t^2+1}.$$

よって，$(\iota^*\omega)|_{S^1 \setminus \{\mathrm{N}\}} = \frac{2}{t^2+1}dt$. 次に，

$$f_{\mathrm{S}}'(t) = \left(\frac{2(t^2+1) - 2t \cdot 2t}{(t^2+1)^2}, \frac{-2t(t^2+1) - (1-t^2) \cdot 2t}{(t^2+1)^2}\right)$$

$$= \left(\frac{2(1-t^2)}{(t^2+1)^2}, -\frac{4t}{(t^2+1)^2}\right)$$

なので，

$$(\iota^*\omega)|_{S^1 \setminus \{\mathrm{S}\}}\left(\frac{d}{dt}\right) = \omega\left((d\iota|_{S^1 \setminus \{\mathrm{S}\}})\left(\frac{d}{dt}\right)\right) = \omega\left(\frac{d(\iota \circ f_{\mathrm{S}})}{dt}\right)$$

$$= \left(-\frac{1-t^2}{t^2+1}dx + \frac{2t}{t^2+1}dy\right)\left(\frac{2(1-t^2)}{(t^2+1)^2}\frac{\partial}{\partial x} - \frac{4t}{(t^2+1)^2}\frac{\partial}{\partial y}\right)$$

$$= -\frac{2(t^2-1)^2}{(t^2+1)^3} - \frac{8t^2}{(t^2+1)^3} = -\frac{2}{t^2+1}.$$

よって，$(\iota^*\omega)|_{S^1 \setminus \{\mathrm{S}\}} = -\frac{2}{t^2+1}dt$.

(2) まず，φ の定義域を $S^1 \setminus \{\mathrm{N}\}$ に制限して考える．$t \in \mathbf{R}$ とすると，$(f_{\mathrm{S}}^{-1} \circ \varphi \circ f_{\mathrm{N}})(t) = t$ なので，

$$(\varphi^*(\iota^*\omega))|_{S^1 \setminus \{\mathrm{N}\}}\left(\frac{d}{dt}\right) = (\iota^*\omega)\left(\frac{d(f_{\mathrm{S}}^{-1} \circ \varphi \circ f_{\mathrm{N}})}{dt}\frac{d}{dt}\right) = \left(-\frac{2}{t^2+1}dt\right)\left(\frac{d}{dt}\right) = -\frac{2}{t^2+1}.$$

254——— 演習問題解答

よって，

$$(\varphi^*(\iota^*\omega))|_{S^1\setminus\{N\}} = -\frac{2}{t^2+1}dt = -(\iota^*\omega)|_{S^1\setminus\{N\}}.$$

同様に，

$$(\varphi^*(\iota^*\omega))|_{S^1\setminus\{S\}} = \frac{2}{t^2+1}dt = -(\iota^*\omega)|_{S^1\setminus\{S\}}.$$

したがって，$\varphi^*(\iota^*\omega) = -\iota^*\omega$ である．

(3) (1) より，$\iota^*\omega$ は S^1 の各点において 0 とはならない．よって，$\theta = f\iota^*\omega$ となる $f \in C^\infty(S^1)$ が存在する．$\varphi^*\theta = \theta$ および (2) より，$p \in S^1$ とすると，

$$(f\iota^*\omega)_p = \theta_p = (\varphi^*\theta)_p = (\varphi^*(f\iota^*\omega))_p = (\varphi^*f)_p\varphi^*(\iota^*\omega)_p$$
$$= (f\circ\varphi)(p)(-(\iota^*\omega)_p) = -f(\varphi(p))(\iota^*\omega)_p.$$

ここで，$p = (\pm1,0)$ とすると，$\varphi(p) = p$ なので，$(f\iota^*\omega)_p = 0$，すなわち，$\theta_{(\pm1,0)} = 0$ である．

11.4 $k = 0$ のときは明らかである．$k \geq 1$ のとき，ω の交代性より，$L_X\omega$ の交代性が成り立つ．また，$f \in C^\infty(M)$ とすると，

$$(L_X\omega)(fX_1, X_2, \cdots, X_k) = X\omega(fX_1, X_2, \cdots, X_k) - \omega([X, fX_1], X_2, \cdots, X_k)$$
$$- \sum_{i=2}^{k} \omega(fX_1, \cdots, X_{i-1}, [X, X_i], X_{i+1}, \cdots, X_k)$$
$$= X(f\omega(X_1, X_2, \cdots, X_k)) - \omega(f[X, X_1] + (Xf)X_1, X_2, \cdots, X_k)$$
$$- \sum_{i=2}^{k} f\omega(X_1, \cdots, X_{i-1}, [X, X_i], X_{i+1}, \cdots, X_k)$$
$$= (Xf)\omega(X_1, X_2, \cdots, X_k) + f(X\omega(X_1, X_2, \cdots, X_k)) - f\omega([X, X_1], X_2, \cdots, X_k)$$
$$- (Xf)\omega(X_1, X_2, \cdots, X_k) - \sum_{i=2}^{k} f\omega(X_1, \cdots, X_{i-1}, [X, X_i], X_{i+1}, \cdots, X_k)$$
$$= f(L_X\omega)(X_1, X_2, \cdots, X_k).$$

同様に計算すると，$i = 2, \cdots, k$ のときも，

$$(L_X\omega)(X_1, \cdots, X_{i-1}, fX_i, X_{i+1}, \cdots, X_k) = f(L_X\omega)(X_1, \cdots, X_k)$$

が成り立つ．よって，$L_X\omega$ は M 上の k 次微分形式を定める．

11.5 直接計算すると，

$$(左辺) = -\omega(X_f, X_{gh}) = \omega(X_{gh}, X_f) = d(gh)(X_f) = ((dg)h + gdh)(X_f)$$
$$= h(dg)(X_f) + g(dh)(X_f) = h\omega(X_g, X_f) + g\omega(X_h, X_f)$$
$$= -h\omega(X_f, X_g) - g\omega(X_f, X_h) = (右辺).$$

演習問題解答 —— *255*

第 12 章

12.1 (1) 行列式の性質を用いて計算すると，

$$
(\text{左辺}) = \det \begin{pmatrix} A+iB & -B+iA \\ B & A \end{pmatrix} \quad \begin{pmatrix} \text{第 1 行 + 第 }(n+1)\text{ 行} \times i, \cdots, \\ \text{第 }n\text{ 行 + 第 }(n+n)\text{ 行} \times i \end{pmatrix}
$$

$$
= \det \begin{pmatrix} A+iB & O \\ B & A-iB \end{pmatrix} \quad \begin{pmatrix} \text{第 }(n+1)\text{ 列} - \text{第 1 列} \times i, \cdots, \\ \text{第 }(n+n)\text{ 列} - \text{第 }n\text{ 列} \times i \end{pmatrix}
$$

$$
= \det(A+iB)\det(A-iB) = (\text{右辺}).
$$

(2) $(M, \mathcal{S})$ を n 次元の複素多様体とし，$(U, \varphi), (V, \psi) \in \mathcal{S}$, $U \cap V \neq \varnothing$ とする．φ, ψ をそれぞれ関数 $z_1, z_2, \cdots, z_n : U \longrightarrow \mathbf{C}$, $w_1, w_2, \cdots, w_n : V \longrightarrow \mathbf{C}$ を用いて，$\varphi = (z_1, z_2, \cdots, z_n)$, $\psi = (w_1, w_2, \cdots, w_n)$ と表しておき，$z_1, z_2, \cdots, z_n, w_1, w_2, \cdots, w_n$ を $z_j = x_j + y_j i$, $w_j = u_j + v_j i$ $(j = 1, 2, \cdots, n)$ と実部と虚部に分けておく．J を変数変換 $(x_1, y_1, \cdots, x_n, y_n) \longmapsto (u_1, v_1, \cdots, u_n, v_n)$ に対するヤコビ行列とし，2 次の正方行列を用いて，$J = (J_{ij})$ とブロック分割しておくと，コーシー-リーマンの関係式 (8.52) より，

$$
J_{ij} = \begin{pmatrix} \frac{\partial u_j}{\partial x_i} & \frac{\partial v_j}{\partial x_i} \\ \frac{\partial u_j}{\partial y_i} & \frac{\partial v_j}{\partial y_i} \end{pmatrix} = \begin{pmatrix} \frac{\partial u_j}{\partial x_i} & -\frac{\partial u_j}{\partial y_i} \\ \frac{\partial u_j}{\partial y_i} & \frac{\partial u_j}{\partial x_i} \end{pmatrix}
$$

となる．よって，

$$
A = \begin{pmatrix} \frac{\partial u_1}{\partial x_1} & \cdots & \frac{\partial u_n}{\partial x_1} \\ \vdots & \ddots & \vdots \\ \frac{\partial u_1}{\partial x_n} & \cdots & \frac{\partial u_n}{\partial x_n} \end{pmatrix}, \qquad B = \begin{pmatrix} \frac{\partial u_1}{\partial y_1} & \cdots & \frac{\partial u_n}{\partial y_1} \\ \vdots & \ddots & \vdots \\ \frac{\partial u_1}{\partial y_n} & \cdots & \frac{\partial u_n}{\partial y_n} \end{pmatrix}
$$

とおくと，(1), (8.51) およびコーシー-リーマンの関係式 (8.52) より，

$$
\det J = \det \begin{pmatrix} J_{11} & J_{12} & \cdots & J_{1n} \\ J_{21} & J_{22} & \cdots & J_{2n} \\ \vdots & \vdots & \ddots & \vdots \\ J_{n1} & J_{n2} & \cdots & J_{nn} \end{pmatrix} = \det \begin{pmatrix} A & -B \\ B & A \end{pmatrix} = |\det(A+iB)|^2
$$

$$
= \left| \det \left(\frac{\partial w_j}{\partial z_k} \right) \right|^2.
$$

ここで，最後の式の絶対値の中身は複素局所座標系に対する座標変換のヤコビアンなので，0 とはならない．したがって，$\det J > 0$ となるので，複素多様体は向き付け可能である．

12.2 (1) まず，$X_{E_n} \in T_{E_n} GL(n, \mathbf{R})$ を $a_{ij} \in \mathbf{R}$ $(i, j = 1, 2, \cdots, n)$ を用いて，

$$
X_{E_n} = \sum_{i,j=1}^{n} a_{ij} \left(\frac{\partial}{\partial x_{ij}} \right)_{E_n}
$$

と表しておく．ここで，$a \in M_n(\mathbf{R})$ を $a = (a_{ij})$ により定め，$x = (x_{ij}) \in GL(n, \mathbf{R})$ とする

256────演習問題解答

と，積 xa の (i,j) 成分は $\sum_{k=1}^{n} x_{ik}a_{kj}$ である．よって，X_{E_n} が上のように表される $GL(n, \mathbf{R})$ の左不変ベクトル場 X は

$$X = \sum_{i,j=1}^{n} \sum_{k=1}^{n} x_{ik}a_{kj}\frac{\partial}{\partial x_{ij}} = \sum_{i,j,k=1}^{n} a_{kj}x_{ik}\frac{\partial}{\partial x_{ij}}$$

である．

(2) 定理 10.10 (1)，(4) より，

$$[X,Y] = \left[\sum_{i,j,k=1}^{n} a_{kj}x_{ik}\frac{\partial}{\partial x_{ij}}, \sum_{\alpha,\beta,\gamma=1}^{n} b_{\gamma\beta}x_{\alpha\gamma}\frac{\partial}{\partial x_{\alpha\beta}}\right] = \sum_{i,j,k,\alpha,\beta,\gamma=1}^{n} \left[a_{kj}x_{ik}\frac{\partial}{\partial x_{ij}}, b_{\gamma\beta}x_{\alpha\gamma}\frac{\partial}{\partial x_{\alpha\beta}}\right]$$

$$= \sum_{i,j,k,\alpha,\beta,\gamma=1}^{n} \left(a_{kj}x_{ik}b_{\gamma\beta}x_{\alpha\gamma}\left[\frac{\partial}{\partial x_{ij}}, \frac{\partial}{\partial x_{\alpha\beta}}\right] + (a_{kj}x_{ik})\frac{\partial(b_{\gamma\beta}x_{\alpha\gamma})}{\partial x_{ij}}\frac{\partial}{\partial x_{\alpha\beta}} - (b_{\gamma\beta}x_{\alpha\gamma})\frac{\partial(a_{kj}x_{ik})}{\partial x_{\alpha\beta}}\frac{\partial}{\partial x_{ij}}\right)$$

$$= 0 + \sum_{i,j,k,\beta=1}^{n} a_{kj}x_{ik}b_{j\beta}\frac{\partial}{\partial x_{i\beta}} - \sum_{i,j,k,\gamma=1}^{n} b_{\gamma k}x_{i\gamma}a_{kj}\frac{\partial}{\partial x_{ij}} = \sum_{i,j,k,l=1}^{n} (a_{kl}b_{lj} - b_{kl}a_{lj})x_{ik}\frac{\partial}{\partial x_{ij}}.$$

12.3 まず，

$$\frac{\partial f_{\mathrm{N}}}{\partial u} = \left(\frac{2(-u^2 + v^2 + 1)}{(u^2 + v^2 + 1)^2}, -\frac{4uv}{(u^2 + v^2 + 1)^2}, \frac{4u}{(u^2 + v^2 + 1)^2}\right),$$

$$\frac{\partial f_{\mathrm{N}}}{\partial v} = \left(-\frac{4uv}{(u^2 + v^2 + 1)^2}, \frac{2(u^2 - v^2 + 1)}{(u^2 + v^2 + 1)^2}, \frac{4v}{(u^2 + v^2 + 1)^2}\right)$$

なので，

$$(\iota^*\omega)|_{S^2 \setminus \{\mathrm{N}\}}\left(\frac{\partial}{\partial u}, \frac{\partial}{\partial v}\right) = \omega\left((d\iota|_{S^2 \setminus \{\mathrm{N}\}})\left(\frac{\partial}{\partial u}\right), (d\iota|_{S^2 \setminus \{\mathrm{N}\}})\left(\frac{\partial}{\partial v}\right)\right)$$

$$= \omega\left(\frac{\partial(\iota \circ f_{\mathrm{N}})}{\partial u}, \frac{\partial(\iota \circ f_{\mathrm{N}})}{\partial v}\right)$$

$$= \left(\frac{2u}{u^2 + v^2 + 1}dy \wedge dz + \frac{2v}{u^2 + v^2 + 1}dz \wedge dx + \frac{u^2 + v^2 - 1}{u^2 + v^2 + 1}dx \wedge dy\right)$$

$$\left(\frac{2(-u^2 + v^2 + 1)}{(u^2 + v^2 + 1)^2}\frac{\partial}{\partial x} - \frac{4uv}{(u^2 + v^2 + 1)^2}\frac{\partial}{\partial y} + \frac{4u}{(u^2 + v^2 + 1)^2}\frac{\partial}{\partial z},\right.$$

$$\left.-\frac{4uv}{(u^2 + v^2 + 1)^2}\frac{\partial}{\partial x} + \frac{2(u^2 - v^2 + 1)}{(u^2 + v^2 + 1)^2}\frac{\partial}{\partial y} + \frac{4v}{(u^2 + v^2 + 1)^2}\frac{\partial}{\partial z}\right)$$

$$= \frac{1}{(u^2 + v^2 + 1)^5}\left[2u\{-4uv \cdot 4v - 4u \cdot 2(u^2 - v^2 + 1)\}\right.$$

$$\left.+ 2v\{-2(-u^2 + v^2 + 1) \cdot 4v + 4u(-4uv)\}\right.$$

$$+(u^2+v^2-1)\{2(-u^2+v^2+1)\cdot 2(u^2-v^2+1)-4uv\cdot 4uv\}\Big].$$

$$(*)$$

ここで, $X = u^2 + v^2$ とおくと,

$$((*) \text{ の分子}) = -16u^2(X+1) - 16v^2(X+1) + 4(X-1)\Big[\{1-(u^2-v^2)^2\}-4u^2v^2\Big]$$
$$= -16X(X+1) + 4(X-1)(1-X^2) = -4X^3 - 12X^2 - 12X - 4 = -4(X+1)^3.$$

よって,

$$(\iota^*\omega)|_{S^2\setminus\{\mathrm{N}\}} = \frac{-4(X+1)^3}{(X+1)^5}\,du\wedge dv = -\frac{4}{(u^2+v^2+1)^2}\,du\wedge dv.$$

したがって, (12.65) の計算より,

$$\int_{S^2\setminus\{\mathrm{N}\}}\iota^*\omega = -\int_{\mathbf{R}^2}\frac{4du\,dv}{(u^2+v^2+1)^2} = -4\pi.$$

12.4 G を連結リー群, (U,φ) を G の座標近傍とする. このとき, $g \in G$ に対して,

$$L_g U = \{gx \mid x \in U\}$$

とおくと, $\{(L_g U, \varphi \circ L_g{}^{-1})\}_{g\in G}$ は G の C^∞ 級座標近傍系となる. ここで, $U \cap L_g U \neq \varnothing$ とすると, G の連結性より, 座標変換

$$(\varphi \circ L_g{}^{-1}) \circ \varphi|_{U\cap L_g U}{}^{-1} : \varphi(U \cap L_g U) \longrightarrow \varphi(L_{g^{-1}}U \cap U)$$

のヤコビアンの符号は g が単位元のときと等しく, 正である. よって, G は向き付け可能である.

記号一覧

$\mathbf{0}$	27, 181	$\dim_{\mathbf{R}} M$	145
$0_{\mathbf{K}}$	3	$D^k(M)$	201
$1_{\mathbf{K}}$	3	E	53
1_M	175	e	17, 56
1_X	55	$\boldsymbol{e}_1, \boldsymbol{e}_2, \cdots, \boldsymbol{e}_n$	33
$\{\,,\,\}$	213	$\{\boldsymbol{e}_1, \boldsymbol{e}_2, \cdots, \boldsymbol{e}_n\}$	33
$\overset{k}{\bigotimes} V^*$	196	$f_{\mathbf{N}}$	38
$\overset{k}{\bigwedge} V^*$	199	$f_{\mathbf{S}}$	40
$\langle\,,\,\rangle$	29	$f_i^+(\boldsymbol{x})$	108
$\sim$	33, 104, 171	$f_i^-(\boldsymbol{x})$	108
$\|\ \|$	29	$\{f_1, f_2, \cdots, f_n\}$	194
$\mathfrak{A}$	10	$f_1 \otimes f_2 \otimes \cdots \otimes f_k$	197
${}^t\!A$	34	G	56
$(A, \mathfrak{O}_A)$	14	$\mathfrak{g}$	224
$\mathrm{Aff}(\mathbf{R}^n)$	59	g	222, 223
aRb	20	$(G, *)$	56
$\arg z$	26	$G\backslash X$	104
$\mathfrak{B}$	173	γ	178
$B(a; \varepsilon)$	7	$GL(n, \mathbf{R})$	56
$\mathbf{C}$	18	$GL(n, \mathbf{C})$	150
$C(a)$	33	$\mathfrak{gl}(n, \mathbf{R})$	234
$\mathbf{C}^n$	138	H	72
$(\mathbf{C}^n, \langle\,,\,\rangle)$	139	H_+	73
$C^s(M)$	154	H_-	73
$C^s(M, N)$	158	$\mathrm{Herm}(n)$	168
$\mathbf{C}P^n$	146	$\mathrm{Hom}(X)$	55
d	7	id_X	55
$d(a, b)$	6	$\mathrm{Iso}(X)$	63
$\det$	149	$\mathbf{K}$	3
$\dim V$	32	L_g	225
$\dim_{\mathbf{C}} M$	145	$L_X\omega$	213
		M	133, 223

260 ──── 記号一覧

$(M, \mathcal{S})$	135	$SO(n)$	67, 168
(M, ω)	208	$\mathfrak{so}(n)$	234
M^n	133	$SU(n)$	188
$M_n(\mathbf{R})$	56	$\mathrm{supp}\,(\omega)$	232
$M_n(\mathbf{C})$	150	$\mathrm{supp}\,(f_\alpha)$	232
mod	20	$\mathrm{Sym}(n)$	104, 168
$\mathbf{N}$	6	T^n	175
$\mathfrak{O}$	8, 9	T^2	171
$\mathfrak{O}(f)$	131	T_pM	162
$O(n)$	65, 168	TM	179
$\mathfrak{O}_A$	14	T_p^*M	194
$\langle \mathfrak{O}_X \times \mathfrak{O}_Y \rangle$	173	$U(n)$	168
$\mathfrak{o}(n)$	234	(U, φ)	133
$\mathfrak{P}(X)$	20	U_i^+	108
$\varphi^*\omega$	198	U_i^-	108
π	179	V	29, 137
$\psi|_{U \cap V} \circ \varphi|_{U \cap V}^{-1}$	134	$(V, \langle\ ,\ \rangle)$	29, 137
$\mathbf{Q}$	4	(V, ω)	205
Q^n	146	$\boldsymbol{v}_\gamma(f)$	161
R	20	V^*	193
$\mathbf{R}$	2	$V^{\mathbf{C}}$	215
$\mathbf{R}^n$	31	$\mathfrak{X}(M)$	181
$(\mathbf{R}^n, \langle\ ,\ \rangle)$	32	$(X, \mathfrak{O})$	9
$\mathbf{R}^2/\mathbf{Z}^2$	171	(X, d)	7
$\mathbf{R}P^n$	130	$X/\!\sim$	33, 104
$\mathcal{S}$	134	X/G	104
$\overset{k}{S}V^*$	198	$(X \times Y, \langle \mathfrak{O}_X \times \mathfrak{O}_Y \rangle)$	173
S^n	96	$[x_1 : x_2 : \cdots : x_{n+1}]$	148
S^1	35	X_f	211
S^2	91	xG	104
$\mathrm{sgn}\,\sigma$	199	$[X, Y]$	183, 224
$\mathfrak{S}_k$	198	$\bar{z}$	21
$SL(n, \mathbf{C})$	154	$\mathbf{Z}$	20
$SL(n, \mathbf{R})$	153	$|z|$	22
$\mathfrak{sl}(n, \mathbf{R})$	234		

索　引

あ

アステロイド　astroid　　84
アファイン変換　affine transformation　58, 59
アファイン変換群　affine transformation group　　59
アーベル群　Abelian group　　56
$\mathbf{R}^n$ 内の直線　straight line in $\mathbf{R}^n$　76
アルキメデスの原理　Archimedean principle　　13

い

異種球面　exotic sphere　　169
位相　topology　　9
位相幾何　topology　　54
位相空間　topological space　7, 9
位相多様体　topological manifold　133
位相的性質　topological property　72
位相同型　homeomorphic　　54
1 次独立　linearly independent　32
1 次微分形式　differential form of degree 1　194
1 の分解　partition of unity　232
1 の分割　partition of unity　232
一葉双曲面　hyperboloid of one sheet　111
ε-近傍　ε-neighbourhood　　7
陰関数　implicit function　　125
陰関数定理　implicit function theorem　124, 135
陰関数表示　implicit function expression　68, 110, 113

う

well-defined　　33, 50, 155, 232
埋め込み　embedding　　170

え

エキゾチック球面　exotic sphere　169
n 次元複素ユークリッド空間　n-dimensional complex Euclidean space　138
n 次元ユークリッド空間　n-dimensional Euclidean space　31
エルミート行列　Hermitian matrix　168
エルミート計量　Hermitian metric　222
エルミート内積　Hermitian inner product　137
円関数　circular function　　75
円環面　torus　　171

お

大きさ　magnitude　　29, 138

か

開球体　open ball　　7
開区間　open interval　　11
開集合　open set　　8, 9
開集合系　system of open sets　9
外積　exterior product　　199
回転行列　rotation matrix　　68
回転群　rotation group　　68
回転トーラス　torus of revolution　171
開被覆　open covering　　46, 47
外微分　exterior derivative　　203

開部分多様体　open submanifold　149, 150
ガウス平面　Gaussian plane　18
可換群　commutative group　56
核　kernel　71
加群　module　182
括弧積　bracket product　183, 224
加法群　additive group　56
カルタンの公式　Cartan's formula　213
関数のグラフ　graph of a function　68, 76
関数の微分　derivative of a function　194
完備　complete　17
γ の $[a, b]$ における長さ　length of γ in $[a, b]$
　187

き

基底　basis　32, 149, 162, 197
軌道　orbit　104
軌道分解　orbit decomposition　104
基本ベクトル　fundamental vector　33
逆元　inverse element　56
逆写像定理　inverse function theorem　135
共変テンソル空間　covariant tensor space
　196
共役元　conjugate element　215
共役対称性　conjugate symmetricity　137
共役複素数　conjugate complex number　21
行列式　determinant　58
極形式　polar form　26
局所座標　local coordinate　133
局所座標系　system of local coordinates
　133
局所有限　locally finite　231
曲線　curve　68, 76
曲線の長さ　length of a curve　81
極値問題　extremum problem　47
曲面　surface　110, 115
虚部　imaginary part　18
距離　distance　6, 7
距離関数　distance function　7

距離空間　metric space　6, 7

く

空間曲線　space curve　76
区間　interval　11, 12
区間縮小法　method of nested intervals
　13, 16
クリフォードトーラス　Clifford torus　172
群　group　56
群の作用　action of a group　102

け

k 次形式　k-form　196
k 次多重線形式　multilinear form of
　degree k　196
k 次微分形式　differential form of degree k
　201
径数付き曲線　parametrized curve　76
径数付き曲面　parametrized surface　115
径数付き直線　parametrized straight line
　77
径数付き部分多様体　parametrized
　submanifold　121
径数付き平面　parametrized plane　116
径数表示　parameter expression　76, 114,
　115
計量ベクトル空間　metric vector space　29
結合律　associative law　56, 200, 202
ケーラー形式　Kähler form　223
ケーラー計量　Kähler metric　223
ケーラー多様体　Kähler manifold
　215, 222, 223

こ

交換子積　commutator product　183, 224
合成関数の微分法　chain rule　101
交代形式　alternating form　199
交代性　alternativity　184, 198, 224
コーシー-シュワルツの不等式

索　引―――*263*

Cauchy-Schwarz inequality　　30

コーシー-リーマンの関係式
　　Cauchy-Riemann relations　144, 216, 217

コーシー列　Cauchy sequence　　17

固有　proper　　69, 111, 114

コンパクト　compact　　46, 232

コンパクト性　compactness　　44, 46, 72

さ

差　difference　　9

サイクロイド　cycloid　　89

細分　refinement　　233

座標近傍　coordinate neighbourhood　133

座標近傍系　system of coordinate neighbourhoods　133

座標変換　coordinate transformation　51, 93, 134

作用　action　　103

三角不等式　triangle inequality 6, 7, 23, 30

し

C^r 級径数付き部分多様体　parametrized submanifold of class C^r　121

C^r 級座標近傍系　system of coordinate neighbourhoods of class C^r　135

C^r 級多様体　C^r-manifold　135

C^r 級微分可能多様体　differentiable manifold of class C^r　135

C^r 級微分同型　C^r-diffeomorphic　98

C^r 級微分同相　C^r-diffeomorphic　98

C^r 級微分同相写像　C^r-diffeomorphism 98

$C^\infty(M)$ 加群　$C^\infty(M)$ module　182

C^s 級　class C^s　154, 158, 176, 196, 201

C^s 級曲線　curve of class C^s　159

C^s 級微分同相　C^s-diffeomorphic　159

C^s 級微分同相写像　C^s-diffeomorphism　159

次元　dimension　　32, 121, 133, 145

G 集合　G-set　　103

指数関数　exponential function　57, 251

自然数 n を法とする合同　congruence modulo a natual number n　20

自然対数の底　base of the natural logarithm　17

自然な射影　natual projection　34, 146

実一般線形群　real general linear group　56, 149, 188

実関数　real function　　140

実射影空間　real projective space　130

実射影直線　real projective line　130

実射影平面　real projective plane　130

実数　real number　　2

実数体　field of real numbers　3

実多様体　real manifold　　145

実特殊線形群　real special linear group　153

実微分形式　real differential form　216

実部　real part　　18

実ベクトル場　real vector field　216

実リー環　real Lie algebra　224

実リー群　real Lie group　187

写像の微分　derivative of a map　163

収束する　converge　　6, 7

順序関係　order relation　　20

準同型写像　homomorphism　57

商　quotient　　104

商位相　quotient topology　131

商空間　quotient space　131

商集合　quotient set　33

常微分方程式の解の存在定理　existence theorem for ordinary differential equations　178

乗法群　multiplicative group　56

シンプレクティック基底　symplectic basis　207

シンプレクティック形式　symplectic form　205, 208

シンプレクティック多様体　symplectic

manifold	208	multiplication	3
シンプレクティックベクトル空間		積の交換律　commutative law of	
symplectic vector space	205	multiplication	3

す

推移的　transitive	104	積分曲線　integral curve	178, 211
推移律　transitive law	4, 20	接空間　tangent space	122, 159, 162
数直線　number line	2	接線　tangent line	79
スカラー倍　scalar multiple	25, 27	接束　tangent bundle	179
スカラー倍の結合律　associative law of		絶対値　absolute value	21, 22
scalar multiple	27, 28	切断　section	180
		接平面　tangent plane	117

せ

接ベクトル　tangent vector

78, 117, 159, 161

正規形の常微分方程式　ordinary differential		接ベクトル空間　tangent vector space	162
equation of the normal form	178	接ベクトル束　tangent vector bundle	179
制限　restriction	45	線形空間　linear space	27
斉次座標　homogeneous coordinate	148	線形写像　linear map	159
生成される　spanned	32	線形性　linearity	28, 29, 184, 224
正則　holomorphic	140	線形リー群　linear Lie group	188
正則　regular	79, 117	全射　surjective	36
正則関数　holomorphic function	140	全単射　bijective	36
正則曲線　regular curve	78	全微分　total differential	195
正則座標近傍　holomorphic coordinate			
neighbourhood	145		

そ

正則座標近傍系　system of holomorphic		相加平均と相乗平均の関係　inequality of	
coordinate neighbourhoods	145	arithmetic and geometric mean	5
正則写像　holomorphic map	145	双曲線　hyperbola	70, 72
正則値　regular value	152, 167	双曲線関数　hyperbolic function	74
正則値定理　regular value theorem	152,	双曲放物面　hyperbolic paraboloid	113
167, 173		相対位相　relative topology	13, 14
正則点　regular point	152, 167	双対基底　dual basis	194
正値性　positivity	6, 7, 29, 137	双対空間　dual space	193
正定値　positive definite	186, 199	双対写像　dual map	198
星芒形　astroid	84	双対ベクトル空間　dual vector space	193
積　multiplication	56	相等関係　identity relation	20
積位相　product topology	173		
積空間　product space	173		

た

積多様体　product manifold	171, 174	体　field	3
積の結合律　associative law of		台　support	232
		第一基本形式　first fundamental form	186

索　引──*265*

大小関係　less than or equal to relation　3, 20

対称形式　symmetric form　198

対称性　symmetricity　6, 7, 28, 29, 198

対称律　symmetric law　20

対蹠点　antipodal point　130

代表　representative　33

代表元　representative element　33

楕円　ellipse　53, 70

楕円積分　elliptic integral　83

楕円放物面　elliptic paraboloid　112

楕円面　ellipsoid　111

多重線形形式　multilinear form　196

多様体　manifold　132

多様体上の関数　function on a manifold　154

多様体上の積分　integration on a manifold　228

多様体の間の写像　map between manifolds　157

多様体の向き　orientation of a manifold　229

単位円　unit circle　35

単位球面　unit sphere　91, 96

単位群　identity group　71

単位元　unit element　56

単位の分解　partition of unity　232

単位の分割　partition of unity　232

単射　injective　36

ち

中間値の定理　intermediate value theorem　46, 54

中線定理　parallelogram law　34

超曲面　hypersurface　113

超平面　hyperplane　96, 113

直積位相　product topology　173

直積空間　product space　173

直積群　product group　188

直積多様体　product manifold　174

直積リー群　product Lie group　188

直線　straight line　68

直角双曲線　rectangular hyperbola　75, 86

直交行列　orthogonal matrix　65, 105

直交群　orthogonal group　65

て

テイラーの定理　Taylor's theorem　79, 116, 144

点　point　2

テンソル積　tensor product　197

点列　sequence of points　6

点列コンパクト　sequentially compact　46

と

同一視する　identify　18, 50, 118, 130, 139, 172, 186, 187, 191, 194, 223, 226

導関数　derived function　141

同型　isomorphic　57

同型写像　isomorphism　57

同次座標　homogeneous coordinate　148

同相　homeomorphic　54

同相群　homeomorphism group　55

同相写像　homeomorphism　53, 54

同値　equivalent　20

同値関係　equivalence relation　20, 33, 104, 130, 171

等長写像　isometry　62

等長的　isometric　62, 72

等長変換　isometric transformation　62

等長変換群　isometric transformation group　63

同値類　equivalence class　33

特殊直交行列　special orthogonal matrix　68

特殊直交群　special orthogonal group　68

特殊ユニタリ群　special unitary group　188

ド・モルガンの法則　de Morgan's law　10

266———索　引

トーラス　torus　171, 175

な

内積　inner product　28, 29, 199
内積空間　inner product space　27, 29
内部積　interior product　212
長さ　length　29, 138
滑らかな　smooth　135
南極を中心とする立体射影　stereographic
　projection centered at the south pole
　40, 95

に

二項演算　binary operation　56
二項関係　binary relation　19, 20
2次曲線　quadratic curve　69
2次曲面　quadratic surface　110
2次超曲面　quadratic hypersurface　113
二葉双曲面　hyperboloid of two sheets 112

ね

ネピアの数　Napier's number　17, 57

の

濃度　cardinality　38
濃度が等しい　have the same cardinality
　38
ノルム　norm　29, 138

は

擺線　cycloid　89
背理法　proof by contradiction　9, 15, 21,
　43, 54, 241
ハウスドルフ空間　Hausdorff space　132,
　173
ハウスドルフ性　Hausdorffness　132
ハウスドルフである　be Hausdorff
　132, 173
ハミルトン関数　Hamiltonian function 211

ハミルトンベクトル場　Hamiltonian vector
　field　211
はめ込み　immersion　170, 186
パラコンパクト　paracompact　233
貼り合わせ　patch　135, 137
反射律　reflexive law　4, 20
半線形性　semilinearity　137
反対称律　antisymmetric law　4, 20
反転　inversion　52, 86

ひ

引き戻し　pullback　191, 198, 202
非斉次座標　inhomogeneous coordinate
　148
非退化　nondegenerate　205
左移動　left translation　225
左からの作用　action from the left　103
左半開区間　left half-open interval　11
左不変ベクトル場　left invariant vector field
　225
非同次座標　inhomogeneous coordinate
　148
非特異　nonsingular　177
微分　derivative　165, 182
微分可能　differentiable　140
微分可能性　differentiability　49
微分形式　differntial form　193, 201
微分形式の積分　integration of a differential
　form　226
微分係数　derivative　100, 161
微分構造　differentiable structure　169
微分同相写像　diffeomorphism　98
標準エルミート内積　standard Hermitian
　inner product　139
標準基底　standard basis　33
標準形　canonical form　69, 72, 114
標準形式　canonical form　209
標準内積　standard inner product　29, 32

索　引 —— *267*

ふ

複素 1 次微分形式　complex differential
form of degree 1　216
複素一般線形群　complex general linear
group　150
複素化　complexification　215
複素関数　complex function　140
複素球面　complex sphere　146
複素局所座標　complex local coordinate
　145
複素局所座標系　system of complex local
coordinates　145
複素計量ベクトル空間　complex metric
vector space　137
複素構造　complex structure　215, 218
複素射影空間　complex projective space
　146
複素射影直線　complex projective line　146
複素射影平面　complex projective plane
　146
複素数　complex number　18
複素数体　field of complex numbers　19
複素数平面　complex plane　18
複素接ベクトル　complex tangent vector
　216
複素多様体　complex manifold　145
複素特殊線形群　complex special linear
group　154
複素内積　complex inner product　137
複素内積空間　complex inner product space
　137
複素微分可能　complex differentiable　140
複素ベクトル場　complex vector field　216
複素ユークリッド空間　complex Euclidean
space　223
複素余接ベクトル　complex cotangent
vector　216
複素リー環　complex Lie algebra　224

複素リー群　complex Lie group　187
フビニ-スタディ計量　Fubini-Study metric
　218, 222, 223
部分位相空間　topological subspace　14
部分空間　subspace　14
部分群　subgroup　57
部分多様体　submanifold　150, 151
分配律　distributive law　3, 27, 28

へ

閉区間　closed interval　11
閉形式　closed form　203
閉集合　closed set　9
閉集合系　system of closed sets　9
平坦トーラス　flat torus　171
平面曲線　plane curve　76
ベクトル　vector　27
ベクトル空間　vector space　27, 56
ベクトル値関数の微分　differentiation of a
vector-valued function　99
ベクトル場　vector field　119, 175
ベクトル場の演算　operation for vector
fields　181
偏角　argument　26
変換群　transformation group　103

ほ

ポアソン括弧積　Poisson bracket　213, 224
包含関係　inclusion relation　20
方向微分　directional derivative　160
放物線　parabola　70, 71
北極を中心とする立体射影　stereographic
projection centered at the north pole
　38, 50, 94
ホップの定理　Hopf theorem　177

ま

マクローリン展開　Maclaurin expansion
　148

み

右から作用する　act from the right　　103
右半開区間　right half-open interval　　11

む

向き付け可能　orientable　　230
向き付けられている　oriented　　230
無限開区間　infinite open interval　　11
無限閉区間　infinite closed interval　　12
無心　non-central　　114

め

メビウスの帯　Möbius strip　　230

や

ヤコビアン　Jacobian　　100
ヤコビ行列　Jacobian matrix　　100
ヤコビ行列式　Jacobian determinant　　100
ヤコビの恒等式　Jacobi identity　184, 214, 224

ゆ

有界開区間　bounded open interval　　11
有界閉区間　bounded closed interval　　11
有界閉集合　bounded closed set　　44, 46
有限部分被覆　finite subcovering　　46
有心　central　　114
誘導計量　induced metric　　186
有理数体　field of rational numbers　　4
ユークリッド距離　Euclidean distance　32, 139
ユークリッド空間　Euclidean space　31, 186, 188
ユークリッド平面　Euclidean plane　24, 25
ユニタリ行列　unitary matrix　　168
ユニタリ群　unitary group　　168

よ

余接空間　cotangent space　　194
余接束　cotangent bundle　　196
余接ベクトル　cotangent vector　　194
余接ベクトル空間　cotangent vector space　194
余接ベクトル束　cotangent vector bundle　196

ら

ランダウの記号　Landau symbol　　101

り

リー環　Lie algebra　224, 226
リー群　Lie group　　187
立体射影　stereographic projection　35, 91, 92, 96
リー微分　Lie derivative　　213
リーマン計量　Riemannian metric　　185
リーマン積　Riemannian product　　191
リーマン多様体　Riemannian manifold　185
リーマン直積　Riemannian product　　191
リュービル形式　Liouville form　　209
臨界値　critical value　152, 167
臨界点　critical point　152, 167
輪環面　torus　　171

れ

零ベクトル　zero vector　　27
レムニスケート　lemniscate　　86
連結　connected　　14
連結性　connectedness　14, 72
連結成分　connected component　76
連鎖律　chain rule　101, 166
連珠形　lemniscate　　86
連続　continuous　　41
連続関数　continuous function　41
連続写像　continuous map　41, 42, 72

連続性　continuity　42
連続の公理　axiom of continuity　4, 17

ろ

ローマン-メンショフの定理
　Looman-Menchoff theorem　144

わ

和　addition　27

ワイエルシュトラスの定理　Weierstrass
　theorem　5
和の結合律　associative law of addition　2,
　3, 27
和の交換律　commutative law of addition
　2, 3, 27

著者略歴

藤岡　敦（ふじおか　あつし）

1967年名古屋市生まれ．1990年東京大学理学部数学科卒業，1996年東京大学大学院数理科学研究科博士課程数理科学専攻修了，博士（数理科学）取得．金沢大学理学部助手・講師，一橋大学大学院経済学研究科助教授・准教授を経て，現在，関西大学システム理工学部教授．専門は微分幾何学．主な著書に『手を動かしてまなぶ　微分積分』，『手を動かしてまなぶ　ε-δ論法』，『手を動かしてまなぶ　線形代数』，『手を動かしてまなぶ　続・線形代数』，『手を動かしてまなぶ　集合と位相』（裳華房），『学んで解いて身につける　大学数学　入門教室』，『入門　情報幾何―統計的モデルをひもとく微分幾何学―』（共立出版），『Primary 大学ノート　よくわかる基礎数学』，『Primary 大学ノート　よくわかる微分積分』，『Primary 大学ノート　よくわかる線形代数』（共著，実教出版）がある．

具体例から学ぶ　多様体

2017年3月25日　第1版1刷発行
2023年1月20日　第6版1刷発行

検印
省略

定価はカバーに表示してあります．

著作者	藤　岡　　　敦
発行者	吉　野　和　浩
発行所	東京都千代田区四番町 8-1 電話　03-3262-9166（代） 郵便番号　102-0081 株式会社　裳　華　房
印刷所	三美印刷株式会社
製本所	株式会社　松　岳　社

一般社団法人
自然科学書協会会員

〈出版者著作権管理機構　委託出版物〉
本書の無断複製は著作権法上での例外を除き禁じられています．複製される場合は，そのつど事前に，出版者著作権管理機構（電話03-5244-5088，FAX 03-5244-5089，e-mail: info@jcopy.or.jp）の許諾を得てください．

ISBN 978-4-7853-1571-9

© 藤岡 敦，2017　　Printed in Japan

「手を動かしてまなぶ」シリーズ

A5 判・並製

数学書を読むうえで大切な姿勢として、手を動かして「行間を埋める」ことがあげられる。読者には省略された数学書の「行間」にある論理の過程を補い、「埋める」ことが望まれる。本シリーズは、そうした「行間を埋める」ための工夫を施し、数学を深く理解したいと願う初学者・独学者を全力で応援するものである。

数学は難しいと思っていました。でも、手を動かしてみると——。

手を動かしてまなぶ　**微分積分**　2色刷
藤岡　敦　著　　　308 頁／定価 2970 円（本体 2700 円＋税 10%）
　　　　　　　　　　　　　　　　　　ISBN 978-4-7853-1581-8

手を動かしてまなぶ　**ε-δ 論法**
藤岡　敦　著　　　312 頁／定価 3080 円（本体 2800 円＋税 10%）
　　　　　　　　　　　　　　　　　　ISBN 978-4-7853-1592-4

手を動かしてまなぶ　**線形代数**　2色刷
藤岡　敦　著　　　282 頁／定価 2750 円（本体 2500 円＋税 10%）
　　　　　　　　　　　　　　　　　　ISBN 978-4-7853-1564-1

手を動かしてまなぶ　**続・線形代数**
藤岡　敦　著　　　314 頁／定価 3080 円（本体 2800 円＋税 10%）
　　　　　　　　　　　　　　　　　　ISBN 978-4-7853-1591-7

手を動かしてまなぶ　**集合と位相**
藤岡　敦　著　　　332 頁／定価 3080 円（本体 2800 円＋税 10%）
　　　　　　　　　　　　　　　　　　ISBN 978-4-7853-1587-0

裳華房　　https://www.shokabo.co.jp/